普通高等教育农业部"十二五"规划教材
全国高等农林院校"十二五"规划教材

动物生物化学实验指导

第四版

刘维全 主编

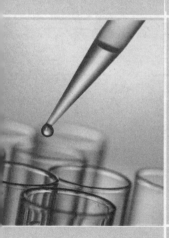

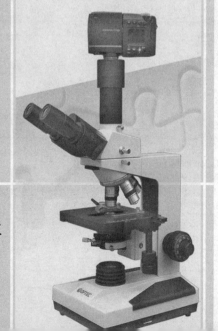

中国农业出版社

普通高等教育"十二五"规划教材
全国高等农林院校"十二五"规划教材

动物生物化学实验指导

第四版

杨秀平 主编

中国农业出版社

第四版编审人员

主　编　刘维全　中国农业大学

副主编　刘芃芃　中国农业大学

　　　　高士争　云南农业大学

　　　　陈书明　山西农业大学

参　编　（按姓名汉语拼音为序）

　　　　汉丽梅　沈阳农业大学

　　　　梁俊荣　河北北方学院

　　　　王清吉　青岛农业大学

　　　　肖红波　湖南农业大学

　　　　张　莉　东北农业大学

　　　　张源淑　南京农业大学

　　　　赵素梅　云南农业大学

　　　　郑玉才　西南民族大学

审　稿　周顺伍　中国农业大学

　　　　邹思湘　南京农业大学

第一版编著者

主　编　齐顺章　北京农业大学
编　者　周顺伍　北京农业大学
　　　　刘昌沛　江苏农学院
　　　　喻梅辉　新疆八一农学院
　　　　鲁安泰　西北农学院

第二版修订者

主　编　周顺伍　中国农业大学

编　者　汤艾菲　邹思湘　南京农业大学

　　　　赵　赣　华南农业大学

第三版编审人员

主　编　刘维全

副主编　高士争　刘芃芃

编　者　（按姓氏汉语拼音为序）

陈书明　山西农业大学

高士争　云南农业大学

高学军　东北农业大学

刘芃芃　中国农业大学

刘维全　中国农业大学

王清吉　青岛农业大学

张源淑　南京农业大学

郑玉才　西南民族大学

审　稿　周顺伍　中国农业大学

邹思湘　南京农业大学

第四版前言

全国高等农林院校"十一五"规划教材《动物生物化学实验指导》(第三版)是高等农业院校的基本实验教材。第一版由齐顺章教授主持编写(1984年),第二版由周顺伍教授主持编写(2002年)。这两版都曾对全国高等农业院校的动物生物化学实验教学发挥了重要的指导作用。第三版(2008年)是在前两版的基础上,经过修改、更新、补充和完善而成。第三版在使用过程中,得到了广大使用者的肯定,同时也提出了一些修订意见。在综合考虑各方面修订意见的基础上,我们组织编写了第四版《动物生物化学实验指导》。

本版基本保持了第三版的编排结构,仅在第二章动物生物化学基本实验技术原理中增加了超滤技术的基本原理、方法和用途介绍;在第四章蛋白质(酶)技术中增加了血清氨基转移酶的测定、超滤法制备新生小牛胸腺肽两个实验;在第五章核酸技术中,将核酸成分的鉴定内容放在动物组织中染色体DNA的制备实验中。其他内容在先后次序上做了个别调整。

综上可见,新版《动物生物化学实验指导》基本保留了前三版的绝大部分实验内容,在编排方式上仍然是以实验对象为主线,由浅入深,从易到难进行排列。继续突出生物大分子蛋白质(包括酶)和核酸技术,使本实验指导更加贴近当前生命科学发展的总趋势,从而为学生将来从事畜牧兽医以及相关领域的生产实践和科学研究打下良好的基础。

生物化学实验方法与技术的内容范围很广,包括了生物大分子物质的分离技术、离心技术、层析技术、电泳技术、光谱光度技术、电镜技术、同位素技术、微量减压技术(Warburg呼吸计)、免疫化学技术、DNA重组及相关的技术等。由于本书属于大学本科的基础教材,不可能对它们一一进行介绍,因此选择实验的原则是具有代表性、基础、取材容易和方法成熟。即使这样,由于各院校的实际情况有差异,可根据条件选用,部分实验也可供硕士研究生课程之用。

新版《动物生物化学实验指导》共有十所农业院校的十二位作者参加编写。

他（她）们都是在教学、科研一线工作多年的中青年骨干教师，具有丰富的教学和科研经验。大家同心协力，在较短的时间内完成了本书的初稿。在编写过程中，还得到了南京农业大学邹思湘教授，中国农业大学周顺伍教授的大力支持，两位前辈不辞辛苦，对本书内容进行了仔细审校，提出了许多建设性意见和建议，在此表示最衷心的感谢！

　　本书中的实验虽然经编者多年实践验证，但仍会有不妥和疏漏之处，请使用该书的同行和同学及时指出，我们将不胜感谢。

编　者

2014 年 6 月

第一版前言

这本实验教材是受农业部的委托编写的。1982 年在北京召开了动物生物化学教学大纲审订会。本教材基本上是按该次会议制订的大纲编写的。

实验主要是按技术（如光度法、电泳法、层析法等）分类编排的。在每类实验之前对该种技术的原理做了简要的说明，以便使学生对当前常用的生化技术有较全面的了解。但在实际教学中，不一定按这个次序进行。

全书共编了 36 个实验，按现在的学时一般是不能全做的。多编一些是为了各兄弟院校根据自己的情况进行选择，也为了其他畜牧、兽医工作者参考。此外，在附录中列举了我们觉得必须提供的实验室常识和常用数据。

在编写过程中，新疆八一农学院郑世昌参加了初稿的全部审查工作；江苏农学院严锦文参加了部分实验的编写工作，特此致谢。

由于编者水平有限，而且为了尽快出版供大家使用，所以匆促编成，因而必然会有许多缺点和错误，渴望读者指正。实验课是培养学生技术操作、科学态度和独立工作能力的重要环节。在编写中我们虽然注意到了这一点，但做得很不够，望大家提出宝贵意见，以便再版时修订。

编　者

1984 年 6 月于北京

全国高等农业院校统编教材《动物生物化学实验指导》，自 1984 年编写至今已十余年，曾十余次印刷，是高等农业院校的基本实验教材。随着学科的发展，本书内容已十分陈旧，需要进行修改。

鉴于当时的情况，原书中的内容，除部分是与课程内容相关的验证性实验外，主要是动物血液生化成分的测定方法。生化实验方法与技术操作训练的内容较少。

而今，血液生化成分手工测定的方法，正在被"自动生化分析仪"所取代，有些测定方法已被淘汰。更重要的是随着蛋白质结构与功能以及核酸（DNA、RNA）体外操作研究的发展，促进了生物化学实验方法与技术的全面发展，尤其是 20 世纪 70 年代初 DNA 重组技术的创立及相关新技术的不断涌现，已形成新的分子生物学技术，从而更加丰富和发展了生物化学实验方法与技术，使之成为当今生物科学研究的重要手段，成为生物科学工作者必备的知识。

鉴于此，本书这次修改，除保留部分效果明显的验证性实验外，重点增加了生物化学实验方法与技术操作训练的内容。力求通过实验使学生认识和掌握基础的实验方法与技术，提高动手的能力。

生物化学实验方法与技术的内容范围很广，其中包括：生物大分子物质的粗分离技术、离心技术、层析技术、电泳技术、光谱光度技术、电镜技术、同位素技术、微量减压技术（Warburg 呼吸计）、免疫化学技术、DNA 重组及相关的技术等。还有 20 世纪末发展起来，将在本世纪发挥重要作用的生物芯片（Biochip）技术。

由于本书属大学基础教材，不可能，也不必要介绍全部的生物化学实验技术与方法，我们仅选择了具有代表性、最基础、内容十分成熟、取材容易的一些实验。目的只在于通过实验使学生懂得这些技术的基本原理、掌握基本操作，达到提高动手能力的目的。

各院校的情况差别很大，书中的实验可根据情况选做，条件不成熟的可逐步创造条件开展。部分实验可供硕士研究生训练之用。

本书第一版是由几个院校的同行共同编著，这次修改不可能邀请更多的同行参加。为集思广益、吸取精华，修编前我们曾征求了许多同行的意见，得到了大家热情的支持：东北农业大学李庆章、原中国人民解放军农牧大学王映强、原上海农学院杨丽娥、宁夏农业大学张慧茹、原浙江农业大学童富淡、贵州农学院范佳佑等同行，寄来了他们编著正式出版的生化实验教材或推荐了好的实验。许多同行还提出了许多建议与意见，在此表示最衷心的感谢！

实验教材重在有好的重复性。书中实验曾经编者多年实践，但仍会有不妥和错误之处，请读者及时指出。由于我们的水平有限，书中不足和错误请同行给予指教！

编　者

2001 年春节

第三版前言

　　《动物生物化学实验指导》是高等农业院校的基本实验教材。第一版由齐顺章教授主持编写（1984 年），第二版由周顺伍教授主持编写（2002 年）。这两版都曾对全国高等农业院校的动物生物化学实验教学起到了重要的指导作用。第三版是在前两版的基础上，经过修改、更新、补充和完善而成。

　　本版《动物生物化学实验指导》虽然保留了前两版的绝大部分实验内容，但在编排方式上做了较大调整。以实验对象为主线，由浅入深，从易到难进行排列。并注意突出生物大分子蛋白质（包括酶）和核酸技术，使新的实验指导更加贴近当前生命科学发展的总趋势，从而为学生将来从事畜牧兽医以及相关领域的生产和科学实践打下良好的基础。因此，本书这次修订，除保留部分效果明显的验证性实验外，还考虑了技术操作训练要与生产实践相结合，对部分实验进行更新和整合，成为相对综合性的实验。希望通过这样的基本技能训练，学生不仅能对实验原理有深入的理解，而且能够接触到目前科学研究中的新方法，更重要的是能增强学生的动手能力和解决问题的能力。

　　生物化学实验方法与技术的内容范围很广，包括了生物大分子物质的分离技术、离心技术、层析技术、电泳技术、光谱光度技术、电镜技术、同位素技术、微量减压技术（Warburg 呼吸计）、免疫化学技术、DNA 重组及相关的技术等。由于本书属于大学本科的基础教材，不可能对它们一一进行介绍，因此选择实验的原则是具有代表性、基础、取材容易和方法成熟。即使这样，由于各院校的实际情况有差异，可根据条件选用，部分实验也可供硕士研究生课程使用。

　　新版的《动物生物化学实验指导》由 7 所农业院校的 8 位作者参加编写。他们都是在教学、科研一线工作多年的中青年骨干教师，具有丰富的教学和科研经验。大家同心协力，在较短的时间内完成了本书的初稿。在编写过程中，还得到了中国农业大学周顺伍教授、南京农业大学邹思湘教授的大力支持，两位前辈不辞辛苦，对本书内容进行了仔细审校，提出了许多建设性意见和建议，在此表示最衷心的感谢！

　　本教材编写的具体分工如下：第一章，刘维全；第二章，高学军、陈书明、张源淑；第三章，刘芄芄、刘维全、王清吉、陈书明、郑玉才；第四章，郑玉才、张源淑、刘芄芄、王清吉、陈书明、刘维全；第五章，高学军、刘维全、高士争、郑玉才；第六章，高士争；附录，刘维全。全书由刘维全统稿。

　　本教材中的实验虽然经编者多年实践验证，但仍会有不妥和疏漏之处，敬请读者批评指正。

编　者

2007 年 8 月

1 第1章

总　论

第 1 节

绪　论

生物化学是生命科学中一门重要的实验科学。任何生命现象的解释，如营养物质在生物体内的代谢，机体生长发育、遗传变异等过程中的化学变化规律，都需要进行大量的科学实验。可见，实验在生物化学这门课中的作用是很大的。可以说，生物化学作为一门学科的发展与实验技术的发展密切相关，每一种新的生物化学物质的发现及其功能的阐明都离不开各种实验技术，而实验技术的每一次新发明都极大地推动了生物化学研究的进展，因而对于每一位现代生物科学工作者，尤其是生物化学工作者，学习并掌握各种生物化学实验技术极为重要。

（一）生物化学实验技术发展简史

生物科学在 20 世纪有惊人的发展，其中生物化学与分子生物学的发展尤为迅速，这样一门最具活力和生气的实验科学，在 21 世纪必将成为带头的学科，这主要有赖于生物化学与分子生物学实验技术的不断发展和完善。这里我们简单回顾一下生物化学实验技术的发展历史。

20 世纪初期，俄国的植物学家 M. Tswett 首先发明了层析技术。他用 $CaCO_3$ 粉末作为填料，在室温下对绿色植物叶压成的汁进行柱层析，当绿色的液汁随着石油醚流过 $CaCO_3$ 时，不同的色素逐渐被分离，柱内慢慢出现一层一层的色带，最终得到了叶绿素、叶黄素等不同的色素带，他把这个方法定名为色谱法。

20 世纪 20 年代，微量分析技术导致了维生素、激素和辅酶等的发现。瑞典著名的化学家 T. Svedberg 奠基了"超离心技术"，1924 年制成了第一台 5 000 g （5 000～8 000 r/min）相对离心力的超离心机，开创了生物化学物质离心分离的先河。他准确测定了血红蛋白等复杂蛋白质的分子质量，并因此获得了 1926 年的诺贝尔化学奖。

30 年代，电子显微镜技术打开了微观世界，使我们能够看到生物的亚细胞结构，甚至生物大分子的内部结构。

40 年代，瑞典的著名科学家 Tisellius 创建了电泳技术，从而开创了电泳技术的新时代，他因此获得了 1948 年的诺贝尔化学奖。同期，英国科学家 A. J. P. Martin 和 R. L. M. Synge 用具有亲水能力的硅胶介质填充的层析柱成功地将混合氨基酸溶液中的氨基酸进行了分离，并提出了最初的液-液分配层析的塔板理论，第一次把层析中出现的实验现象上升为理论。他们因此获得了 1952 年的诺贝尔化学奖。由此，电泳技术和层析技术成为分离、鉴定以及制备生物化学物质的关键技术。

在 1944 年，Avery 建立了 DNA 转化技术。用光滑型肺炎链球菌的 DNA 转化粗糙型肺炎链球菌，获得了光滑型肺炎链球菌，从而能够致死小鼠。

自 1935 年 Schoenheimer 和 Rittenberg 首次将放射性同位素示踪用于糖类及脂类物质的

中间代谢的研究以后，"放射性同位素示踪技术"在 50 年代有了很大的发展，为各种生物化学代谢过程的阐明发挥了决定性的作用。

在 1953 年，英国科学家 Wilkins 等利用 X 射线衍射技术研究了 DNA 的结构。美国科学家 Watson 和英国科学家 Crick 在前人工作的基础上，创造性地提出了 DNA 的反向平行双螺旋模型，他们的研究成果开创了生物科学的历史新纪元。他们 3 人因此共享了 1962 年的诺贝尔生理学或医学奖。

英国生物化学家 Sanger 于 1953 年确定了牛胰岛素中氨基酸的精确顺序，从而获得了 1958 年的诺贝尔化学奖。

就在同一时期，英国物理学家 Perutz 利用 X 射线衍射技术对血红蛋白的结构进行了分析，Kendrew 测定了肌红蛋白的结构，成为研究生物大分子立体结构的先驱，他们共同获得了 1962 年诺贝尔化学奖。

60 年代，各种仪器分析方法用于生物化学研究，取得了很大的发展，如高压液相（high pressure liquid chromatography，HPLC）技术，红外、紫外、圆二色等光谱技术，核磁共振技术（NMR）等。自 1958 年 Stem、Moore 和 Spackman 设计出氨基酸自动分析仪，大大加快了蛋白质的分析工作。1967 年 Edman 和 Begg 制成了多肽氨基酸序列分析仪，到 1973 年 Moore 和 Stein 设计出氨基酸序列自动测定仪，又大大加快了对多肽一级结构的测定，十多年间氨基酸的自动测定工作得到了很大的发展和完善。

此外，在 60 年代，层析和电泳技术又有了重大的进展，在 1968—1972 年 Anfinsen 创建了亲和层析技术，开辟了层析技术的新领域。1969 年 Weber 应用 SDS -聚丙烯酰胺凝胶电泳技术测定了蛋白质的分子质量，使电泳技术取得了重大进展。

70 年代，基因工程技术取得了突破性的进展，Arber、Smith 和 Nathans 三个小组发现并纯化了限制性内切酶。1972 年，美国斯坦福大学的 Berg 等人首次用限制性内切酶切割了 DNA 分子，并实现了 DNA 分子的重组。1973 年，又由美国斯坦福大学的 Cohen 等人第一次完成了 DNA 重组体的转化技术，这一年被定为基因工程的诞生年，Cohen 成为基因工程的创始人。从此，生物化学进入了一个新的大发展时期。与此同时，各种仪器分析手段进一步发展，研制成了 DNA 序列测定仪、DNA 合成仪等。

80 年代，基因工程技术进入辉煌发展的时期。1980 年，英国剑桥大学的 Sanger 和美国哈佛大学的 Gilbert 分别设计出两种测定 DNA 分子内核苷酸序列的方法，而与 Berg 共获诺贝尔化学奖。从此，DNA 序列分析法成为生物化学与分子生物学最重要的研究手段之一。他们 3 人在 DNA 重组和 RNA 结构研究方面都做出了杰出的贡献。1981 年由 Jorgenson 和 Lukacs 首先提出的高效毛细管电泳技术（HPCE），由于其高效、快速、经济，尤其适用于生物大分子的分析，因此受到生命科学、医学和化学等学科的科学工作者的极大重视，发展极为迅速，是生物化学实验技术和仪器分析领域的重大突破，意义深远。现今，由于 HPCE 技术的异军突起，HPLC 技术的发展重点已转到下游的大量制备应用方面。

在 1980 年，Gordon 成功建立了动物转基因技术，使人们能够在机体水平上研究 DNA 的结构与功能。

在 1984 年，德国科学家 Kohler、美国科学家 Milstein 和丹麦科学家 Jerne 由于发展了单克隆抗体技术，完善了极微量蛋白质的检测技术而共享了诺贝尔生理学或医学奖。

在 1985 年，美国加利福尼亚州 Cetus 公司的 Mullis 等发明了聚合酶链式反应（polymerase chain reaction，PCR）技术，即 DNA 扩增技术，对于生物化学和分子生物学的研究工作具有划时代的意义，因而与第一个设计基因定点突变的 Smith 共享了 1993 年的诺贝尔化学奖。

90 年代以后，生物芯片技术（biochip）、动物克隆技术等相继诞生。

进入 21 世纪后，随着人类基因组计划的完成，生命科学研究进入了后基因组时代，相信还会有大量新技术不断涌现出来。

除上述历史以外，还可以列出许多生物化学发展史上的重要成就，例如，美国哈佛大学的 Folin 教授和中国的吴宪教授对生物化学常用的各种分析方法（血糖分析、蛋白质含量分析、氨基酸测定等）的建立作出了历史性的贡献。

（二）动物生物化学实验的特点

动物生物化学实验的主要研究对象是动物组织、细胞等材料，利用各种技术手段检测、鉴定或分离、提取、纯化某种生物成分。这就决定了动物生物化学实验与一般的化学实验或分析化学实验具有很大的不同之处，其最明显的特点如下。

（1）所用的动物组织、细胞等材料必须保持新鲜，以保证被检测成分不被降解或生物活性不丢失。为此，样品采集后必须立即进行实验，或低温保存，特殊条件下，需要在超低温或液氮中保存。在整个实验过程中，一般也要求在低温条件下进行。

（2）被检测成分在动物组织、细胞中含量很少，往往以毫克（mg）和微克（μg）甚至纳克（ng）、皮克（pg）为单位进行计量。特别是当今生物化学的研究已进入分子生物学时代，所要检测的目的分子含量极少。这就要求实验者在进行实验时高度的仔细和认真，使实验的每一个条件都必须最佳。

（3）被检测成分不仅含量很少，而且与动物的生理状态、营养状况、年龄、性别等因素有关，还存在个体差异。取材时应对这些影响因素加以考虑。

（4）由于生物分子的特殊性，体外操作时应尽可能模拟生理环境条件。凡能够引起蛋白质（酶）和核酸结构完整性破坏，导致生物活性丧失，或影响它们的结构完整性和生物活性测定的因素，都必须在操作过程中避免。

（5）在绝大多数情况下，体外操作的生物分子是溶解在溶液中的，很难直接看到所研究的物质，但每一步实验操作都必须有一个可见的实验结果，以证明操作的正确性，为下一步实验打好基础。实验中所用到的许多技术和方法，将起到"眼睛"的作用，用以对各种生物化学过程进行监测。

上述几点都是从大的方面考虑的，不同的实验对象可能还有具体的特点，希望同学们在做实验时仔细考虑，具体情况具体分析。

（三）动物生物化学实验的主要目的和要求

（1）掌握各个实验的基本原理，学会严密地组织自己的实验，合理地安排实验步骤和时间。

（2）训练实验的动手能力，熟练地掌握各种生物化学实验仪器的使用方法，包括各种天平、各种分光光度计、各种离心机、自动部分收集器、恒流泵、核酸蛋白检测仪、冰冻干燥机、酸度计、电导率仪、高速分散器、各种电泳装置和摇床等。

（3）学会准确翔实地记录实验现象和数据的技能，提高实验报告的写作能力，能够整齐清洁地进行所有的实验，培养严谨细致的科学作风。

（4）掌握生物化学的各种基本实验方法和实验技术，尤其是各种电泳技术和层析技术，为今后参加科研工作打下坚实的基础。

（5）学习实验设计的基本思路，提高自己的实验设计能力。

第 2 节

动物生物化学实验室安全与防护知识

在动物生物化学实验室中，安全的内容主要包括以下几个方面：人身安全，仪器设备、试剂的安全以及环境安全等。人身安全最为重要，一切安全和防护救治措施的实施都是以人为本而设计的。但仪器设备、试剂的安全以及环境安全也决不可以忽视，而且人身安全常常与这两者联系在一起，操作者在使用仪器设备、试剂时由于操作不当或失误，轻者导致仪器设备的损毁和试剂的浪费以及环境的污染，重者造成人身安全事故的发生。

就人身安全而言，着火、爆炸、中毒、触电、外伤和生物伤害等是动物生物化学实验室中易发生的危险性比较大的安全事故，下面分别予以简要介绍。

（一）着火

由于实验的需要，一方面，生物化学实验室中经常使用电炉、微波炉等火（热）源，另一方面又经常大量使用有机溶剂，如甲醇、乙醇、丙酮、氯仿等，因此，稍有不慎极易发生着火事故。常用有机溶剂的易燃性列于表1-1。

表1-1 常见有机液体的易燃性

名　　称	沸点*/℃	闪点*/℃	自燃点**/℃
乙醚	34.5	−40	180
丙酮	56	−17	538
二硫化碳	46	−30	100
苯	80	−11	550
乙醇（95%）	78	12	400

* 闪点：液体表面的蒸汽和空气的混合物在遇明火或火花时着火的最低温度。

** 自燃点：液体蒸汽在空气中自燃时的温度。

由表1-1可以看出，乙醚、二硫化碳、丙酮和苯的闪点都很低，因此不得存于可能会产生电火花的普通冰箱内。低闪点液体的蒸汽只需接触红热物体的表面便会着火，其中二硫化碳尤其危险。

1. 预防火灾必须严格遵守以下操作规程

（1）严禁在开口容器和密闭体系中用明火或微波炉加热有机溶剂，只能使用加热套或水浴加热。

（2）废有机溶剂不得倒入废物桶，只能倒入回收瓶，以后再集中处理。量少时用水稀释后排入下水道（有条件的实验室应避免这样做）。

（3）不得在烘箱内存放、干燥、烘焙有机物。

（4）在有明火的实验台面上不允许放置开口的有机溶剂或倾倒有机溶剂。

2. 灭火方法

实验室中一旦发生火灾切不可惊慌失措，要保持镇静，根据具体情况正确地进行灭火或立即报火警（火警电话 119）。

（1）容器中的易燃物着火时，用灭火毯盖灭。因为已经确证石棉有致癌性，故改用玻璃纤维布作为灭火毯。

（2）乙醇、丙酮等可溶于水的有机溶剂着火时可以用水灭火。汽油、乙醚、甲苯等有机溶剂着火时不能用水，只能用灭火毯或沙土盖灭。

（3）导线、电器和仪器着火时不能用水和二氧化碳灭火器灭火，应先切断电源，然后用 1211（二氟一氯一溴甲烷）灭火器灭火。

（4）个人衣服着火时，切勿慌张奔跑，以免风助火势，应迅速脱衣，用水龙头浇水灭火，火势过大时可就地卧倒打滚压灭火焰。

（二）爆炸

生物化学实验室防止爆炸事故是极为重要的，因为一旦爆炸其毁坏力极大，后果将十分严重。生物化学实验室常用的易燃物蒸汽在空气中的爆炸极限（体积百分数）见表 1-2。

表 1-2　易燃物质蒸汽在空气中的爆炸极限

名称	爆炸极限（体积百分数）	名称	爆炸极限（体积百分数）
乙醚	1.9~36.5	丙酮	2.6~13
甲醇	6.7~36.5	乙醇	3.3~19
氢气	4.1~74.2	乙炔	3.0~82

加热时会发生爆炸的混合物有：有机化合物—氧化铜、浓硫酸—高锰酸钾、三氯甲烷—丙酮等。

常见的引起爆炸事故的原因如下：

（1）随意混合化学药品，并使其受热、受摩擦和撞击。

（2）在密闭的体系中进行蒸馏、回流等加热操作。

（3）在加压或减压实验中使用了不耐压的玻璃仪器，或反应过于激烈而失去控制。

（4）易燃易爆气体大量逸入室内。

（5）高压气瓶减压阀摔坏或失灵。

（6）用微波炉加热金属物品。

（三）中毒

生物化学实验室常见的化学致癌物有：石棉、砷化物、铬酸盐、溴化乙锭、芳香化合物、丙烯酰胺等。

剧毒物有：氰化物、砷化物、乙腈、甲醇、氯化氢、汞及其化合物等。

中毒的原因主要是由于不慎吸入、误食或由皮肤渗入。

1. 中毒的预防

（1）保护好眼睛最重要，使用有毒或有刺激性气体时，必须佩戴防护眼镜，并应在通风橱内进行。

（2）取用毒品时必须佩戴橡皮手套。

（3）严禁用嘴吸移液管，严禁在实验室内饮水、进食、吸烟，禁止赤膊和穿拖鞋。

（4）不要用乙醇等有机溶剂擦洗溅洒在皮肤上的药品。

2. 中毒的急救方法

（1）误食了酸和碱，不要催吐，可先立即大量饮水，误食碱者再喝些牛奶，误食酸者，饮水后再服 $Mg(OH)_2$ 乳剂，最后饮些牛奶。

（2）吸入了毒气，立即转移室外，解开衣领，休克者应施以人工呼吸，但不要用口对口法。

（3）砷和汞中毒或中毒严重者应立即送医院急救。

（四）触电

生物化学实验室要使用大量的仪器、烘箱和电炉等，因此每位实验人员都必须能熟练地安全用电，避免发生一切用电事故，当 50 Hz 的电流通过人体达 25 mA 时会发生呼吸困难，达 100 mA 以上时则会致死。

1. 防止触电

（1）不能用湿手接触电器。

（2）电源裸露部分都应绝缘。

（3）坏的接头、插头、插座和不良导线应及时更换。

（4）先接好线路再插接电源，反之先关电源再拆线路。

（5）仪器使用前要先检查外壳是否带电。

（6）如遇有人触电要先切断电源再救人。

2. 防止电器着火

（1）保险丝、电源线的截面积、插头和插座都要与使用的额定电流相匹配。

（2）三条相线要平均用电。

（3）生锈的电器、接触不良的导线接头要及时处理。

（4）电炉、烘箱等电热设备不可过夜使用。

（5）仪器长时间不用要拔下插头，并及时拉闸。

（6）电器、电线着火不可用泡沫灭火器灭火。

（五）外伤

1. 化学灼伤

（1）眼睛灼伤：眼内若溅入任何化学药品，应立即用大量水冲洗 15 min，不可用稀酸或稀碱冲洗。

（2）皮肤灼伤：

① 酸灼伤：可先用大量水冲洗，再用稀 $NaHCO_3$ 或稀氨水浸洗，最后再用水洗。

② 碱灼伤：可先用大量水冲洗，再用 1% 硼酸或 2% 醋酸浸洗，最后再用水洗。

③ 溴灼伤：很危险，伤口不易愈合，一旦灼伤，立即用 20% 硫代硫酸钠冲洗，再用大量水冲洗，包上消毒纱布后就医。

2. 烫伤　使用火焰、蒸汽、红热的玻璃和金属时易发生烫伤，应立即用大量水冲洗和浸泡，若起水泡不可挑破，包上纱布后就医，轻度烫伤可涂抹鱼肝油和烫伤膏等。

3. 割伤 这是生物化学实验室常见的伤害，要特别注意预防，尤其是在向橡皮塞中插入温度计、玻璃管时一定要用水或甘油润滑，用布包住玻璃管轻轻旋入，切不可用力过猛。若发生严重割伤时要立即包扎止血，并迅速到医院就医处置。

4. 异物进入眼睛 若有玻璃碎片进入眼内则十分危险，必须十分小心谨慎，不可自取，不可转动眼球，可任其流泪，若碎片不出，则用纱布轻轻包住眼睛急送医院处理。若有木屑、尘粒等异物进入，可由他人翻开眼睑，用消毒棉签轻轻取出或任其流泪，待异物排出后再滴几滴鱼肝油。

实验室应准备一个完备的小药箱，专供急救时使用。药箱内备有：医用酒精、红药水、紫药水、止血粉、创可贴、烫伤油膏（或万花油）、鱼肝油、1％硼酸溶液或2％醋酸溶液、1％碳酸氢钠溶液、20％硫代硫酸钠溶液、医用镊子和剪刀、纱布、药棉、棉签、绷带等。

（六）生物伤害

1. 动物伤害 动物生物化学实验的一个最大特点就是实验材料均来源于动物组织或细胞，而且，在很多时候要直接使用活体动物进行实验。尽管这些实验材料一般为健康的动物或其组织或细胞，但在进行操作时，应注意以下几点：

（1）应穿工作服和戴手套、口罩等进行操作。不得带伤操作，特别是手部有外伤时，以免引起意想不到的后果。

（2）在饲养或操作动物时，应有适当的防护措施，千万注意不要被动物抓伤或咬伤，造成不必要的伤害。

2. 微生物伤害 在进行动物生物化学实验时，不管实验材料是动物组织或细胞，还是动物本身，抑或直接是微生物，都应注意避免微生物的伤害。实验室内常用的实验动物如小鼠、大鼠、豚鼠、兔子、鸡、犬和猪等可能携带有某些人兽共患病病原，一旦被它们抓伤或咬伤，易被感染而患病，轻者造成身体健康的危害，影响生活、工作和学习，重者危及生命。发生这种情况后应立即紧急就医，采取相应的措施进行处置和治疗。

另外，必需严格执行保障生物安全的相关法规，不允许违章使用微生物实验材料，严防有害微生物的扩散。

（七）仪器设备安全

正确使用各种仪器设备，特别是大型和贵重仪器设备，是保证仪器设备安全的根本。有关生物化学实验室常用仪器设备的正确使用方法请参考本章第3节的内容。

（八）环境安全

严禁将微生物，包括病原性和非病原性微生物以及病原性不清楚者逸出实验室，避免对人和其他动物造成直接或潜在的危险。剧毒性化学试剂，某些有机溶剂，如氯仿、苯酚等不得倒入下水道中，避免对空气、水源和土壤等造成污染和危害。

上述种种安全事故，稍一疏忽就可能发生，造成不必要的损失。因此，每一位在生物化学实验室工作的人员都必须具有充分的安全意识、严格的防范措施和丰富实用的防护救治知识，一旦发生意外能够正确地进行处置。

第 3 节
常用仪器设备及其使用方法简介

动物生物化学实验室需要用到大量的仪器设备，其种类繁多，功能各不相同。在使用过程中，尽管每种仪器设备都有相应的说明书，但对于初学者来讲，还是会出现这样那样的操作问题。由于不同的实验室所拥有的仪器设备的种类或型号不可能完全相同，因此，在此仅就动物生物化学实验室常用的仪器设备及其使用方法做一简要介绍。

一、基本条件

宽敞、明亮的空间，具有上下水、送排风等功能；实验台和地面应耐强酸、强碱腐蚀，不易燃烧等，所有这些都是一般生物化学实验室应具备的基本条件。有条件的实验室可以安装空调和加湿器等设备，因为许多生物化学实验都要求在一定的温度和湿度下进行操作，而仪器分析室则要求保持干燥，一些容易潮解的试剂应保存在干燥箱中。

由于各种生物材料、制剂和许多生物化学试剂都要求在不同的温度下保存，实验室必须备有 4 ℃、−20 ℃冰箱，需要在更低温度下保存的样品，则必须使用超低温冰柜（−70 ℃或−80 ℃）或液氮罐。对于需在较高温度下进行的实验操作，则可使用培养箱、烘箱以至高温电炉等。

二、纯水设备

水是生物化学实验室使用最多的溶剂，但配制生物化学实验用试剂不能直接用自来水，必须按照具体的实验要求经过不同程度的纯化才能使用。根据水的纯度，可将纯化水分为去离子水、二次蒸馏水、高纯去离子水、无热源高纯水、无菌蒸馏水等。多数实验室制备纯水的设备主要包括阴、阳离子交换柱和电热石英玻璃蒸馏器等。近年来，国内外研制了功能强大的纯水仪，为水的纯化提供了便利的条件。

将自来水通过聚苯乙烯季胺型强碱性阴离子交换树脂和聚苯乙烯磺酸型强酸性阳离子交换树脂填充的阴、阳离子交换柱，或是阴、阳离子交换树脂的比例为 2:1 的混合柱，即制得了去离子水。去离子水的水质用电阻率表示，最高纯度为 18 MΩ/cm（25 ℃），一般纯度在 15~18 MΩ/cm 的即为高纯去离子水。

虽然去离子水中阴、阳离子的含量可以很低，但用离子交换法却不能去除水中的有机物杂质，离子交换树脂中的低分子有机化合物亦可能溶于水中，而通过电阻率不能看出水中有机物的污染程度。有机物的污染有可能干扰生物化学实验中的某些反应，也会使水的紫外吸收增加，对于那些对紫外吸收要求十分严格的实验，应选用蒸馏水而不用去离子水。

所有的各种纯水，在储存中都会被污染：塑料容器会产生有紫外吸收的有机物；玻璃和金属容器会产生金属离子的污染；长时间放置水中会有细菌生长，空气中的二氧化碳会溶入水中，所以储存高纯水一定要隔绝空气，密封盖严，必要时储存在冰箱的冷藏室中。建议新制备的纯水最好在1～2周内用完。

三、消毒器械

生物化学实验要进行生物培养和生物反应的操作，这些操作都必须排除其他生物因素的干扰。所以，在做这些实验之前，都必须对实验中用到的、可能造成污染的材料、器械等进行消毒灭菌处理；在核酸和蛋白质实验过程中，消毒和灭菌处理可减少非目的核酸和蛋白质污染，消除核酸酶和蛋白酶的降解作用。因此，实验室必须配备各种无菌处理设备。

常用的灭菌器械有：高压蒸汽灭菌锅、干烤箱、过（超）滤器、紫外线灯、酒精灯等。另外，消毒剂浸泡也是常用的消毒方法。有关这些设备的使用方法请参考本章第4节的内容。

四、计量设备

生物化学实验多数要求在定量条件下进行，因此，实验室必须配备各种标准的定量设备。常用的定量设备有：液体体积度量器具、称量设备、pH测定设备、液体溶质定量测定设备等。

（一）液体体积度量器具

准确的移液技术是生物化学实验成功进行地重要保证之一。为此要用到各种形式的移液器具，主要包括各种量筒、移液管、容量瓶、微量加样器和各种自动取液器等。图1-1列出了一些生物化学实验中常用的移液器具。其中有一些量具在化学实验中已经使用过，这里不再赘述。下面仅介绍生物化学实验中常用的微量加样器和各种移液器。

1. 微量加样器　常用作气相和液相色谱仪的进样器，在生物化学实验中主要是用作电泳实验的加样器，通常可分为无存液和有存液两种。

（1）无存液微量加样器：0.5 μl 以下的极微量液体加样器为无存液微量加样器，加样器的不锈钢芯子直接通到针尖端处，无液体存留。

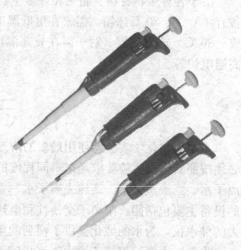

图1-1　生物化学实验中常用的移液器

（2）有存液微量加样器：10～100 μl 微量加样器为有存液微量加样器，不锈钢针尖管部分是空管，加样器的柱塞不能到达，因而管内会有空气或液体存留。使用时应注意：①因为有存液，所以吸液时要来回多拉几次，将针尖管内的气泡全部排尽。②针尖管内孔极细，使用后，尤其是吸取过蛋白质溶液后，必须立即清洗针尖管，防止堵塞。若遇针尖管堵塞，不可用火烧，只能用直径0.1 mm的不锈钢丝耐心串通。

无论哪种微量加样器，均应注意：①不可吸取强酸、强碱溶液，以免腐蚀玻璃和不锈钢零件。②加样器未润湿时不可来回干拉芯子，以免磨损而漏气。③若加样器内发黑，有不锈钢氧化物，可用芯子蘸少量肥皂水，来回拉几次即可除去。

2. 移液器 在生物化学实验中大量地使用各种移液器，它们主要用于多次重复的快速定量移液，可以只用一只手操作，十分方便。移液的准确度（即容量误差）为±（0.5%～1.5%），移液的精密度（即重复性误差）更小些，为 0.5% 以下。

移液器可分为两种：一种是固定容量的，常用的有 100 μl、200 μl 等多种规格；另一种是可调容量的，常用的有 20 μl 和 200 μl、1 000 μl。每种移液器都有其专用的聚丙烯塑料吸头（Tip），吸头通常是一次性使用，当然也可以超声清洗后再使用，还可以进行 120 ℃高压灭菌。

可调移液器的操作方法是用拇指和食指旋转移液器上部的旋钮，使数字窗口出现所需容量体积的数字，在移液器下端插上一个塑料吸头，并旋紧以保证气密。然后四指并拢握住取液器上部，用拇指按住柱塞杆顶端的按钮，向下按到第一停点，将移液器的吸头微微插入待取的溶液中，缓慢松开按钮，吸上液体。除极微量（2 μl 以下）移液外，吸取液体时绝不能突然松开拇指，以防将溶液吸入过快而冲入移液器内腐蚀柱塞而造成漏气。排液时吸头接触倾斜的器壁，先将按钮按到第一停点，再按压到第二停点，吹出吸头尖部的剩余溶液。去掉吸头。

（二）称量设备

最常用的称量工具是各种不同感量的天平、分析天平和电子天平等。大于或等于 0.1 g 的物质常用双托盘天平称量，而 0.1 g 以下物质则使用电子天平称量。它们分别用于各种缓冲液的配制和标准物质的称量等。

（三）pH 测量设备

最常用的是 pH 试纸和 pH 计。在使用 pH 试纸时，应注意试纸的测试范围和精密度。目前使用的 pH 计是复合电极式的，即玻璃电极和参比电极（甘汞或银-氯化银电极）合二为一，它们共同组装在一根玻璃管或塑料管内，下端玻璃泡处有保护罩，使用十分方便，尤其是便于测定少量液体的 pH。

pH 计的灵敏度和准确性因型号不同而存在一定的差异，笔式 pH 计的灵敏度和准确性较低，但使用方便。而台式 pH 计的灵敏度和准确性较高，其精确度可达 0.005pH 单位，但操作较复杂。

（四）液体溶质定量设备

此设备主要是根据液体溶质的某些理化特性而设计的，不同的物质在一定的条件下有特定的吸收光谱，其吸收值的大小与其在溶液中的浓度有一定的关系，可以通过测定某物质在溶液中的吸收光谱来计算出该物质的浓度。因而分光光度计就是生物化学实验室必备的仪器分析手段，主要有可见分光光度计、紫外/可见光分光光度计和高档的快速扫描紫外/可见光分光光度计等。有关各种分光光度计的使用方法请参阅第 2 章第 9 节的内容。

五、离心设备

离心方法是分离和制备生物大分子最常用的手段，因而生物化学实验室必须备有各种形式的离心机。常用的有普通台式离心机、高速冷冻离心机和超速离心机等。有关离心机的使用方法请参阅第 2 章第 6 节的内容。

六、层析装置

层析又称为色谱，是分离各种生物大分子的主要手段之一，因而各种层析系统和核酸蛋白检测仪就是生物化学实验室最常用的仪器设备。主要的层析技术有多种，如纸层析、薄层层析和柱层析等。其中柱层析是生物化学实验中最常用的一种。层析柱的型号有很多，可根据实验的目的和要求选用合适的柱子。有关层析装置的使用方法请参阅第 2 章第 7 节的内容。

七、电泳装置

电泳是生物化学实验中最常用的重要实验技术之一，主要用于生物分子的分析、鉴定，也可用于制备。电泳装置由电泳仪和电泳槽两部分组成，其使用方法请参阅第 2 章第 8 节的内容。

八、PCR 仪

PCR（polymerase chain reaction）是指聚合酶链式反应。该反应是用 DNA 聚合酶在体外大量扩增 DNA 片段的一种方法。PCR 仪就是将此方法实现了自动化操作的一种仪器，是生物化学与分子生物学实验常用和必备的设备。PCR 仪是一种高度自动化仪器，使用非常方便，严格按照说明书操作即可。

九、生物培养设施

生物培养是生物化学实验必不可少的技术手段。生物材料的培养包括微生物培养、动物细胞培养及动物饲养等。不同的培养，其对设施的要求也有所不同。

微生物培养需要恒温恒湿培养箱、振荡培养器即摇床（有空气和水浴式以及全温式摇床）、发酵罐、大型生物反应器等；动物细胞培养需要二氧化碳培养箱、电热恒温培养箱等；动物饲养根据实验要求不同需要不同洁净度的动物房等。

为了对所培养的微生物和动物细胞进行破碎，提取所需的生物大分子，还必须有各种高效率的细胞破碎装置。

十、暗　　室

在生物化学实验研究中，必须有一间装备完整的暗室，能对各种照相乳胶和感光材料进行处理，如各种电泳凝胶的照相冲洗和放大，放射性自显影的 X 射线片及其他感光底片的处理，以及进行核酸与荧光物质（溴化乙锭）结合后在紫外线照射下对电泳结果的观察操作等。

暗室中应装备有：照相装置、放大机、曝光箱、翻拍仪、自动冲片机和紫外透射仪等。近年来，随着数码照相技术的广泛应用和普及，利用胶片记录实验结果的手段越来越少，大有被淘汰之势，取而代之的是数码照相技术。所以，数码照相机、自动凝胶成像仪等设备取代了暗室的大部分功能。

十一、冷柜（室）

生物化学实验一般都要求在低温下进行，由于冰浴太小，冷柜也不能进人操作，因此就需要有一间 4～10 ℃的冷室，工作人员可以在其中进行各种柱层析、各种电泳、生物大分子的提取和分离、硫酸铵沉淀蛋白质以及各种物质的透析等操作，并可以储存各种生物制品和生物化学试剂。

十二、其他设备

生物化学实验室除以上常规设备和设施外，还必须装备下列一些常用设备：

（1）通风柜：用于有害和有毒气体的操作。

（2）微波炉：用于化冻、灭菌及其他一些需要快速加热的操作。

（3）组织打碎机和匀浆器：用于各种生物材料、动物组织和细胞的破碎。

（4）超声清洗机：用于各种器皿、移液管和自动取液器吸头的清洗和高效液相色谱仪所用流动相的脱气等。

（5）制冰机：为实验室提供足够的碎冰块。

（6）冰冻干燥机：用于生物大分子水溶液的冰冻干燥，可由其水溶液直接制得固体干粉。

（7）机械和水环式真空泵：用于旋转蒸发器和各种真空抽气操作。

（8）旋转蒸发器：用于各种水溶液和有机溶液的旋转减压蒸馏操作。

（9）普通显微镜和倒置显微镜：用于对各种细胞和生物材料的观察。

（10）酶标仪：用于免疫化学实验的酶联免疫吸附测定。

由上述内容可见，生物化学实验室所需装备的各种仪器设备和设施是多种多样的，因而要求每一位生物化学工作者，尤其是刚刚进入实验室的学生，必须高度重视这些仪器设备和设施的正确使用和维护，必须具有较强的实验动手能力。能否正确熟练地使用上述这些仪器设备，在很大程度上决定了实验的成败。

第 4 节

实验室基本操作技术

这里所指的实验基本操作技术是指在生物化学与分子生物学实验中使用范围最广、使用频率最高、几乎所有实验都要应用的技术。这些技术主要包括器皿的洗刷、各种量具的正确使用、试剂配制、除灭菌技术和无菌操作技术等。试管、量筒（杯）、容量瓶、吸管、微量加样器和移液器等量具的正确操作和使用应当是最最基本的技术，这些内容已在第 3 节中介绍过，因此本节主要讲述器皿的清洗、试剂配制、除（灭）菌技术以及无菌操作等。

（一）玻璃、塑料器皿的清洗

1. 洗液的配制 生物化学实验室最常用的洗液是由浓硫酸和重铬酸钾配制而成的，具体配方如下：重铬酸钾∶水∶浓硫酸＝1∶2∶8（$m∶V∶V$）。根据洗液需要量的多少，称取一定数量的重铬酸钾粉末，置于耐强酸搪瓷或塑料容器中，按比例加入蒸馏水使其溶解，然后慢慢加入相应比例的浓硫酸（切不可将重铬酸钾液倒入浓硫酸中），边加边搅拌。千万注意，在加入浓硫酸的时候一定要慢，而且应沿容器的壁流入容器中，否则会使溶液温度迅速升高，会使溶液飞溅，导致安全事故。配制完成并待其冷却后，储存于特殊的酸缸中备用。新配制好的洗液呈深棕褐色，经长期使用后逐渐变为墨绿色，此时应进行更新。

2. 玻璃器皿的清洗 生物化学实验绝大多数是在玻璃容器中进行的，因此，实验中所用到的玻璃容器清洁与否，将直接影响实验结果的准确性，严重的会导致实验的失败。做生物化学实验对玻璃仪器清洁程度的要求，比一般化学实验的要求更高。这是因为：①生物化学实验中蛋白质、酶、核酸等往往都是以"毫克"或"微克"计的，稍有杂质，影响就很大。②生物化学实验对许多常见的污染杂质十分敏感，如金属离子（钙、镁离子等）、去污剂和有机物残基等，因此，玻璃仪器（包括离心管等塑料器皿）是否彻底清洗干净是非常重要的。

（1）新玻璃器皿的清洗：新购买的玻璃器皿表面常附着有游离的碱性物质，可先用 0.5％的去污剂洗刷，再用自来水洗净，然后浸泡在 1％～2％盐酸溶液中过夜，再用自来水冲洗，最后用去离子水冲洗两次，室温晾干或在 100～120 ℃烘箱内烘干备用。

（2）使用过的玻璃器皿的清洗：先用自来水洗刷至无污物，再用合适的毛刷蘸去污剂（粉）洗刷，或浸泡在 0.5％的清洗剂中超声清洗（比色皿决不可使用超声清洗），然后用自来水彻底洗净去污剂，用去离子水冲洗两次，室温晾干或烘干备用。清洗干净的器皿内外不应挂有水珠。

（3）石英和玻璃比色皿的清洗：决不可用强碱清洗，因为强碱会侵蚀抛光的比色皿。严禁加热烘烤和用超声清洗器清洗。只能用洗液或 1％～2％的去污剂浸泡，然后用自来水冲洗，这时使用一支绸布包裹的小棒或棉花球棒刷洗，效果会更好。清洗干净的比色皿也应内外壁不挂水珠，晾干或用冷风吹干备用。

3. 塑料器皿的清洗 聚乙烯、聚丙烯等制成的塑料器皿，在生物化学实验中已使用的越来越多。第一次使用塑料器皿时，可先用 8 mol/L 尿素（用浓盐酸调 pH=1）清洗，接着依次用去离子水、1 mol/L KOH 和去离子水清洗，然后用 0.001 mol/L 的 EDTA 除去金属离子污染，最后用去离子水彻底清洗。以后每次使用时，可只用 0.5% 的去污剂清洗，然后用自来水和去离子水洗净即可。目前，很多厂家提供的一次性塑料器皿可直接使用或用去离子水洗净后使用。

（二）试剂配制与 pH 测定

生物化学实验中要用到各种各样的试剂，试剂溶液的浓度、离子强度和 pH 等指标是否准确是关系到实验能否成功的关键因素之一。因此，熟练准确地配制各种溶液是每一位科研工作者必须具有的基本素质。缓冲溶液是一类在许多实验中经常使用的溶液，下面以缓冲溶液的配制为例说明试剂的配制方法和注意事项。

缓冲溶液是一类能够抵制外界加入少量酸和碱的影响，仍能维持 pH 基本不变的溶液。该溶液的这种抗 pH 变化的作用称为缓冲作用。缓冲溶液通常是由一种或两种化合物溶入纯水（溶剂）所得的溶液，溶液内所溶解的化合物（溶质）称之为缓冲剂，调节缓冲剂的配比即可制得不同 pH 的缓冲液。

1. 生物化学常用缓冲液及其配制

（1）磷酸盐缓冲液：磷酸盐是生物化学研究中使用最广泛的一种缓冲剂，由于它们是二级解离，有两个 pK_a 值，所以用它们配制的缓冲液，pH 范围最宽。

NaH_2PO_4：$pK_a1=2.12$，$pK_a2=7.21$；Na_2HPO_4：$pK_a1=7.21$，$pK_a2=12.32$。配酸性缓冲液时用 NaH_2PO_4，pH 范围为 1~4；配中性缓冲液时用混合的两种磷酸盐，pH 范围为 6~8；配碱性缓冲液时用 Na_2HPO_4，pH 范围为 10~12。具体配方见附录。

用钾盐比钠盐好，因为低温时钠盐难溶，钾盐易溶，但若配制 SDS-聚丙烯酰胺凝胶电泳的缓冲液时，只能用磷酸钠而不能用磷酸钾，因为 SDS（十二烷基硫酸钠）会与钾盐生成难溶的十二烷基硫酸钾。

磷酸盐缓冲液的优点为：①容易配制成各种浓度的缓冲液。②适用的 pH 范围宽。③pH 受温度的影响小。④缓冲液稀释后 pH 变化小，如稀释 10 倍后 pH 的变化小于 0.1。

其缺点为：①易与常见的钙离子（Ca^{2+}）、镁离子（Mg^{2+}）以及重金属离子缔合生成沉淀。②会抑制某些生物化学过程，如对某些酶的催化作用会产生某种程度的抑制作用。

（2）Tris 缓冲液：Tris（三羟甲基氨基甲烷，N-Tris-hydroxymethyl aminomethane）缓冲液在生物化学研究中使用的越来越多，特别是在分子生物学研究中，有超过磷酸盐缓冲液的趋势，如在 SDS-聚丙烯酰胺凝胶电泳中已都使用 Tris 缓冲液，而很少再用磷酸盐缓冲液。

Tris 缓冲液的常用有效 pH 范围是在"中性"范围，例如，Tris-HCl 缓冲液的 pH 范围为 7.5~8.5，Tris-磷酸盐缓冲液的 pH 范围为 5.0~9.0。

常用的配制方法有两种：

① 按本书后附录中所列该缓冲液表中的方法，分别配制 0.05 mol/L Tris 和 0.05 mol/L HCl 溶液，然后按表中所列体积混合。由于标准浓度的稀盐酸不易配制，所以常用另一种方法。

② 若配 1 L 0.1 mol/L 的 Tris‑HCl 缓冲液：先称 12.11 g Tris 碱溶于 950～970 mL 去离子水中，边搅拌边滴加 4 mol/L HCl，用 pH 计测定溶液 pH 至所需的 pH，然后再加水补足到 1 L。

Tris‑HCl 缓冲液的优点是：①因为 Tris 碱的碱性较强，所以可以只用这一种缓冲体系配制 pH 范围由酸性到碱性的大范围 pH 的缓冲液。②对生物化学过程干扰很小，不与钙、镁离子及重金属离子发生沉淀。

其缺点是：①缓冲液的 pH 受溶液浓度影响较大，缓冲液稀释 10 倍，pH 的变化大于 0.1。②温度效应大，温度变化对缓冲液 pH 的影响很大。例如，4 ℃时缓冲液的 pH 为 8.4，则 37 ℃时的 pH 为 7.4，所以一定要在使用温度下进行配制，室温下配制的 Tris‑HCl 缓冲液不能在 0～4 ℃下使用。③易吸收空气中的 CO_2，所以配制的缓冲液要盖严密封。④此缓冲液对某些 pH 电极发生一定的干扰作用，所以要使用与 Tris 溶液具有兼容性的电极。

（3）硼酸盐缓冲液：常用的有效 pH 范围是 8.5～10.0，因而它是碱性范围内最常用的缓冲液。其优点是配制方便，只使用一种试剂；缺点是能与很多代谢产物形成络合物，尤其是能与糖类的羟基反应生成稳定的复合物而使缓冲液受到干扰。

（4）氨基酸缓冲液：此缓冲液使用的范围很宽，可用于 pH=2.0～11.0。最常用的有：甘氨酸‑HCl 缓冲液（pH=2.0～5.0），甘氨酸‑NaOH 缓冲液（pH=8.0～11.0），甘氨酸‑Tris 缓冲液（pH=8.0～11.0）等。甘氨酸‑Tris 缓冲液被广泛用于 SDS‑聚丙烯酰胺凝胶电泳中的电极缓冲液。

此类缓冲体系的优点是：为细胞组分和各种提取液提供更接近的天然环境。其缺点是：①与羧酸盐和磷酸盐缓冲体系相似，也会干扰某些生物化学反应过程，如代谢过程等。②试剂的价格较高。

2. pH 测定　测定溶液 pH 通常有两种方法：pH 试纸法和 pH 计法。pH 试纸法操作简便但不够准确。根据测定 pH 的精密度，pH 试纸分为广泛和精密两种，广泛 pH 试纸的变色范围是 pH 1～14 或 pH 9～14 等，只能粗略确定溶液的 pH；而精密 pH 试纸可以较精确地测定溶液的 pH，其变色范围是 2～3 个 pH 单位，例如有 pH 范围 1.4～3.0、0.5～5.0、5.4～7.0、7.6～8.5、8.0～10.0、9.5～13.0 等许多种。可根据待测溶液的酸、碱性选用某一范围的试纸。测定的方法是将试纸条剪成小块，用镊子夹一小块试纸（不可用手拿，以免污染试纸），用玻璃棒蘸少许溶液与试纸接触，数秒钟后变色的试纸与色阶板对照，估读所测 pH。

精确测定溶液 pH 要使用 pH 计，其精确度可达 0.005 pH 单位，关键是要正确选用和校对 pH 电极。使用复合电极式 pH 计时应注意：

（1）经常检查电极内的 4 mol/L KCl 溶液的液面，如液面过低则应补充。

（2）玻璃泡极易破碎，使用时必须极为小心。

（3）复合电极长期不用，可浸泡在 2 mol/L KCl 溶液中，平时可浸泡在无离子水或缓冲溶液中，使用时取出，用洗瓶冲洗玻璃泡部分，然后用吸水纸吸干余水，将电极浸入待测溶液中，稍加搅拌，读数时电极应静止不动，以免数字跳动不稳定。

（4）使用时复合电极的玻璃泡和半透膜小孔要浸入到溶液中。

（5）使用前要用标准缓冲液校正电极，常用的三种标准缓冲液是 pH=4.00、6.88 和

9.23（20 ℃），精度为±0.002pH 单位。校正时先将电极放入 6.88 的标准缓冲液中，用 pH 计上的"标准"旋钮校正 pH 读数，然后取出电极洗净，再放入 4.00 或 9.23 的标准缓冲液中，用"斜率"旋钮校正 pH 读数，如此反复多次，直至二点校正正确，再用第三种标准缓冲液检查。标准缓冲液不用时应冷藏。

（6）电极的玻璃泡容易被污染。若测定浓蛋白质溶液的 pH 时，玻璃泡表面会覆盖一层蛋白质膜，不易洗净而干扰测定，此时可用 0.1 mol/L HCl 配制的胃蛋白酶溶液（1 mg/mL）浸泡过夜。若被油脂污染，可用丙酮浸泡。若电极保存时间过长，校正数值不准时，可将电极放入 2 mol/L KCl 溶液中，40 ℃加热 1 h 以上，进行电极活化。

（三）除（灭）菌技术

在很多情况下，生物化学实验必须在无菌条件下进行，在进行微生物及细胞的纯培养时更不能有任何杂菌的存在。所以，这就需要对使用的器皿及溶液进行除灭菌处理，对工作场所进行消毒。这是无菌操作技术的重要环节之一。

除灭菌方法主要有物理方法和化学方法两种。物理方法包括用湿热（高压蒸汽）、干热、紫外线、过滤、离心沉淀等方法除去微生物；化学方法是使用化学消毒剂、抗生素等杀死微生物。根据除灭菌对象的不同选择不同的除灭菌方法。

1. 湿热灭菌 湿热灭菌常用的方法有高压蒸汽灭菌、常压蒸汽灭菌和煮沸灭菌。在相同温度下，湿热比干热的灭菌效果好，原因是：①热蒸汽对细胞成分的破坏作用更强。水分子的存在有助于破坏维持蛋白质三维结构的氢键和其他相互作用弱键，更易使蛋白质变性。蛋白质含水量与其凝固温度成反比。②热蒸汽比热空气穿透力强，能更有效地杀灭微生物。③当水蒸气转变成液体时可放出大量热能，故可更迅速地提高灭菌物体的温度。

（1）高压蒸汽灭菌：在密闭的高压蒸汽灭菌锅中进行的，是一种使用最广泛、效果最好的消毒方法。其原理是：将待灭菌的物体放置在盛有适量水的高压蒸汽灭菌锅内。将锅内的水加热煮沸，并把其中原有的冷空气彻底驱尽后将锅密闭。再继续加热就会使锅内的蒸汽压逐渐上升，从而使温度也随之上升到 100 ℃以上。蒸汽压力与温度的关系见表 1-3。

表 1-3 蒸汽压力与温度的关系

蒸汽压力（表压）		蒸汽温度	
kgf/cm²	MPa	℃	℉
0.00	0.00	100	212
0.25	0.025	107.0	224
0.50	0.050	112.0	234
0.75	0.075	115.5	240
1.00	0.100	121.0	250
1.50	0.150	128.0	262
2.00	0.200	134.5	274

高压蒸汽灭菌的主要设备是高压蒸汽灭菌锅，有立式、卧式及手提式等不同类型。实验室中常用的是手提式，卧式灭菌锅常用于大批量物品的灭菌。高压蒸汽灭菌锅的主要构造包括外锅、内锅、压力表、温度计、安全阀、排气阀和热源。

灭菌时，根据不同的物品选择不同压力和时间，一般物品（如布类、金属器械、玻璃器皿等）的消毒要求是 0.15MPa 下 15 min，培养液和橡胶制品为 0.1MPa 下 10 min。灭菌前在锅内加适量的水，加水过少，易将灭菌锅烧干，引起炸裂事故；过多有可能引起灭菌物品积水。物品不能装得过满，以便灭菌锅内气体流通。导气管要伸至罐底并防止堵塞。在加热升压之前，先要打开排气阀门排放灭菌锅内的冷空气；冷气空气排出后，关闭排气阀门，同时检验安全阀是否活动自如；然后开始升压，当达到所需压力时，开始计时，并控制压力恒定。灭菌过程中，操作者不能离开工作岗位，要定时检查压力表的压力，防止意外事件发生。灭菌完毕后一定要先打开阀门放气，当灭菌锅内压力下降到"0"时，再打开灭菌锅的盖，以免发生意外。也可在灭菌完毕后，关闭总阀，让灭菌物品自然冷却，待灭菌锅压力表降至"0"时，再取出灭菌物品。

（2）常压蒸汽灭菌：是在不能密闭的容器里产生蒸汽进行灭菌。在不具备高压蒸汽灭菌的情况下，常压蒸汽灭菌是一种常用的灭菌方法。此外，不宜用高压蒸煮的物质如糖液、牛奶、明胶等，可采用常压蒸汽灭菌。这种灭菌方法所用的灭菌器有阿诺氏（Aruokd）灭菌器或特制的蒸锅，也可用普通的蒸笼。由于常压蒸汽的温度不超过 100 ℃，压力为常压，大多数微生物的营养细胞能被杀死，但芽胞却不能在短时间内死亡，必须采取间歇灭菌或持续灭菌的方法，以杀死芽胞，达到完全灭菌的目的。

（3）煮沸灭菌：可用于注射器及某些用具的灭菌，缺点是湿度太大。

2. 干热灭菌 包括火焰灼烧灭菌和热空气灭菌。

火焰灼烧适用于接种环、接种针、金属用具（如镊子）、试管口和瓶口、玻璃棒等。这种方法灭菌迅速彻底。

热空气灭菌一般在烤箱中进行，利用高温干燥空气（160～170 ℃）加热灭菌 1～2 h，适用于玻璃器皿和培养皿等。加热使蛋白质变性，与水的含量有关，当环境和细胞含水量越大，凝固越快。干热灭菌后的器皿干燥，易于保存。缺点是干热传导慢，可能有冷空气存留于烤箱内，因此要求较高的温度和较长的时间才能达到灭菌的目的。

应当注意，灭菌完毕后不可马上将烤箱门打开，等温度降至 70 ℃以下时再开箱门，以免冷空气突然进入，影响灭菌效果和损坏玻璃器皿或发生意外事故。在灭菌时，物品不能放的太挤。灭菌的玻璃器皿中不可有水，有水的玻璃器皿在干热灭菌时容易炸裂。培养基、橡胶制品、塑料制品不能用本方法灭菌。

3. 紫外线杀菌 紫外线的波长范围是 200～300 nm，杀菌范围为 240～280 nm，其中波长在 260 nm 左右的紫外线杀菌作用最强。紫外灯是人工制造的低压水银灯，能辐射出 257.3 nm 的紫外线，杀菌能力强且较稳定。紫外线杀菌作用是因为它可以被蛋白质（波长为 280 nm）和核酸（波长为 260 nm）吸收，造成这些分子的变性失活。紫外线穿透能力很差，不能穿透玻璃、衣物、纸张和大多数其他物体，但能穿透空气，主要用于实验室空气、操作台表面、塑料培养器皿及不能使用其他方法进行灭菌的物品。紫外线直接照射方便、效果好，经一定的时间照射后，可以消灭空气中大部分细菌。灭菌时紫外灯距地面不应超过 2.5 m，且消毒物品不宜相互遮挡，照射不到的地方起不到灭菌作用。

紫外线可产生臭氧，污染空气，对试剂及培养液都有不良影响，对人皮肤也有伤害。

4. 化学消毒剂灭菌法 是应用化学制剂破坏细菌代谢机能而达到灭菌的目的。常用化学消毒剂有：乙醇、醋酸、石炭酸、福尔马林、升汞、高锰酸钾、新洁尔灭等。最常见的是

75％乙醇及 0.1％的新洁尔灭，前者主要用于操作者的皮肤、操作台表面及无菌室内的壁面处理；后者则主要用器械的浸泡及皮肤和操作室壁面的擦拭消毒。化学灭菌法操作简单、方便有效。

将高锰酸钾粉末与适量体积的福尔马林混合，会产生大量的甲醛气体，常用于无菌室的熏蒸消毒。

5. 抗生素灭菌　主要用于培养用液灭菌或预防培养物污染。要注意的是不能完全依赖抗生素来达到消毒灭菌的目的。常用的抗生素是青霉素和链霉素。

6. 过滤除菌　很多液体不能采用高压灭菌的方法进行灭菌处理，如血清、合成培养液、酶及含有具有生物活性蛋白质的液体，可采用过滤的方法除去细菌等微生物。滤器有抽吸（抽滤）式及加压式两种类型；滤板（或滤膜）结构可分为石棉板、玻璃或微孔膜。常用的滤器有 Zeiss 滤器（蔡氏滤器）、玻璃滤器和微孔滤膜滤器。

Zeiss 滤器为不锈钢的金属结构，中间夹有一层石棉制成的一次性纤维滤板。既可抽滤，又可加压过滤。滤板具有一定的厚度，可承受一定的压力，因此是过滤血清等黏稠液体比较理想的滤器。Zeiss 滤器的清洗比玻璃滤器简单，滤板属一次性的，使用后即可弃去，以自来水将金属滤器初步冲洗，用洗涤剂刷洗干净，自来水冲净，蒸馏水漂洗 2～3 次，最后三蒸水漂洗一次，晾干包装。灭菌前将滤板装好，旋钮不要拧得太紧。灭菌后立即将旋钮拧紧以保证过滤除菌的效果。

玻璃滤器是以烧结玻璃为滤板固定于玻璃漏斗上。可用于过滤除血清等黏稠液体以外的各种培养液体。只能采用抽滤式。它的使用方法与抽滤式 Zeiss 滤器相同，但清洗过程比较繁琐，速度也较慢。

微孔滤膜滤器的基本结构与 Zeiss 滤器相同，为金属结构，但其中间为一种一次性的特制混合纤维素滤膜。可用于包括血清在内的各种培养液体的过滤除菌，速度较快，效果较好。微孔滤膜滤器可分为加压式和抽滤式两种，以加压式更佳。滤膜的质量是滤菌效果好坏的关键。有孔径 $0.6~\mu m$、$0.45~\mu m$、$0.22~\mu m$ 三种滤膜，用以过滤除菌时，最好选用 $0.22~\mu m$ 的滤膜（可以除去细菌和真菌）。安装滤膜时要注意：滤膜薄且光滑，容易移动，千万不能装偏而使过滤失败；同时要注意滤膜的正反面，正面（光面）应向上。由于滤膜薄，承受压力有限，力量不能过大、过猛，以免造成滤膜破裂。每次过滤后应打开滤器，核实滤膜是否移动和破裂，以保证有效过滤除菌。微孔滤膜滤器的清洗、消毒方法与 Zeiss 滤器相同，滤膜使用完后就丢弃。现在也有一次性小滤器可供使用。

（四）无菌操作技术

无菌操作技术是指实验过程中，防止一切微生物侵入机体和保持无菌物品及无菌区域不被污染的操作技术和管理方法，是实验过程中预防和控制交叉污染的一项重要基本操作。在生物化学实验中经常涉及无菌操作技术，尤其是微生物的纯培养、细胞及胚胎的培养，更需要严格的无菌操作技术。在无菌操作过程中，任何一个环节都不得违反操作原则，否则就可能造成实验失败。因此，必须加强无菌观念，准确熟练地掌握无菌技术，严格遵守无菌操作规范。

无菌操作技术分为四部分：①实验所用的玻璃、塑料制品及金属器械的处理；②实验操作对象及试剂的无菌处理；③工作环境及表面的处理；④实验者的操作技术。前三项内容已在除灭菌技术中介绍过，这里仅介绍第四项内容，即实验者的操作技术。

（1）在开始实验前要制定好实验计划和操作程序。有关数据的计算要事先做好。根据实验要求，准备各种所需的器材和物品，并选择适宜的方法进行包装和除灭菌处理，清点无误后将其放置在操作场所（培养室、超净工作台）内。这可以避免开始实验后，因物品不全往返拿取而增加污染机会。

（2）实验进行前，无菌室及超净工作台以紫外灯照射 30～60 min 灭菌，以 70％乙醇擦拭无菌操作台面，并开启无菌操作台风机运转 10 min 后，再开始实验操作。实验操作应在超净工作台的中央无菌区域，不得在边缘的非无菌区域操作。

为拿取方便，工作台面上的用品要有合理的布局，原则上应是右手使用的东西放置在右侧，左手用品在左侧，酒精灯置于中央。

在利用超净台工作时，因整个前臂要伸入箱内，应着长袖的清洁工作服，并要于开始操作前用 75％酒精消毒手。如果实验过程中手触及可能污染的物品和出入培养室都要重新用消毒液洗手。进入细胞培养室需彻底洗手，还要戴口罩、着消毒衣帽及鞋等。

（3）在无菌环境进行培养或做其他无菌工作时，首先要点燃酒精灯或煤气灯。以后一切操作，如安装吸管帽、打开或封闭瓶口等，都需在火焰近处并经过烧灼进行。但要注意：金属器械不能在火焰中烧的时间过长，以防退火，烧过的金属镊要待冷却后才能夹取组织，以免造成组织损伤。吸取过营养液后的吸管不能再用火焰烧灼，因残留在吸管头中的营养液能烧焦形成炭膜，再用时会把有害物带入营养液中。开启、关闭长有细胞或微生物的培养瓶时，火焰灭菌时间要短，防止因温度过高烧死细胞或微生物。另外，胶塞过火焰时也不能时间过长，以免烧焦产生有毒气体，危害培养细胞。进行无菌操作时，动作要准确敏捷，但又不能太快，以防空气流动，增加污染机会。不能用手触及已消毒器皿，如已接触，要用火焰灼烧消毒或取备用品更换。

工作由始至终要保持一定顺序性，组织或细胞在未做处理之前，勿过早暴露在空气中。同样，培养用液及其他溶液在未用前，不要过早开瓶；打开瓶盖进行操作时，瓶口朝上与台面呈 45°角，减少落菌机会；用过之后如不再重复使用，应立即封闭瓶口。吸取营养液、PBS 缓冲液、细胞悬液及其他各种用液时，均应分别使用吸管，不能混用，以防影响试剂的效果、扩大污染或导致细胞交叉污染。工作中不能面向操作台讲话或咳嗽，以免唾沫把细菌或支原体带入工作台面发生污染。手或相对较脏的物品不能经过开放的瓶口上方，瓶口最易污染，加液时如吸管尖碰到瓶口，则应更换干净吸管。

（4）实验完毕后，应及时将实验物品及废液带出工作台，关闭风机，以 70％乙醇擦拭无菌操作台面，关闭超净工作台。

对于微生物或细胞而言，每次操作只处理一种微生物或一株细胞株，即使培养基相同也不要共享培养基，以免微生物或细胞间污染。

（5）无菌操作工作区域应保持清洁及宽敞，必要物品，例如试管架、吸管吸取器或吸管盒等可以暂时放置，其他实验用品用完即取出，以利于气体流通。

2 第2章

动物生物化学常用实验技术原理

第 5 节

沉 淀 分 离 技 术

沉淀分离技术是指通过改变某些条件或加入某种物质，使溶液中某种溶质的溶解度降低，生成不溶性颗粒从溶液中沉淀析出的技术。选择性溶解和沉淀是经常交替使用的方法，往往贯穿于整个生物大分子的制备过程中，而各种层析和电泳技术常在分离纯化的中后阶段使用。

应当指出，沉淀和结晶在本质上属于同一种过程，都是新相析出的过程，主要是物理变化，当然也存在有化学反应的沉淀或结晶。沉淀和结晶的区别在于形态不同，同类分子或离子以无规则的紊乱排列形式析出称为沉淀，以有规则排列形式析出的称为结晶。

这里重点介绍蛋白质和核酸的沉淀分离技术。

（一）蛋白质的沉淀分离

蛋白质的沉淀分离技术主要包括盐析沉淀、等电点沉淀和有机溶剂沉淀等。

1. 盐析沉淀法 简称为盐析法，是蛋白质分离纯化中应用最早的方法，且至今仍被广泛使用。

（1）盐析原理：盐析法是蛋白质粗分离的重要方法之一。许多蛋白质在纯水或很低浓度的盐溶液中溶解度较低，若稍加一些无机盐则溶解度增加，这种现象称为"盐溶"（salting in）。而当盐浓度继续增加到某一浓度时，蛋白质的溶解度又降低变得不溶而自动析出沉淀，这种现象称为"盐析"（salting out）。由于蛋白质是两性电解质，在水中其极性基团使分子间相互排斥，同时与水分子形成水膜，这些因素保证蛋白质形成溶于水的溶胶状态。当向其中加入少量的盐时，增加了蛋白质分子上的极性基团，因而增大了其在水中的溶解度，出现"盐溶"现象。但当盐浓度增加到一定高度时，一方面大量的水同盐分子结合，使得蛋白质没有足够的水维持溶解状态，破坏了维持蛋白质亲水胶体的水膜，容易沉淀出来；另一方面加入的盐离子中和了蛋白质分子表面的极性基团所带的电荷，减少了蛋白质分子间的相互排斥力，蛋白质分子相互聚集而沉淀，出现了"盐析"现象。某种蛋白质盐析所需的最小盐量称为盐析浓度。由于不同的蛋白质"盐析"出来所需的盐浓度各异，因此可以通过控制盐的浓度，使混合蛋白质溶液中的各个成分分步"盐析"出来，从而达到分离的目的。

（2）盐的选择：蛋白质的盐析常采用中性盐，包括硫酸铵、硫酸钠、硫酸镁、氯化钠、磷酸钠等，其中应用最广的是硫酸铵。因为硫酸铵有许多其他盐所不具备的优点，如在水中化学性质稳定、溶解度大、溶解度的温度系数变化较小（25 ℃时溶解度为 4.1 mol/L，即 767 g/L；0 ℃时溶解度为 3.7 mol/L，即 697 g/L）、分离效果好、性质温和（即使浓度很高时也不会影响蛋白质的生物学活性）且价廉易得等。但是，用硫酸铵盐析时，缓冲能力较差，而且氨离子会干扰蛋白氮的测定，故有时也要用其他盐来进行盐析。

（3）硫酸铵浓度的计算与调整方法：用硫酸铵分级盐析蛋白质时，盐析出某种蛋白质成分所需的硫酸铵浓度一般以饱和度来表示。实际工作中将饱和硫酸铵溶液的饱和度定为 100%或1。盐析某种蛋白质成分所需的硫酸铵数量折算成 100%或1饱和度的百分之几，称为该蛋白盐析的饱和度。饱和度可以根据情况用下述两种方法计算。

① 饱和硫酸铵溶液法：饱和硫酸铵的配制方法是在一定量的水中加入过量的硫酸铵，加热至 50～60 ℃保温数分钟，趁热滤去沉淀，再在 0 ℃或 25 ℃平衡 1～2 d，有固体析出时即达 100%饱和度。

在蛋白质溶液总体积不大，要求达到的饱和度不高时（在 50%以下），最好选用此方法。在已知盐析出某种蛋白质成分所需要达到的饱和度时，可按下列公式计算出应加入饱和硫酸铵溶液的量：

$$V = V_0 \frac{C_2 - C_1}{100 - C_2} \text{ 或 } V = V_0 \frac{C_2 - C_1}{1 - C_2}$$

式中：V_0 为蛋白质溶液的原始体积；C_2 为所要达到的硫酸铵饱和度；C_1 为原来溶液的硫酸铵饱和度；V 为应加入饱和硫酸铵溶液的体积。

将计算所得体积的饱和硫酸铵溶液缓慢加入到混合蛋白质溶液中，边加边不断混匀，即可达到盐析的目的。

② 固体硫酸铵法：在所需达到的饱和度较高，而蛋白质溶液的体积又不能再过分增大时，宜采用直接加入固体硫酸铵的方法。欲达到某饱和度可按下列公式计算出应加入固体硫酸铵的质量：

$$X = \frac{G (C_2 - C_1)}{100 - AC_2} \text{ 或 } X = \frac{G (C_2 - C_1)}{1 - AC_2}$$

式中：X 为将 1 L 饱和度为 C_1 的溶液提高到饱和度为 C_2 时，需要加入固体硫酸铵的质量（g）；G 和 A 为常数，数值与温度有关，在 0 ℃时，G 为 707，A 为 0.27；在 20 ℃时，G 为 756，A 为 0.29。现在已将达到各种饱和度所需固体硫酸铵的量（X）列成表（见附录），在实际使用时可不需计算，直接从表中查出。

市售固体硫酸铵中一般残留有少量硫酸，所以制备的饱和硫酸铵溶液的 pH 常为 4.5～5.5，使用前应用氨水调其 pH 为 7。用固体硫酸铵盐析时，蛋白质应溶解于具有一定缓冲能力的溶液中。建议使用分析纯硫酸铵，因为在粗制硫酸铵中还含有一些重金属离子，用量大时易使蛋白质变性，如必须使用，可加入一些 EDTA 等螯合剂以螯合这些金属离子。

硫酸铵盐析一般可使蛋白质的纯度提高约 5 倍，而且可以除去 DNA、RNA 等。盐析后的产品为粗分离产品，因盐析后的蛋白质中仍含有一些杂蛋白和大量的硫酸铵，还需要脱盐和进一步的纯化。

2. 等电点（pI）沉淀法 等电点沉淀法是利用蛋白质在等电点时溶解度最低以及不同的蛋白质具有不同等电点这一特性，对蛋白质进行分离纯化的方法。

在等电点时，蛋白质分子的净电荷为零，消除了分子间的静电斥力，但由于水膜的存在，蛋白质仍有一定的溶解度而沉淀不完全，所以等电点沉淀法经常与盐析法或有机溶剂沉淀法联合使用。单独使用等电点沉淀法主要是用于去除等电点相差较大的杂蛋白。

在加酸或加碱调节 pH 的过程中，要一边搅拌一边慢慢加入，以防止局部过酸或过碱。

3. 有机溶剂沉淀法 有机溶剂与水作用能破坏蛋白质分子周围的水膜，同时改变溶液的介电常数，导致蛋白质溶解度降低而沉淀析出。利用不同蛋白质在不同浓度的有机溶剂中溶解度的不同来分离蛋白质的方法，称为有机溶剂沉淀法。经常使用的有机溶剂包括乙醇、丙酮和三氯乙酸等。

有机溶剂沉淀法分辨力比盐析法好，析出的蛋白质沉淀一般比盐析法析出的沉淀容易过滤或离心分离，溶剂也容易除去。但有机溶剂易使蛋白质和酶变性，所以操作必须在低温条件下进行。蛋白质和酶沉淀分离后，应立即用水或缓冲液溶解，以降低有机溶剂浓度，避免变性。中性盐可减少有机溶剂引起的蛋白质变性，提高分离效果，采用此方法分离时，一般添加 0.05 mol/L 的中性盐。由于中性盐会增加蛋白质在有机溶剂中的溶解度，故不宜添加太多。

有机溶剂沉淀法一般与等电点沉淀法联合使用，操作时溶液的 pH 控制在欲分离蛋白质的等电点附近。

4. 选择性变性沉淀法 本方法是选择一定的条件，使溶液中存在的某些杂质蛋白变性沉淀，而目的蛋白不受影响，仍保留在溶液中。例如，利用加热、改变 pH 或加进某些重金属离子等使杂质蛋白变性沉淀而除去。采用这种方法时应对目的蛋白和杂蛋白的理化性质有较全面的了解。

5. 非离子多聚物沉淀法 聚乙二醇（PEG）、聚乙烯吡咯烷酮和葡聚糖等水溶性非离子型聚合物可使蛋白质发生沉淀作用。其基本原理是非离子多聚物在溶液中占据了很大的空间，致使蛋白质等大分子发生聚集而沉淀析出。这种沉淀的条件温和，不易引起蛋白质变性，而且沉淀较完全，因此应用范围很广。有实验表明沉淀作用较好的聚合物是分子质量为 4 000～6 000 u 的聚乙二醇，因此目前其使用最广泛。这种方法也受各种因素如 pH、离子强度、蛋白质浓度以及聚合物分子质量的影响。

（二）核酸的提取与沉淀分离

核酸类化合物均溶于水而不溶于有机溶剂，所以核酸可用水溶液提取，用有机溶剂沉淀分离。在细胞内，核糖核酸与蛋白质结合成核糖核蛋白，脱氧核糖核酸与蛋白质结合成脱氧核糖核蛋白。在 0.15 mol/L 的氯化钠溶液中，核糖核蛋白的溶解度相当大，而脱氧核糖核蛋白的溶解度仅为水中溶解度的 1％；当氯化钠的浓度达到 1 mol/L 的时候，核糖核蛋白的溶解度小，而脱氧核糖核蛋白的溶解度比在水中的溶解度大 2 倍。所以，常选用 0.15 mol/L 的氯化钠溶液提取核糖核蛋白，选用 1 mol/L 的氯化钠溶液提取脱氧核糖核蛋白。另外，两种核蛋白在不同 pH 条件下的溶解度也不相同，核糖核蛋白在 pH 2.0～2.5 时溶解度最低，而脱氧核糖核蛋白则在 pH 4.2 时溶解度最低。

1. 核糖核酸（RNA）的提取 tRNA 约占细胞内总 RNA 的 15％，分子质量较小，细胞破碎以后溶解在水溶液中，滤液用酸处理，调节到 pH 5 得到的沉淀中即可分离得到。mRNA 占细胞总 RNA 的 5％左右，很不稳定，提取条件要求严格。rRNA 约占细胞内 RNA 的 80％，一般提取的总 RNA 中主要是 rRNA。RNA 的提取方法主要有稀盐溶液提取法和苯酚溶液提取法。

（1）稀盐溶液提取法：将细胞破碎制成细胞匀浆，然后用 0.14 mol/L 的氯化钠溶液反复抽提，可得到核糖核蛋白提取液，再进一步与脱氧核糖核蛋白、蛋白质、多糖等分离，可得到 RNA。

（2）苯酚水溶液提取法：在细胞破碎制成匀浆后，加入等体积的 90％的苯酚水溶液，在一定条件下振荡一定时间，将 RNA 与蛋白质分开，离心分层后，DNA 和蛋白质沉淀于苯酚层中，而 RNA 和多糖溶解于水层中。苯酚溶液提取法操作时温度可控制在 2～5 ℃进行，称为冷酚法提取；也可控制在 60 ℃左右，称为热酚法提取。

苯酚溶液提取法不需事先提取核糖核蛋白，而是直接将 RNA 与蛋白质、DNA 等初步分开，是目前提取 RNA 的常用而有效的方法。需注意的是市售的苯酚往往含有某些重金属和杂质，可能引起核酸的变性或降解，使用时，苯酚一般需要减压重蒸。

另外，也可用表面活性剂，如十二烷基硫酸钠（SDS）、二甲基苯磺酸钠等处理细胞匀浆提取 RNA。

2. 脱氧核糖核酸（DNA）的提取 从细胞中提取 DNA，一般在细胞破碎后用浓盐法提取。即用 1 mol/L 的氯化钠溶液从细胞匀浆中提取脱氧核糖核蛋白，再与含有少量戊醇或辛醇的氯仿一起振荡除去蛋白质。或者先以 0.14 mol/L 氯化钠溶液（也可用 0.1 mol/L NaCl 加 0.05 mol/L 柠檬酸代替）反复洗涤除去核糖核蛋白后，再用 1 mol/L 氯化钠溶液提取脱氧核糖核蛋白，经氯仿-戊醇（辛醇）或水饱和酚处理，除去蛋白质得到 DNA。

3. 核酸的沉淀分离 核酸提取液中含有的蛋白质、多糖等可以用沉淀分离法除去。核酸分离纯化应在 0～4 ℃的低温条件下进行，防止核酸的变性和降解。为防止核酸酶引起的水解作用，可在提取时加入十二烷基硫酸钠（SDS）、乙二胺四乙酸（EDTA）、8 -羟基喹啉、柠檬酸钠等抑制核酸酶的活性。目前，常用的沉淀分离方法如下：

（1）有机溶剂沉淀法：由于核酸都不溶于有机溶剂，所以可在核酸提取液中加入乙醇或2-乙氧基乙醇，使 DNA 或 RNA 沉淀下来。

（2）等电点沉淀法：脱氧核糖核蛋白的等电点为 pH 4.2；核糖核蛋白的等电点为pH 2.0～2.5；tRNA 的等电点为 pH 5。所以将核酸提取液调节到一定的 pH，就可使不同的核酸或核蛋白分别沉淀而分离。

（3）钙盐沉淀法：在核酸提取液中加入一定体积比（一般为 1/10）的 10％的氯化钙溶液，可使 DNA 和 RNA 均成为钙盐形式，再加入 1/5 体积的乙醇，DNA 钙盐即形成沉淀析出。

（4）选择性溶剂沉淀法：选择适宜的溶剂，如氯仿、Tris -饱和酚（pH 7.8 以上）或二者的等比例混合物等可选择性地使蛋白质等杂质形成沉淀而与核酸分离，这种方法称为选择性溶剂沉淀法。

第 6 节

离 心 技 术

离心（centrifugation）技术是利用离心机，借助离心力分离液相非均一体系的过程，即进行固液相分离不同密度或分子质量大小不同的溶质与液体的过程。将含有微小颗粒的悬浮液置于转头（亦称转子）中，利用转头绕轴旋转所产生的离心力，将悬浮的微小颗粒按密度或质量的差异进行分离。当颗粒密度低于周围介质的密度时，颗粒朝向轴心方向移动而漂浮；当颗粒密度大于周围介质密度时，颗粒离开轴心方向移动而沉降。

离心技术是集机械、材料、电子、制冷、真空等多项技术于一体的样品分析分离技术，通过高速旋转产生的离心力场对不同沉降系数物质进行分离、浓缩和提纯的常用技术方法。它可广泛应用于生物医学、农业、食品卫生、石油化工等领域，促进了生物化学等相关领域的发展。

（一）离心机的种类与用途

离心机多种多样，按用途有分析用、制备用及分析制备两用之分；按结构特点则有管式、吊篮式、转鼓式和碟式等多种；按离心机转速的不同，可分为常速（低速）、高速和超速三种；根据容量分为大容量和小容量离心机；根据对离心样品控制的温度可分为常温和低温离心机。

1. 常速离心机 常速离心机又称为低速离心机，其最大转速在 8 000 r/min 以内，相对离心力（RCF）在 1×10^4 g 以下，主要用于分离细胞、细胞碎片以及培养基残渣等固形物和粗结晶等较大颗粒。常速离心机的分离形式、操作方式和结构特点多种多样，可根据需要选择使用。

2. 高速离心机 高速离心机的转速为 $1 \times 10^4 \sim 2.5 \times 10^4$ r/min，相对离心力达 $1 \times 10^4 \sim 1 \times 10^5$ g，主要用于分离各种沉淀物、细胞碎片和较大的细胞器等。为了防止高速离心过程中温度升高而使酶等生物分子变性失活，有些高速离心机装设了冷冻装置，称为高速冷冻离心机。

3. 超速离心机 超速离心机的转速达 $2.5 \times 10^4 \sim 8 \times 10^4$ r/min，最大相对离心力达 5×10^5 g 甚至更高一些。超速离心机的精密度相当高。为了防止样品液溅出，一般附有离心管帽；为防止温度升高，均有冷冻装置和温度控制系统；为了减少空气阻力和摩擦，设置有真空系统。此外还有一系列安全保护系统、制动系统及各种指示仪表等。

（二）离心分离方法的选择

离心分离的方法可分为三类：差速离心、密度梯度离心和等密度离心等。

1. 差速离心 是指根据颗粒大小和密度的不同，不断增加相对离心力，产生不同的沉降速度来沉降不同的颗粒，从而在不同离心速度及不同离心时间下分批离心不同组分的方法。操作时，采用均匀的悬浮液进行离心，选择好离心力和离心时间，使大颗粒先沉降，取出上清液，在加大离心力的条件下再进行离心，分离较小的颗粒。如此多次离心，使不同大小的颗粒分批分离。差速离心所得到的沉淀物含有较多杂质，需经过重新悬浮和再离心若干次，才能获得较纯的分离产物。本法一般用于分离混合样品中沉降系数相差较大的颗粒，在生物化学实验中主要用于分离细胞器和病毒，操作简单方便，但分离效果较差。

2. 密度梯度离心 是指样品在密度梯度介质中进行离心，使密度不同的组分得以分离的一种区带分离方法。密度梯度系统是在溶剂中加入一定的梯度介质制成的。梯度介质应有足够大的溶解度，以形成所需的密度，不与分离组分反应，而且不会引起分离组分的凝聚、变性或失活，常用的有蔗糖、甘油等。使用最多的是蔗糖密度梯度系统，其梯度范围是：蔗糖浓度 5%～60%，密度 1.02～1.30 g/cm³。

密度梯度的制备可采用梯度混合器，也可将不同浓度的蔗糖溶液，小心地一层层加入离心管中，越靠管底，浓度越高，形成阶梯梯度。离心前，把样品小心地铺放在预先制备好的密度梯度溶液的表面。离心后，不同大小、不同形状、有一定的沉降系数差异的颗粒在密度梯度溶液中形成若干条界面清楚的不连续区带。各区带内的颗粒较均一，分离效果较好。

在密度梯度离心过程中，区带的位置和宽度随离心时间的不同而改变。随离心时间的加长，区带会因颗粒扩散而越来越宽。为此，适当增大离心力而缩短离心时间，可以减少区带扩宽。

3. 等密度离心 此法又叫沉降平衡法，需要离心分离的样品可和梯度介质溶液如氯化铯、硫酸铯等先混合均匀，由于离心力的作用梯度介质逐渐形成管底部浓而管顶稀的密度梯度，与此同时原来分布均匀的颗粒也发生重新分布。当管底介质的密度大于颗粒的密度时，颗粒上浮；当管顶介质的密度小于颗粒的密度时，则颗粒沉降；最后颗粒进入到一个它本身的密度位置，介质的密度等于颗粒的密度，颗粒不再移动，形成稳定的区带。例如用此法离心时蛋白质漂浮在最上面，RNA 沉于管底，超螺旋质粒 DNA 沉降较快，开环或线形 DNA 沉降较慢。等密度离心法需时间较长，一般为十几小时至几十小时。

应当注意的是，铯盐浓度过高和离心力过大时，铯盐会在管底沉淀，严重时会造成事故，故等密度梯度离心需由专业人员经严格计算确定铯盐浓度和离心机转速及离心时间。此外，铯盐对铝合金转子有很强的腐蚀性，故最好使用钛合金转子，转子使用后要仔细清洗并干燥。

（三）离心条件的确定

离心分离的效果好坏与诸多因素有关。除了上述的离心机种类、离心方法、离心介质及密度梯度等以外，主要的是确定离心机的转速和离心时间。此外，还要注意离心介质溶液的 pH 和温度等条件。

1. 颗粒在离心场中的沉降 离心技术是利用离心机转头高速旋转时产生的强大离心力，来达到物质分离的目的。将在液相介质中处于悬浮状态的细胞、细胞器、病毒和生物大分子等称为"颗粒"。有一定大小、形状、密度和质量的颗粒在离心场中受到离心力（F_c）、重力（F_g）、摩擦阻力（F_f）、与离心力方向相反的浮力（F_B）与重力方向相反的浮力（F_b）的作用。当离心机转头高速旋转时，这些颗粒在液相介质中发生沉降或漂浮，它的沉降速度取决于作用在颗粒上的力的大小和方向。

（1）离心力：离心力（F_c）是离心加速度 a_c 与颗粒质量 m 的乘积，即 $F_c = ma_c$。其中，$a_c = \omega^2 r$，ω 为转子的角速度（rad/s），r 为颗粒的旋转半径（cm）。

若转速以每分钟转数（r/min）来表示，则 $\omega = 2\pi n/60$，代入上式，可得到：

$$a_c = \omega^2 r = 4\pi^2 n^2 r/3600$$

式中，n 为转子的转速（r/min）。

在说明离心条件时，低速离心通常以转子的转速表示，如 4 000 r/min。而在高速离心时，特别是在超速离心时，往往用相对离心力来表示。

相对离心力（RCF）是指颗粒所受的离心力与地心引力（重力）之比，即

$$RCF（g）=F_c/F_g=ma_c/mg=\frac{4\pi^2 n^2 r}{3600\times 980.6}=1.12\times 10^{-5} n^2 r$$

由此可见，离心力的大小与转速的平方及与旋转半径成正比。在转速一定的条件下，颗粒离轴心越远，其所受的离心力越大。在离心过程中，随着颗粒在离心管中移动，其所受的离心力也随着变化。在实际工作中，离心力的数据是指其平均值，即是指在离心溶液中点处颗粒所受的离心力。

（2）重力：重力（F_g）的方向与离心力的方向互相垂直，重力的大小等于颗粒质量与重力加速度的乘积，即 $F_g=mg$。

在实际应用中，重力同离心力相比显得十分小，可以忽略不计。如超速离心时，离心力更大，重力常忽略不计。

（3）介质的摩擦阻力：用 Stocke 阻力方程表示液相介质对颗粒的摩擦阻力（F_f），即：

$$F_f=6\pi\eta r_p dr/dt$$

式中，η 是介质的黏滞系数，单位为 Pa·s；r_p 是颗粒的半径，单位为 cm；dr/dt 是颗粒在介质中的移动速度，即沉降速度，单位为 cm/s。

（4）浮力：颗粒的浮力与离心力方向相反，在离心场中浮力为颗粒排开介质的质量与离心加速度的乘积，即：

$$F_B=P_m（m/P_p）\omega^2 R=P_m/P_p m\omega^2 R。$$

式中，P_p 为颗粒密度，单位为 g/cm³；P_m 为介质密度，单位为 g/cm³；m/P_p 为介质的体积；$P_m（m/P_p）$ 为颗粒排开介质的质量。

综上所述，在离心场中，作用于颗粒上的力主要有离心力 F_c、浮力 F_B 和摩擦阻力 F_f，离心力的方向与摩擦阻力和浮力方向相反。当离心转子从静止状态加速旋转时，如果颗粒密度低于周围介质的密度，则颗粒朝向轴心方向移动，即发生漂浮；如果密度大于周围介质的密度，则颗粒离开轴心方向移动，即发生沉降；当离心力增大时，反向的两个力也增大，到最后离心力与摩擦阻力和浮力平衡，颗粒的沉降（或漂浮速度）达到某一极限速度，这时颗粒运动的加速度等于零，变成恒速运动。

2. 沉降系数　物质颗粒在单位离心力场作用下的沉降速度称为该物质的沉降系数（S）。为纪念因研究分散系统，获 1926 年诺贝尔化学奖的瑞典化学家特奥多尔·斯韦德贝格（Theodor Svedberg），其单位为 Svedberg，符号是 S。

$$S=v/\omega^2 r=dr/dt/\omega^2 r=（\rho_P-\rho_m）d^2/18\eta$$

式中，v 为沉降速度；ω 为旋转角速度；r 为球形粒子半径；d 为球形粒子直径；η 为流体介质的黏度；ρ_P 为粒子的密度；ρ_m 为介质的密度。

从上式可知，当 $\rho_P>\rho_m$，则 $S>0$，粒子顺着离心方向沉降；当 $\rho_P=\rho_m$，则 $S=0$，粒子到达某一位置后达到平衡；当 $\rho_P<\rho_m$，则 $S<0$，粒子逆着离心方向上浮。该式中可看出，粒子的沉降速度与粒子直径的平方、粒子的密度和介质密度之差成正比。因此，不同物质粒子大小、形状、密度不同以及介质的密度和黏度不同，其 S 值也不同，在同样的离心力作用下，其沉降速度也不同。例如在水中细胞核的沉降系数约为 10^7S，线粒体的约为 10^5S，多核蛋白体的仅为 10^2S，所以在离心时，细胞核比线粒体和核蛋白体沉降快得多。

3. 离心时间　离心时间的概念，依据离心方法的不同而有所差别。对于差速离心来说，是指某种颗粒完全沉降到离心管底的时间。对等密度梯度离心而言，离心时间是指颗粒完全

到达等密度点的平衡时间；而在密度梯度离心时则是指形成界限分明的区带所需的时间。

密度梯度离心和等密度梯度离心所需的区带形成时间或平衡时间，影响因素很复杂，可通过试验来确定。差速离心所需的沉降时间可通过计算求得。颗粒的沉降时间是指颗粒从离心样品液液面完全沉降到离心管底所需的时间，又称澄清时间。沉降时间决定于颗粒沉降速度和沉降距离。

4. 温度和 pH　为了防止欲分离物质的凝集、变性和失活，除了在离心介质的选择方面加以注意外，还必须控制好温度及介质溶液的 pH 等离心条件。离心温度一般控制在 4 ℃左右，对于某些热稳定性较好的酶等，离心也可在室温下进行。但在超速或高速离心时，转子高速旋转会发热从而引起温度升高。故必须采用冷冻系统，使温度保持在一定范围内。离心介质溶液的 pH 应该是处于酶稳定的范围内，必要时可采用缓冲液。另外，过酸或过碱还可能引起转子和离心机的其他部件的腐蚀，应尽量避免。

（四）注意事项

（1）使用各种离心机时，必须事先在天平上精密地平衡离心管和其内容物，平衡时质量之差不得超过各个离心机说明书上所规定的范围，每个离心机不同的转头有各自的允许差值。转头中绝对不能装载单数的离心管，当转头只是部分装载时，离心管必须互相对称地放在转头中，以便使负载均匀地分布在转头的周围。

（2）装载溶液时，要根据各种离心机的具体操作说明进行，根据待离心液体的性质及体积选用适合的离心管，有的离心管无盖，液体不得装得过多，以防离心时甩出，造成转头不平衡、生锈或被腐蚀。而制备性超速离心机的离心管，则常常要求必须将液体装满，以免离心时塑料离心管的上部凹陷变形。每次使用后，必须仔细检查转头，及时清洗、擦干。转头是离心机中需重点保护的部件，搬动时要小心，不能碰撞，避免造成伤痕。转头长时间不用时，要涂上一层上光蜡保护。严禁使用显著变形、损伤或老化的离心管。

（3）若要在低于室温的温度下离心时，转头在使用前应放置在冰箱或置于离心机的转头室内预冷。

（4）每个转头各有其最高允许转速和使用累积限时，使用转头时要查阅说明书，不得过速使用。每个转头都要有一份使用档案，记录累积的使用时间，若超过了该转头的最高使用限时，则需按规定降速使用。

（5）起始离心。当检查确认离心管的数目、放置的位置等准确无误后，盖好离心机的盖子。对于全自动离心机，确定好离心温度、速度和时间后，按动起始键，离心机将自动完成全部离心过程；对于需要手动调节的离心机，则应首先旋转时间旋钮以确定时间，再缓慢转动速度旋钮，直至达到预定速度，并开始计时。无计时器的离心机应人工记录时间。

（6）离心结束。当全自动离心机速度指示为"0"时，可打开离心机的盖子，取出所有离心管。如需马上再次离心，转头可放在离心腔中，否则应取出转头，擦拭干净，放回原处，关闭离心机。当手动离心机的定时器指针为"0"或人工定时已到，首先关闭电源，再将速度旋钮调至"0"。应当注意，此时转头由于惯性仍在继续高速旋转，切不可立即打开离心机的盖子，必须等转头停止旋转后才能打开离心机，取出离心管。

（7）离心过程中不得随意离开，应随时观察离心机上的仪表是否正常工作，如有异常的声音应立即停机检查，及时排除故障。注意防潮、防止过冷和过热，尤其要注意防止腐蚀性试剂的污染。

第 7 节

超 滤 技 术

超滤（ultra-filtration，UF）技术是膜分离技术的一种，是以 0.1~0.5 MPa 的压力差为推动力，利用多孔膜的拦截能力，以物理截留的方式，将溶液中的不同大小的物质颗粒分开，从而达到纯化和浓缩、筛分溶液中不同组分的目的。在压力驱动下，溶液中小于膜孔径的颗粒可以通过膜上的微孔到达膜的另一侧，称为透过液；而溶液中大于膜孔径的颗粒则被截留，称为浓缩液。超滤技术一般用于液相分离，但也可用于气相分离。

超滤技术的关键设备是超滤膜。超滤膜为非对称膜，其制造方法与反渗透法类似。目前用作超滤膜的材料主要有聚砜、聚砜酰胺、聚丙烯氰、聚偏氟乙烯、醋酸纤维素等。不同的超滤膜有不同大小的膜孔径，但其额定孔径范围为 1~20 nm，可以用于分离分子质量大于 500 u、粒径为 2~20 nm 的大分子或胶体颗粒。

超滤膜对大分子物质的截留机理主要是筛分作用，影响截留效果的因素主要是膜孔径的大小和形状，膜表面、微孔内的吸附和粒子在膜孔中的滞留时间也有重要的作用。实践证明，某些情况下，膜表面的物化性质对超滤分离有重要影响，因为超滤处理的是大分子溶液，溶液的渗透压对过程有影响。从这一意义上说，它与反渗透类似。但是，由于溶质分子质量大、渗透压低，基本可以不考虑渗透压的影响。

对于较大规模的料液过滤时，就需要采用切向流过滤方式，液体流动在过滤介质表面产生剪切力，减小了滤饼层或凝胶层的堆积，保证了稳定的过滤速度，提高过滤通量。因此，切向流过滤方式被广泛地应用于超滤处理过程。切向流过滤装置及工作原理见图 2-1。

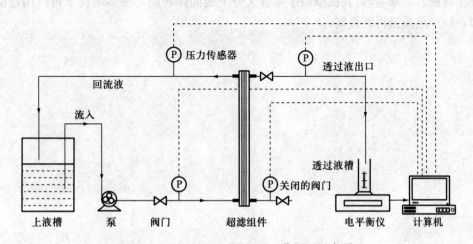

图 2-1 切向流过滤装置及工作原理示意图

超滤过程常用的操作模式有三种。

（1）单段间歇操作：在超滤过程中，为了减轻浓差极化的影响，膜组件必须保持较高的料液流速，但膜的渗透通量较小，所以料液必须在膜组件中循环多次才能使料液浓缩到要求的程度，这是工业过滤装置最基本的特征。间歇操作适用于实验室或小规模间歇生产产品的处理。

（2）单段连续操作：与间歇操作相比，其特点是超滤过程始终处于接近浓缩液的浓度下进行，因此渗透量与截留率均较低，为了克服此缺点，可采用多段连续操作。

（3）多段连续操作：各段循环液的浓度依次升高，最后一段引出浓缩液，因此前面几段中料液可以在较低的浓度下操作。这种连续多段操作适用于大规模工业生产。

超滤浓缩技术最适于处理溶液中溶质的分离和浓缩，但也常用于其他分离技术难以完成的胶状悬浮液的分离，其应用领域在不断扩大。

超滤技术在疫苗生产中的应用越来越广泛。从国内外新型疫苗和基因工程产品的分离纯化技术及应用现状，可以看出，膜分离和超速离心纯化技术在多肽及生物大分子、疫苗、蛋白组分的纯化过程中具有广阔的发展前景。乙肝疫苗的大规模生产中，各纯化工艺之间的衔接和转化过程，都需要对大量样品进行脱盐、脱糖和浓缩，超滤技术发挥了重要的作用。根据乙肝表面抗原的分子质量，采用截流分子质量为 100 ku 的中空纤维超滤柱，在对 HBsAg 进行脱糖、洗涤、浓缩的同时，将一部分小于截留分子质量的非目的蛋白去除，有利于抗原的进一步纯化。

某些制备要求不是很高的生物制品，如新生小牛胸腺肽的制备，仅采用适当截留分子质量的超滤膜进行超滤处理，即可满足生产要求。但对于产品质量要求较高的生物制品，如人的流感疫苗或其他基因工程疫苗，单纯采用超滤技术对抗原进行浓缩、纯化，其纯度和性状还达不到规程要求，还必须与层析技术相结合，才能生产出合格的产品。

超滤技术还可用于微粒的去除，包括细菌、病毒、热源和其他异物的去除，在食品工业、电子工业、水处理工程、医药、化工等领域已经获得广泛的应用。在医药和生物化工生产中，常需要对热敏性物质进行分离提纯，超滤技术对此显示其突出的优点。用超滤来分离浓缩生物活性物（如酶、病毒、核酸、特殊蛋白等）是相当合适的。从动、植物中提取的药物（如生物碱、激素等），其提取液中常有大分子或固体物质，很多情况下可以用超滤技术来分离，使产品质量得到提高。

第 8 节

光谱分析技术

构成各类化学物质的原子、分子、基团具有发射、吸收或散射光谱（spectrum）的特性。用此特性来测定物质的性质、结构及含量的技术，称为光谱分析技术，或分光光度技术。其可分为发射光谱分析技术、吸收光谱分析技术和散射光谱分析技术。

吸收光谱（absorption spectrometry）分析技术中紫外/可见分光光度技术是生物化学研究工作中必不可少的基本手段之一。本节重点讨论紫外/可见分光光度法的基本原理、仪器构造及其在生物化学领域中的应用等。

（一）基本原理

1. 光谱　光是电磁波，电磁波谱由不同性质的连续波长的光所组成。所谓光谱，是指由波长不相同的光所组成的谱带。根据波长（λ），电磁波可被分成若干区域，如图 2-2 所示。其中紫外光区，波长范围为 200～400 nm；可见光区，波长范围为 400～700 nm；红外光区，波长范围为 700 nm～500 μm；无线电波区，波长范围为 1 m 以上。在生物化学领域里，应用最多的波长区域是可见光和紫外光。

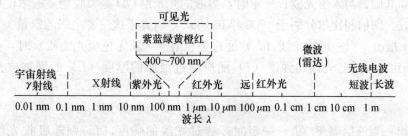

图 2-2　光谱分区示意图

不同的光源，如钨灯、日光灯、氢灯、汞灯以及分子与原子燃烧时发射出来的光称为发射光。不同的发射光通过三棱镜都会呈现出不同的色谱，即不同的光源具有各自的发射光谱。当发射光与三棱镜之间放置一杯有色溶液时，就会看到原来的光谱中出现了一处或几处暗带，即发射光谱中的某些波长的光因被溶液吸收而消失了。这种被溶液吸收后形成的光谱称为该溶液的吸收光谱（absorption spectrum）。由于不同物质制成的溶液所形成的吸收光谱不同，所以，可以根据吸收光谱的特点，来鉴别溶液中的物质性质并计算出溶液中物质的含量。

光谱中变为暗带的部分即是被溶液中物质吸收最多透过最少的波长光，而未被吸收透过最多的那部分波长的光即为溶液所呈现的颜色。由此可见，一个物质溶液之所以呈现颜色，就是由于它吸收了某一波长可见光的结果，不同物质的溶液透过和吸收的光波长各不相同，呈现的颜色也各不相同。如果一种物质的溶液全部吸收了可见光谱则呈黑色，如果对可见光全不吸收则呈白色。而且溶液中物质的含量越多（溶液浓度越大），吸收某一波长的光越多，其颜色也就越深。根据此原理，不仅可以依据颜色的深浅来测定溶液的浓度（比色法），而且可以依据吸收某一波长光的多少来测定溶液的浓度，此法称为光度法（photometry）。由于光度法是直接测定溶液中溶质对光吸收的能力，而不是测定颜色，如有许多物质它们吸收紫外光或红外光，不呈任何颜色，也可用光度法测定。把吸收光谱与光度测定结合起来，即形成了测定溶液物质浓度的吸收光谱光度分析技术，使用的仪器称为分光光度计（spectro-photometer）。

2. 光吸收定律

（1）光密度与透光度：当光线透过均匀、透明的溶液时可出现三种情况：一部分光被散射，一部分光被吸收，另有一部分光透过溶液。设入射光强度为 I_0，透射光强度为 I，I 和 I_0 之比则为透光度（transmittancy），用 T 表示，即：

$$T = I/I_0$$

T 通常以百分率来表示，称为透光率（$T\%$）。透光度或透光率是表示光线透过的量度，其数值小于1。溶液的 T 越大，表示它对光的吸收越弱。反之，T 越小，表示它对光的吸收越强。为了更明确地表明溶液的吸光强弱与表达物理量的相应关系，常用光密度（optical density，OD）表示物质对光的吸收程度，其定义为：透光度的负对数，即：

$$OD = -\mathrm{Lg}T = -\mathrm{Lg}\,I/I_0 = \mathrm{Lg}\,I_0/I$$

OD 值越大，表示物质对光的吸收越大。

（2）朗伯-比尔（Lambert-Beer）光吸收定律：Lambert-Bee 定律是讨论溶液光密度（OD）与溶液浓度和溶液层厚度之间关系的基本定律，俗称光吸收定律，是分光光度法定量分析的依据和基础。当入射光波长一定时，溶液的光密度 OD 是吸收物质的浓度 C 及吸收介质厚度的函数。朗伯和比尔分别于1760年和1852年研究了这三者之间的定量关系。

Lambert 指出：当一定的光线（I_0）通过呈色溶液（或无色吸光物质）时，如果溶液的浓度（C）一定，则透过光线的强度（I）随所通过液层的厚度（L）的增加成指数函数减少，即：

$$I = I_0 \cdot 10^{-KL} \qquad\qquad ①$$

Beer 指出：当液层厚度（L）一定时，透过光线的强度（I）则随吸收光线物质浓度（C）的增加成指数函数的减少，即：

$$I = I_0 \cdot 10^{-KC} \qquad\qquad ②$$

①和②式中的 K 为常数，它与照射光线的波长和吸收光线物质的性质有关，将①和②合并：

$$I = I_0 \cdot 10^{-KCL} \qquad\qquad ③$$

将③的指数式改写成对数式：

$$\log \frac{I}{I_0} = -KCL \qquad\qquad ④$$

式中，I/I_0 为透光度，以 T 表示，即 $T = I/I_0$。若以透光度的负数来表示，④式则成为：

$$\log \frac{I_0}{I} = KCL \qquad\qquad ⑤$$

式中，$\log I_0/I$ 称为消光度（extinction，E）或光密度（OD）。即 $OD=\log I_0/I$，式⑤成为：

$$OD=KCL \qquad\qquad\qquad ⑥$$

从⑤、⑥式中可以看到：光密度（OD）或消光度（E）与被测溶液的浓度（C），液层的厚度（L）成正比；而透光度（T）的对数值则与溶液浓度（C）、液层厚度（L）成反比，此关系即为 Lambert‐Beer 定律。Lambert‐Beer 定律适用于可见光、紫外光、红外光和非散射的液体。

式⑥中 K 值称为吸光系数（absorption coefficient），是特定物质对某波长的光的吸收能力的量度，是一个常数。它与光源光线的强度、液层的厚度及溶液的浓度无关，只与以下因素有关：①光源光线的波长。②吸收光线物质的性质。③溶解吸光物质的溶剂性质。④溶液的 pH。

K 越大，吸收光的能力越强，相应的分光度法测定的灵敏度就越高。通常 $K=10\sim10^5$，一般认为 $K>10^4$ 为强吸收；$K=10^3\sim10^4$ 为较强吸收；$K<10^2$ 为弱吸收，此时分光光度法不灵敏。

因为通常使用分光光度计可检测出的最小光密度 $OD=0.001$，所以，当 $L=1\,cm$，$K=10^5$ 时，可检测的溶液最小浓度是 $C=10^{-8}\,mol/L$。

3. 分光光度技术的应用

（1）分光光度技术的定量分析

① 比较法：从式⑥看出，如果同一物质不同浓度的两个溶液（C_1 和 C_2），用同一厚度比色杯（L）在光度计中测定，获得各自的 OD 值：$OD_1=KC_1L$，$OD_2=KC_2L$。那么，两式相比得：

$$\frac{OD_1}{OD_2}=\frac{C_1}{C_2} \qquad\qquad\qquad ⑦$$

若将其中一溶液配成已知浓度的溶液（即标准溶液），与另一未知溶液用同一比色杯在分光光度计中分别读取光密度值（OD），将其数值代入式⑦中即可求出未知溶液的浓度。式⑦可改写成如下方式：

$$未知溶液浓度（C_1）=\frac{未知溶液光密度值（OD_1）}{已知溶液光密度值（OD_2）}\times标准溶液浓度（C_2）$$

此计算公式是用光度计测定溶液浓度常使用的方法，为比较法。

此测定方法要求两者的浓度必须在光度计有效读数范围内，同时要求配制的标准溶液的浓度应尽量接近被测定溶液，不然将出现测定误差。

② 标准曲线法：在被测同一物质的多个样品、浓度各不相同时，用此法测定，需要配制许多标准溶液，十分不方便。为此，可以在光度计的测定范围内，配制一系列已知不同浓度的标准溶液，在同一光度计中分别测出它们的光密度值（OD）。以测得的 OD 值为纵坐标，相应的溶液浓度为横坐标，可做出一光密度与浓度成正比通过原点的直线图。此直线称为标准曲线。

各个未知溶液只要按相同条件（与标准溶液相同）处理，在同一光度计上测得光密度值，即可迅速从标准曲线上查出相应的浓度值。此称为标准曲线法。标准曲线法在实验反应条件比较恒定、样品数量多的测定中是十分方便准确的。

③ 摩尔吸光系数分析方法：K 值若在被测溶液浓度为摩尔/升（mol/L），液层厚度为厘米（cm）的条件下，被称为摩尔消光系数，简称 ε，这样式⑥可写成：

$$OD = \varepsilon \cdot C \cdot L \hspace{4cm} ⑧$$

从⑧式中可知 ε 是当溶液浓度为 1 mol/L，放在厚度为 1 cm 的比色杯中，在一定波长下所测得的光密度（OD）值，即：$\varepsilon = OD$，单位为 L/(mol·cm)。

现在许多物质在一定条件下的摩尔消光系数已被测定，只要查阅即可找到，或自己测定也可。如果已知一定条件下某物质的 ε 值，根据式⑧即可求出浓度：

$$OD = \varepsilon \cdot C \cdot L$$

$$C = \frac{OD}{\varepsilon L}$$

用本方法测定浓度时，被测溶液一定要放在光径 1 cm 的比色杯中或折算为 1 cm。

在有些测定中，若不知道溶质的分子质量，无法按摩尔浓度配成溶液时，也可用百分浓度来表示。此时溶液浓度应为 1%，溶液液层厚度为 1 cm，溶液的消光度（光密度）称为百分消光系数，用符号 $E_{1cm}^{10\%}$ 表示。

溶液的百分消光系数与摩尔消光系数可以通过物质的分子质量相互换算，即：

$$E_{1cm}^{10\%} = \frac{10\varepsilon}{分子质量}$$

除上述方法外，还有差示法、多组分混合物分析等方法。

（二）紫外/可见分光光度计的主要组成部件、工作原理与应用

1. 主要组成部件 各种型号的紫外/可见分光光度计，不论是何种形式，基本上都由五部分组成：①光源；②单色器（包括产生平行光和把光引向检测器的光学系统）；③样品池，包括池架和比色杯等；④接收检测放大系统；⑤显示或记录仪（图 2-3）。

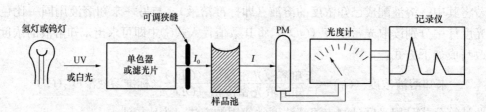

图 2-3 分光光度计和比色计各部件原理图

I_0 是单色光（分光光度计）或滤光片（比色计）所选择波长的入射光，I 为透过光；PM 是光电倍增管或光电管。

2. 工作原理 光源发出的光经单色器变为一定波长的单色光，此光通过样品池，被吸光物质所吸收，吸收后透出的光照到接收器上产生电流，电流推动测量仪表以光密度或透光率表示出来。

在使用分光光度计时，比色杯是应当高度注意的一个部件。比色杯有光学玻璃杯和石英玻璃杯两种。光学玻璃杯因为吸收紫外光，因此只能用于可见光，目前已不多用。石英玻璃杯可透过紫外光、可见光和红外光，是最常使用的比色杯，使用波长范围是 180～3 000 nm。

3. 紫外/可见分光光度计的应用 紫外和可见光谱最通常和最主要的应用是测量溶液中物质的浓度，当然，要知道消光系数并要服从 Lambert-Beer 定律。如果一种反应物或产物

是有吸收的，那么这一应用可被扩展到测量生化反应过程，通过测量反应物的消耗或产物的生成可以研究反应的进程。这种方法已被特别地应用到酶催化的生物化学反应，检验酶对该生物化学反应的影响。在生物化学实验中主要用于氨基酸、蛋白质含量的测定，核酸的测定，酶活力测定，生物大分子的鉴定，酶催化反应动力学的研究等。

（三）其他光度技术

除紫外/可见分光光度技术外，还有其他多种不同的光度技术，如荧光光度技术、红外光度技术及核磁共振光谱等。现分别简单介绍它们的工作原理。

1. 荧光光度法（fluorescence mass spectrometry） 这是一种特殊的分光光度法。利用某些有机化合物荧光的特殊性质，在吸收较短波长的光之后，许多有机物质会发出较长波长的光。如果不存在可测量的时间迟滞，那么这个过程称为荧光。在敏感分子中，当吸收适当波长的光（通常是紫外光或可见光）时，分子会从基态跳到激发态。当分子重新返回基态时，能量将以热和较低能量光的形式被释放，则产生荧光，因此荧光的波长要比入射光或激发光的长。分子荧光光谱法就是利用这种再发射的荧光特性和强度来对这种荧光物质进行定性和定量分析的。

测量荧光的仪器简单的有荧光计，复杂的有荧光分光光度计。两者均含四个主要部分：光源、波长选择器（滤光片或单色器）、样品池和发射光的波长选择器（滤光片或单色器）。为了使特殊波长的光通过样品要选择入射光（激发光），样品产生的荧光经过第二个波长选择器，利用第二个波长选择器可以选择最大的荧光发射波长。发射的荧光由光电倍增管检测，光电倍增管把光能转变成电能，后者利用仪表来测量。

使用的比色杯与紫外/可见分光光度测量中一样。如果波长在 320 nm 以上，则可使用玻璃吸收池。如果波长低于 320 nm，那么必须使用熔凝硅石或石英吸收池。

荧光光度法的优点在于所需待测物质的浓度可以很低，因为荧光光度法要比紫外和可见分光光度法灵敏 10^3 到 10^4 倍。另外，由于荧光法的专一性，可以测定同一样品中的两种组分。

含芳香环或高度共轭的烯烃系统的有机化合物常常产生荧光。对于那些不发荧光或发弱荧光的有机化合物可用间接法测定，即将其转化成荧光衍生物，然后再用荧光法测定。

2. 红外光谱法（infrared，IR） 又称为红外分光分析技术，是分子吸收光谱的一种，利用物质对红外光区的电磁辐射的选择性吸收进行结构分析以及对各种吸收红外光的化合物的定性定量分析。红外光谱法在许多方面类似于紫外/可见分光光度法。不同的地方在于红外光谱区包括 700 nm 和 500 μm 之间的波长辐射。最有用的光谱范围是 25～50 μm 之间的中红外区。

被测物质的分子在红外线照射下，吸收与其转动频率、分子振动相一致的红外光谱，通过分析红外光谱，可对物质进行定性分析。红外吸收光谱是由于分子内原子扭曲、弯曲、转动和振动，吸收红外光而产生的。这些复杂运动产生吸收光谱，它是组成分子的功能基团（如甲基、亚甲基、羰基、酰氨基）以及整个分子构型的特征。因此，红外分光光度法在定性鉴别分子内功能基团方面得到了广泛应用。

红外光谱法的主要用途是鉴别有机分子中的功能基团，特别是测定由活细胞分离的生物分子结构以及证实一些合成分子的结构。例如，用红外光谱法可测定糖、磷脂、氨基酸、多肽和蛋白质的结构。利用差示红外光谱已测定了相关的多糖结构上的差别。这一技术也已经被用来测定分子氧与氧合血红蛋白中的铁相结合的模型，以及测量肽酰胺的羰基和氨基上质子间的氢键合作用。此外，由于有机分子的红外光谱是唯一的，因而可用来鉴别分子本身。

该法特异性强、操作简便快速、样品量少、能分析各种状态样品，但灵敏度较低，定量分析误差较大。

3. 核磁共振光谱法 核磁共振（nuclear magnetic resonance，NMR）诞生于半个多世纪前，核磁共振光谱法是类似于紫外、可见或红外光谱法的另一种形式的吸收光谱法。在NMR 研究中，分子被放在强磁场中，一定类型的原子核吸收射频区的电磁辐射。射频电波的吸收是射频电波特殊频率、磁场强度以及核环境的函数，从而也是分子结构的函数。NMR 技术一般用于测定和证实由活细胞以及由它们的环境中分离的物质的分子结构，如测定酶-底物类似物、抑制剂、激素、药物等合成分子的结构。有质子 NMR 光谱法、^{13}C NMR光谱法、二维 NMR 和固态 NMR 等多种形式。

50 多年来，核磁共振技术得到了迅猛的发展，目前广泛应用于工业、农业、化学、生物和医药等领域，是确定有机化合物特别是新的有机化合物结构最有力的工具。如利用低温和 NMR 技术相结合已经探测了高反应性和不稳定的酶-底物共价中间物。各种同位素（^{1}H、^{2}H、^{3}H、^{13}C、^{15}N 和 ^{31}P）的 NMR 已直接用来研究细胞和细胞器，鉴别和测量在代谢过程中所涉及的体内化合物的浓度，包括利用 ^{19}F 和 ^{31}P NMR 测量细胞内氢离子的浓度（pH）。这些 NMR 技术在研究生长、发育、器官组织和癌、肿瘤的代谢方面也得到了应用。

第 9 节

层 析 技 术

层析技术（chromatography techniques）又称色谱技术，它是利用被分离混合物中各组分的物理、化学及生物学特性（主要指吸附能力、溶解度、分子大小、分子带电性质及带电量的多少、分子亲和力等）的差异，使它们通过一个由互不相溶的两相（固定相和流动相）组成的体系，由于它们在此两相之间的分配比例、移动速度不同，从而将它们予以分离。

1903 年，俄国的植物学家 M. Tswett 首先发明层析技术。1941 年，英国生物学家 A. J. P. Martin 和 R. L. M. Synge 提出了液-液分配层析的塔板理论，第一次把层析中出现的实验现象上升为理论，他们还提出了具有远见卓识的预言：①流动相可用气体代替液体，与液体相比，气体中物质间的作用力减小了，这对物质分离更有好处；②使用非常细的颗粒状填料并在层析柱两端施加较大的压力差，应能得到最小的理论塔板高（即增加了理论塔板数），这将会大大增强被分离物质的分离效果。前者预见了气相色谱技术的产生，将层析分离技术与微量分析技术有机地结合起来，为挥发性化合物的分离与测定带来了划时代的变革；后者预见了用于微量分析的高效液相色谱（HPLC）技术的产生。该技术诞生于 20 世纪 60 年代末，现在已成为生物化学与分子生物学、化学等学科领域不可缺少的分析分离手段之一。因此，A. J. P. Martin 和 R. L. M. Synge 于 1952 年被授予诺贝尔化学奖。

此后，经过诸多化学家和生物化学家的艰苦努力，相继发明了离子交换层析、凝胶层析及亲和层析等。由于层析技术的最大特点是分离效果好，能分离各种性质极相似的物质，并且既可用于少量物质的分析鉴定，又可用于大量物质的分离纯化制备，因此，作为一种重要的分析分离手段与方法，被广泛地应用于生物科学、农业、医药卫生、石油化工、环境科学等领域的科学研究与工业生产上。

（一）层析技术常用术语

1. 固定相 是由层析基质组成的，其基质包括固体物质（如吸附剂、凝胶、离子交换剂等）和液体物质（如固定在纤维素或硅胶上的溶液），这些物质能与待分离的化合物发生可逆性的吸附、溶解和交换作用等。

2. 流动相 在层析过程中，推动固定相上待分离的物质朝着一个方向移动的液体、气体或超临界体等都称为流动相。在柱层析时，流动相又称为洗脱剂（液）；在纸层析与薄层层析时，流动相又称为展层剂。

3. 交换容量（又称操作容量） 在一定条件下，某种组分与基质（固定相）作用达到平衡时，存在于基质上的饱和容量，称为交换容量。一般以每克（或毫升）基质结合某种成分的量（毫摩尔或毫克）来表示。其数值越大，表明基质对该物质的亲和力越强。

4. 柱床体积、洗脱体积 柱床体积（V_t）是指层析柱中膨胀后的基质在层析柱中所占有的体积。洗脱体积（V_e）是指将样品中某一组分洗脱下来所需洗脱液的体积，也就是说将样品中某一组分从柱顶部洗脱到底部的洗脱液中该组分浓度达到最大值时所需洗脱液的体积。

5. 分配系数（K）　指一种溶质在两种互不相溶的溶剂（一种为固定相，一种为流动相）中溶解达到平衡时，该溶质在两相溶剂中的浓度比值：$K = C_s/C_m$（其中 C_s 指溶质在固定相中的浓度，C_m 指溶质在流动相中的浓度）。

（二）层析技术分类

层析技术的种类很多，可按不同的方法分类。

1. 按固定相分类　可分为纸层析、薄层层析和柱层析。纸层析是指以滤纸作为基质的层析；薄层层析是将基质在玻璃或塑料等光滑表面铺成一薄层，在薄层上进行层析；柱层析则是指将基质填装在玻璃管中形成柱形，在柱中进行层析。纸层析和薄层层析主要适用于小分子物质的快速检测分析和少量分离制备，通常为一次性使用；而柱层析是常用的层析形式，适用于样品分析、分离制备。生物化学中常用的凝胶层析、离子交换层析、亲和层析、高效液相色谱等通常都采用柱层析形式。

2. 按流动相分类　可分为液相层析和气相层析。液相层析是指流动相为液体的层析，而气相层析是指流动相为气体的层析。气相层析测定样品时需要气化，大大限制了其在生物化学领域的应用，主要用于氨基酸、核苷酸、糖类、脂肪酸等小分子的分析鉴定。而液相层析是生物科学领域最常用的层析形式，适于生物样品的分析、分离或制备。

3. 按分离的原理分类　包括吸附层析、分配层析、离子交换层析、凝胶层析、亲和层析等。

（三）常用层析技术原理及应用

1. 吸附层析（absorption chromatography）　是指待分离混合物随流动相通过由吸附剂组成的固定相时，由于吸附剂对待分离混合物中不同组分的吸附力不同，从而使混合物中各组分得以分离的一种层析方法。该技术在各种层析技术中是最早被发明并被应用的。近年来，随着吸附层析介质的不断改良，吸附层析技术在分辨率、微量分析方面有了长足的发展，在常规物质的分离及生物大分子的分离纯化中具有广泛的应用。

（1）基本原理：凡能将液体（或气体）中某些物质浓集于其表面的固体物质，均称为吸附剂，同一种吸附剂对不同的物质吸附力不同。吸附层析就是一种利用吸附剂对不同物质吸附力的差异而使混合物分离的方法。吸附剂吸附被分离物质的同时，也有部分已被吸附的物质从吸附剂上解吸下来。在一定条件下，这种吸附和解吸之间可建立动态平衡，即吸附平衡。达到平衡时，在吸附剂表面被吸附物质量的多少，决定于吸附剂对该物质吸附能力的强弱。吸附剂吸附能力的强弱，除决定于吸附剂和被吸附物质本身的性质外，还和周围溶液的成分密切相关。当改变吸附剂周围溶液的成分时，吸附剂的吸附能力即可发生变化。若使被吸附物质从吸附剂上解吸下来，这一过程就称为洗脱或展层。

当样品中的物质被吸附剂吸附后，用适当的洗脱液（流动相）洗脱，就能改变吸附剂的吸附能力，使被吸附的物质解吸下来，随洗脱液向前移动。在这些解吸下来的物质向前移动时，又遇到前面新的吸附剂而再次被吸附，但是在后来的洗脱液的冲洗下又重新解吸下来，继续向前移动。经过这样反复的吸附—解吸—再吸附—再解吸的过程，物质就可以不断地向前移动。由于吸附剂对样品中各组分的吸附能力不同，它们在洗脱剂的冲洗下移动的速度也就不同，因而能被逐渐地分离开来。

（2）应用：吸附层析的应用范围很广，主要有以下三个方面：①生物大分子物质的分离、纯化及分析；②小分子化合物的分离、纯化及分析；③稀溶液的浓缩。应用实例见第 3 章第 19 节。

2. 分配层析（partition chromatography） 诞生于 20 世纪 40 年代初，是一种利用混合物中不同组分在一个有两相互不相溶的溶剂系统中的分配系数不同而将混合物加以分离的层析方法。

（1）基本原理：在分配层析中，通常用多孔性固体支持物如滤纸、硅胶等吸附着一种溶剂作为固定相，另一种与固定相溶剂互不相溶的溶剂沿固定相流动构成流动相，样品在流动相的带动下流经固定相时，会在两相间进行连续的动态分配。样品中分配系数越小的组分，随流动相迁移的速率越快；两个组分的分配系数差别越大，在两相中分配的次数越多，越容易被彻底分离。

纸层析就是典型的分配层析。层析滤纸一般能吸收 22%～25% 的水，其中 6%～7% 的水是以氢键与滤纸纤维上的羟基结合，一般情况下这种结合水较难脱去。纸层析实际上就是一种用滤纸作支持物，以滤纸纤维的结合水为固定相，以沿滤纸流动的有机溶剂（与水不相混溶或部分混溶）为流动相的层析方法。如果将一定量样品点在滤纸上，当合适的有机溶剂（如由水饱和的正丁醇）在纸上渗透展开时，样品即在水相和有机溶剂相之间反复地进行分配。由于样品中各组分的分配系数不同，各组分随着有机溶剂迁移的速度也不同，分配系数越小的组分在滤纸上迁移的速度越快。这样，样品中不同组分就被完全分离开来，经干燥、显色反应等过程后，可在滤纸上显示出来。显色后，样品中不同组分在滤纸上的位置可用比移值（R_f）来表示。

$$R_f = 某斑点中心到原点的垂直距离 / 展层溶剂前沿到原点的垂直距离$$

在一定条件下，R_f 值是被分离物质的定性指标。但是，由于影响 R_f 值的因素很多，要想得到重复的 R_f 值就必须严格控制层析条件，因此建议采用相对比移值（R_{st}）。

$$R_{st} = 原点到样品斑点中心的距离 / 原点到参考物质斑点中心的距离$$

R_{st} 表示相对 R_f 值，这个比值可以消除一些系统误差。参考物质可以是另外加入的一个标准物，也可以将样品混合物中的一个组分作为标准参考物。

（2）纸层析的应用：纸层析具有系统简单，使用方便，所需样品量少，分辨率一般能达到要求等优点，被广泛用于各种氨基酸、肽类、核苷酸、脂肪酸、糖类、维生素及抗生素等化合物的分离，并可以进行定性和定量分析。应用实例见第 4 章第 26 节。

3. 离子交换层析（ion exchange chromatography） 是一种利用离子交换剂对混合物中各种离子结合力（或称静电引力）的不同而使混合物中不同组分得以分离的层析方法。自 20 世纪 50 年代离子交换层析进入生物化学领域以来，经过多年的发展和完善，被广泛地应用于各种生物化学物质如氨基酸、蛋白质、糖类物质、核苷酸等的分离纯化，已成为化学工业、制药工业和食品工业等领域的重要分离制备技术。

（1）基本原理：离子交换剂是由不溶于水的惰性高分子聚合物基质、电荷基团和平衡离子三部分组成。电荷基团与高分子聚合物共价结合，形成一个带电荷的基团；平衡离子是结合于电荷基团上的相反离子，它能与溶液中其他的离子基团发生可逆的交换反应。平衡离子为正电荷的离子交换剂能与带正电荷的离子基团发生交换作用，称为阳离子交换剂；反之则称为阴离子交换剂。离子交换反应可以表示如下：

阳离子交换反应：$(R-X^-)\ Y^+ + A^+ \Leftrightarrow (R-X^-)\ A^+ + Y^+$

阴离子交换反应：$(R-X^+)\ Y^- + A^- \Leftrightarrow (R-X^+)\ A^- + Y^-$

其中，R 代表离子交换剂的高分子聚合物基质，常用的有纤维素、葡聚糖、琼脂糖、人工合成树脂等。X^- 和 X^+ 分别代表阳离子交换剂和阴离子交换剂中与高分子聚合物共价结合的电荷基团。Y^+ 和 Y^- 分别代表阳离子交换剂和阴离子交换剂的平衡离子。A^+ 和 A^- 分别代表溶液中的正离子基团和负离子基团。如果 A 离子与离子交换剂的结合力强于 Y 离子，或者提高 A 离子的浓度，或者通过改变其他一些条件，可以使 A 离子将 Y 离子从离子交换剂上置换出来。也就是说，在一定条件下，样品溶液或洗脱液中的某种离子基团可以把平衡离子置换出来，并通过电荷基团结合到固定相上，而平衡离子则进入流动相，这就是离子交换层析的基本置换反应。各种离子与离子交换剂上的电荷基团的结合是由静电力引起的，是一个可逆的过程，离子交换层析就是利用样品中各种离子与离子交换剂结合力的差异，通过改变洗脱液的离子强度、pH 等条件改变各种离子与离子交换剂的结合力，并通过在不同条件下的多次置换反应，从而实现混合物样品中不同离子化合物分离的目的。

当在离子交换剂上吸附有几个物质成分时，可用两种方法分别洗脱下来。其一是用 pH 或离子强度不同的几种洗脱液分别洗脱，即在第一种洗脱液洗脱下第一个成分后，换成第二种洗脱液洗脱第二个成分，再换第三种洗脱液洗脱下第三个成分，依次洗脱所有的成分，这种方法称为分步洗脱法。其二是在洗脱的过程中逐步改变洗脱液的离子强度，从小到大，逐步将各种成分洗脱下来，这种方法称为梯度洗脱法。与前者相比，后者降低了被洗脱成分的"拖尾"现象，提高了分辨率。另外，应用离子交换层析纯化物质时，可以把要纯化的各成分结合于离子交换剂上，然后再分别洗脱下来获得纯品，或者把不需要的成分结合于离子交换剂上，需要的成分直接流出，获得纯品。

（2）应用：离子交换层析的应用范围很广，主要有以下几个方面：①高纯水的制备、硬水软化及污水处理等。②无机离子、核苷酸、氨基酸、抗生素等小分子物质的分离纯化，例如使用强酸性阳离子聚苯乙烯树脂对氨基酸进行分析（目前已有全自动的氨基酸分析仪）。③分离纯化带电性质不同的生物大分子物质。应用实例见第 4 章第 31、32、33 节。

4. 凝胶层析（gel chromatography） 又称为凝胶过滤（gel filtration）或分子筛层析（molecular sieve chromatography）。1959 年，Porath 和 Flodin 用一种多孔聚合物——交联葡聚糖凝胶作为柱填料，分离水溶液中不同分子质量的样品，并获得成功。随后，这一技术得到不断地完善和发展。

（1）基本原理：凝胶层析是依据被分离混合物中不同组分的分子质量不同而进行分离纯化的。凝胶层析的固定相是惰性的球状多孔性凝胶颗粒，凝胶颗粒的内部具有立体网状结构，形成很多孔穴。当含有不同组分的样品进入凝胶层析柱后，各个组分就向凝胶颗粒的孔穴内扩散，各组分的扩散程度取决于凝胶颗粒孔穴的大小和各组分分子质量的大小。比凝胶颗粒孔穴孔径大的分子不能扩散到凝胶颗粒的孔穴内部，完全被排阻在凝胶颗粒之外，只能在凝胶颗粒之间的空隙随流动相向下流动，它们经历的流程短，流动速度快，所以首先被洗脱出来；而比凝胶颗粒孔穴孔径小的分子则可以完全渗透进入凝胶颗粒内部，经历的流程长，被洗脱出来所需要的时间就长，所以后被洗脱出来；而分子质量大小介于二者之间的分子在洗脱过程中部分渗透，经历的流程也介于二者之间，所以它们被洗脱出来的时间也介于二者之间。由此可见，在凝胶层析过程中，分子质量越大的组分越先被洗脱出来，分子质量越小的组分越后被洗脱出来；这样，样品经过凝胶层析后，各个组分便按分子质量从大到小的顺序依次被洗脱出来，从而达到了分离的目的。上述凝胶层析的基本原理可用图 2 - 4 表示。

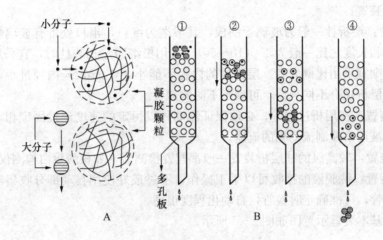

图 2 - 4　凝胶层析基本原理示意图
A. 大、小不同的分子在洗脱时所经过的路径不同
B. 样品上柱后，随着洗脱的进行，大、小不同的分子逐渐被分开
（引自周先碗、胡晓倩编，生物化学仪器分析与实验技术，2003）

（2）应用：由于具有设备简单、操作方便、样品回收率高、实验重复性好，特别是不改变样品生物学活性等优点，因此该技术目前被广泛用于蛋白质（包括酶）、核酸、多糖等生物分子的分离纯化，同时还应用于脱盐、去热原物质、样品浓缩、蛋白质分子质量测定等。应用实例见第 4 章第 33 节。

5. 亲和层析（affinity chromatography）　是一种根据生物分子和配体（如酶和抑制剂、抗体和抗原、激素和受体等）之间的特异性亲和力，将某种配体连接在载体上作为固定相，从而对能与配体特异性结合的生物分子进行分离的层析技术。20 世纪 60 年代末，溴化氰活化多糖凝胶偶联蛋白质技术的发明，解决了配体固定化问题，使亲和层析技术得到了快速地发展。

（1）基本原理：生物分子间（如抗原-抗体、酶-底物或酶-抑制剂、激素-受体等）存在很多特异性的相互作用，它们之间都能够专一而可逆的结合，这种结合力称为亲和力。亲和层析就是将具有亲和力的两类分子中的一类固定在不溶性基质上（如常用的 Sepharose - 4B 等），利用分子间亲和力的特异性和可逆性，对另一类分子进行分离纯化。被固定在基质上的分子称为配体，配体和基质是共价结合的，构成亲和层析的固定相，称为亲和吸附剂。亲和层析时，首先将亲和吸附剂（可自行制备，也可直接购买）装柱、平衡，当样品溶液通过亲和层析柱时，待分离的生物分子就与配体发生特异性的结合，从而留在固定相上，而其他杂质不能与配体结合，仍在流动相中，并随洗脱液流出。然后再通过合适的洗脱液将待分离的生物分子从配体上洗脱下来，这样就得到了纯化的待分离物质。

（2）应用：由于具有分离过程简单、快速、分辨率高等优点，亲和层析技术在抗原、抗体、酶、受体蛋白等生物大分子以及病毒、细胞的分离中得到了广泛的应用。另外，该技术也可以用于某些生物大分子结构和功能的研究。

（四）几种常用层析技术的设备和基本操作步骤

1. 柱层析技术

（1）基本装置：

① 层析柱：层析柱一般为玻璃管制成，其下端为细口，出口处带有玻璃烧结板或尼龙网。柱的直径和长度之比一般为 1：（10～50）。采用极细固定相装柱时，宜采用比例小的层析柱；反之，则宜采用比例大者。层析柱的内径不能小于 1 cm，若内径过小，则会影响分离效果。商品层析柱有不同规格，可满足不同的需要。

② 恒流装置：在层析过程中，必须保证流动相以恒定的速度流过固定相，因此流速可调的恒流泵常被用来控制流动相的流速。

③ 检测装置：较高级的柱层析装置一般都配置检测器（如核酸蛋白检测仪）和记录仪。

④ 接收装置：洗脱液的接收可以手工操作，不过最好使用自动部分收集器，这种仪器带有上百支试管，可准确定时换管，自动化程度很高。

柱层析的基本装置示意图如图 2-5 所示。

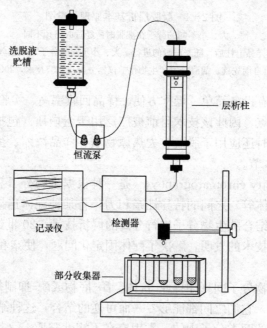

图 2-5 柱层析的基本装置示意图

（引自余冰宾主编，生物化学实验指导，2004）

（2）基本操作步骤

① 基质的预处理：有些层析基质不能直接使用，需要进行预处理，方法因基质而异。例如凝胶需预先溶胀等；一些离子交换剂需漂洗、酸碱（0.5～1 mol/L）反复浸泡，以除去

其表面可能吸附的杂质、漂浮物、细小颗粒等并进行活化，然后用去离子水（或蒸馏水）洗涤干净备用。各种基质的预处理方法详见产品介绍。

② 装柱：柱子装的质量好与差，是柱层析法能否成功分离纯化物质的关键步骤之一。柱子的选择是根据层析的基质和分离的目的而定的，一般柱子的直径与长度比为 1：（10～50），凝胶层析柱可以选 1：（100～200），注意一定将柱子洗涤干净再装柱。

将层析柱垂直固定好后，关闭出水口，将处理好的层析基质悬浮液迅速倒入柱中，打开出水口，适当控制流速，使基质均匀沉降。随着柱中液面的下降，不断添加层析基质悬浮液，最后使柱中基质表面的高度达到柱高的 80%～90% 为止，在基质平面上要留有 2～3 cm 高的缓冲液，此时关闭出水口。应特别注意，柱子装的要均匀，最好一气呵成，不能出现分层、气泡和裂纹，不能干柱，基质面要平坦，否则要重新装柱。

③ 平衡：柱子装好后，要用所需的缓冲液进行平衡，即借助恒流泵使缓冲液在恒定的压力、流速下流过柱子（平衡与洗脱时的流速尽可能保持一致），平衡液体积一般为 3～5 倍柱床体积，以保证平衡后柱床体积稳定及基质充分平衡。是否平衡可以进行检验，如凝胶层析可用蓝色葡聚糖-2000 在恒压下过柱，如色带均匀下降，则说明柱子平衡良好。

④ 加样：加样量的多少直接影响分离的效果。一般讲，加样量尽量少些，分离效果比较好。通常加样量应少于操作容量的 20%（体积分数），体积应低于柱床体积的 5%（体积分数），对于分析性柱层析，一般不超过柱床体积的 1%（体积分数）。当然，最大加样量必须在具体实验条件下经多次试验后才能决定。应注意的是，加样时应缓慢小心地将样品溶液加到基质表面，尽量避免冲击基质，以保持基质表面平坦，详细操作见有关柱层析的实验。

⑤ 洗脱：洗脱的方式可分为简单洗脱、分步洗脱和梯度洗脱三种。

a. 简单洗脱：层析柱始终用同一种溶液洗脱，直到层析分离过程结束为止。如果被分离物质对固定相的亲和力差异不大，其区带的洗脱时间间隔（或洗脱体积间隔）也不长，采用这种方法是适宜的。

b. 分步洗脱：用几种洗脱能力递增的洗脱液进行逐级洗脱。它主要适用于混合物组成简单、各组分性质差异较大或需快速分离的情况。

c. 梯度洗脱：当混合物中组分复杂且性质差异较小时，一般采用梯度洗脱。它的洗脱能力是逐步连续增加的，梯度可以是浓度梯度、极性梯度、离子强度梯度、pH 梯度等。

当对所分离混合物的性质了解较少时，一般先采用线性梯度洗脱的方式去尝试，但梯度的斜率要小一些，尽管洗脱时间较长，但对性质相近的组分分离更为有利。与此同时，也应注意洗脱时的速率。速率太快，各组分在固定相与流动相两相中平衡的时间短，相互分不开，仍以混合组分流出；速率太慢，将增大物质的扩散，同样达不到理想的分离效果，要通过多次试验才能摸索出一个合适的流速。总之，必须经过反复的试验与调整，才能得到最佳的洗脱条件。另外，还应特别注意在整个洗脱过程中千万不能干柱，否则分离纯化将会前功尽弃。

⑥ 收集、鉴定及保存：一般是采用自动部分收集器来收集分离纯化的样品。由于检测系统的分辨率有限，洗脱峰不一定能代表一个纯净的组分。因此，每管的收集量不能太多，一般 1～5 ml/管，如果分离的物质性质很相近，可降低至 0.5 ml/管，这要视具体情况而定。在合并一个峰的各管溶液之前，还要进行鉴定。例如，对于一个蛋白峰的各管溶液，可先用

电泳法对各管进行鉴定，对于是单条带的，认为已达电泳纯，就合并在一起，否则就另行处理。对于不同种类的物质要采用不同的相对应的鉴定方法。最后，为了保持所得产品的稳定性与生物活性，一般采用透析除盐、超滤或减压薄膜浓缩，再冷冻干燥得到干粉，在低温下保存备用。

⑦ 基质（吸附剂、离子交换剂、凝胶等）的再生：许多基质价格昂贵，可以反复使用多次，所以层析后要回收处理，以备再用，严禁乱倒乱扔。各种基质的再生方法可参阅具体层析实验及有关文献。

2. 薄层层析技术

（1）基本装置：薄层层析的装置非常简单，主要由玻璃板、层析缸和一些附件组成。玻璃板用市售的普通玻璃即可，按需要可切割成不同的规格。层析缸可用专用层析缸，也可用标本缸代替，甚至大口径试管也可用。附件主要有涂布器、喷雾器等。

（2）基本操作步骤

① 薄层的制作：薄层层析所用的玻璃板必须光滑、清洁，一般先用洗液洗后，再用水冲洗干净，晾干备用。制板时，将制好的糊状基质（选用的基质颗粒应小，一般为150～200目，试剂包装上应标有"薄层层析用"字样）倒在玻璃上，然后涂布为一均匀的薄层。涂布方法有以下几种：

a. 玻棒涂布法：用一根玻璃棒，在其两端绕几圈胶布（胶布圈数依据欲铺薄层厚度而定），把制好的糊状基质倒在玻璃板的一端，用两端绕有胶布的玻璃棒压在其上将基质均匀地推向玻璃板的另一端。然后，用手指在玻璃板的下面轻轻弹振，从而使玻璃板上的糊状基质形成一均匀的薄层。

b. 有机玻璃尺涂布法：在欲涂薄层的玻璃板两侧放两块稍厚一些的玻璃板（玻璃厚度差由欲涂薄层的厚度来定），然后将制好的糊状基质倒在欲涂薄层的玻璃板的一端，用一把有机玻璃直尺的边缘将基质均匀地刮向玻璃板的另一端。然后，再用手指在玻璃板的下面轻轻弹振，从而使玻璃板上的糊状基质形成一均匀的薄层。

c. 涂布器涂布法：使用专用的涂布器在欲涂薄层的玻璃板上将制好的糊状基质涂匀，备用。

制成的薄层应表面光滑均匀、无水层、无气泡、透光度一致。将制好的薄层在室温下水平放置一段时间，令其自然干燥，即可进行活化。目前，常用吸附剂的薄层层析板已有商品供应，从而减少了研究人员自己制板的麻烦。

② 活化：有的薄层在使用前需活化，硅胶薄层板就是如此。硅胶薄层板活化的过程是将铺好的已自然干燥的硅胶薄层板置于烘箱中，让温度上升到110 ℃，并保持1 h，关闭电源，待温度降至室温时，取出立即使用；如当时不用，则应储存于干燥器中备用，但时间不宜过久。在活化时，要尽量避免突然升温和降温，否则，薄层在展层过程中易于脱离。

③ 点样：样品溶液最好制成挥发性的有机溶液（如乙醇、丙酮、氯仿等）。点样时可用内径约1 mm管口平整的毛细管或微量吸管吸取样品液，轻轻接触板面。点样量一般为50 μg以内，点样体积为1～20 μl。要分次点样，边点样边用冷、热风交替吹干。样点直径一般不能大于3 mm，样品点应距薄层板一端约2 cm。

④ 展层：把点好样的薄层板放入预先饱和的展层容器内，注意先不要让薄层板直接接触到展层剂，而让薄层板在展层剂的蒸汽中平衡一段时间，然后再让薄层板的点样端约

0.5 cm的宽度直接接触展层剂，密闭好展层容器，进行展层。展层的方式可分为上行、下行、卧式等（图 2-6）。

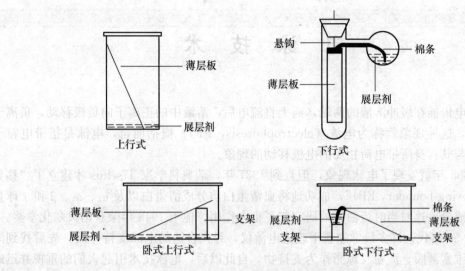

图 2-6　薄层层析的各种展层方式示意图
（引自王金胜主编，农业生物化学研究技术，2001）

当展层剂到达离薄层板另一端约 0.5 cm 时，停止展层，取出薄层板，立即标记好展层剂的前沿，用热风迅速吹干薄层板（注意：不加黏合剂的薄层要防止被吹散），准备显色。

⑤ 显色：展层后，如果样品本身有颜色，就可以直接观察到斑点（层析图谱）；对不带有颜色的物质可采用显色剂喷雾或显色剂蒸汽熏蒸等显色法进行显色，不同的物质显色方法不同。另外，如样品在紫外光照射下能发出荧光，则层析后可直接在紫外灯下观察层析图谱；如样品本身在紫外光照射下不显荧光，可采用荧光薄层板检测，即在基质中加入荧光物质或在制好的薄层上喷荧光物质，制成荧光薄层，这样在紫外光下薄层本身显荧光，而样品斑点无荧光，从而可观测到层析图谱。

⑥ 定性或定量分析：薄层层析是用 R_f 值（R_f=被分离物质的斑点中心到点样线的垂直距离/展层溶剂前沿到点样线的垂直距离）来表示被分离物质在薄层上的位置，通过与已知标准物质的 R_f 值比较，可进行定性分析。

定量分析时，可将同一样品在薄层板的点样线上点两个样点。展层后，一个显色，一个不显色。根据显色后观测到斑点的位置，确定未显色斑点的位置。将未显色斑点从薄层板上连同基质一起刮下，再用适当溶剂将被分离物质从基质上溶解下来，再测定被分离物质的含量。用目测法比较样品斑点和对照品斑点的颜色深浅和面积大小，也可以进行粗略的定量分析。有条件时，可用薄层扫描仪通过对显色后的薄层板扫描来进行定量分析。

第 10 节

电 泳 技 术

将两个电极插在缓冲溶液的两端，通上直流电后，溶液中的正离子向负极移动，负离子向正极移动，这种现象就称为电泳（electrophoresis，EP）。概括而言，电泳是指带电粒子在电场中向与其自身所带电荷相反的电极移动的现象。

早在 1808 年就发现了电泳现象，但直到 1937 年，瑞典科学家 Tiselius 才建立了"移界电泳法（moving boundary EP）"，成功地将血清蛋白质分成清蛋白以及 α_1、α_2、β 和 γ 球蛋白 5 个主要成分，这对当时蛋白质的研究起了很大作用。他于 1948 年荣获诺贝尔化学奖。

20 世纪 50 年代，许多科学家着手改进电泳仪，寻找合适的电泳支持介质，先后找到滤纸、醋酸纤维素薄膜、淀粉及琼脂作为支持物。自此以后，电泳技术引起人们的重视并迅速发展起来。60 年代，Davis 等科学家利用聚丙烯酰胺凝胶作为电泳支持物，在此基础上发展了 SDS-聚丙烯酰胺凝胶电泳、等电聚焦电泳、双向聚丙烯酰胺凝胶电泳（2D 电泳）和印迹转移电泳等技术。这些技术具有设备简单、操作方便、分辨率高等优点，是生物化学与分子生物学以及相关领域科学研究与生产实际中常用的分析手段，而 2D 电泳已经成为近年来新发展起来的蛋白质组学（proteomics）研究中的核心技术之一。电泳技术对生物化学与分子生物学的发展起了重要作用。

目前，电泳技术已经广泛应用于基础理论研究、临床诊断及工业制造等方面。例如用醋酸纤维薄膜电泳分析血清蛋白；用琼脂对流免疫电泳分析病人血清，为原发性肝癌的早期诊断提供依据；用高压电泳研究蛋白质、核酸的一级结构；用具有高分辨率的凝胶电泳分离酶、蛋白质、核酸等大分子的研究工作等。

（一）电泳技术分类

1. 按有无支持物分 分为自由电泳和区带电泳。电泳中不用支持物（supporting media），在溶液中进行的电泳称为自由电泳（free electrophoresis）。反之，有支持物的电泳称为区带电泳（zone electrophoresis）。

2. 根据支持物的不同分 在区带电泳中，根据支持物的不同可分为：纸电泳（paper electrophoresis）、醋酸纤维薄膜电泳（cellulose acetate electrophoresis）、聚丙烯酰胺凝胶电泳（polyacrylamide gel electrophoresis，PAGE）、琼脂糖凝胶电泳（agarose gel electrophoresis）等。

3. 按所用电压不同分 分为低电压电泳和高电压电泳。低电压电泳（100～500 V）电泳时间长，适用于分离蛋白质等生物大分子；高电压电泳（1 000～5 000 V），电泳时间短，有时只需几分钟，多用于氨基酸、多肽和糖类等小分子物质的分离。

4. 按支持介质形状不同分 分为薄层电泳、平板电泳（水平平板电泳、垂直平板电泳）、圆盘柱状电泳等。

5. 按用途不同分 分为分析电泳、制备电泳和定量免疫电泳等。

各种电泳技术均具有以下共同点：①凡是带电物质均可应用某一电泳技术进行分离，并可进行定性或定量分析。②样品用量少。③设备简单。④可在常温下进行。⑤操作简便省时。⑥分辨率高。

(二) 影响电泳的主要因素

1. 待分离物质的性质 在电场中，待分离物质的泳动速度与所带电荷的性质和数量、分子本身的大小和形状、分子的水化程度、解离趋势、两性解离等因素有关。一般待分离物质的电荷量越大、直径越小、形状越接近球形，电泳迁移速度越快。

2. 电压强度 电压强度是指电场中单位长度的电位降，也称电位梯度或电势梯度。电压强度高，带电颗粒泳动速度快；电压强度低，带电颗粒泳动速度慢。

3. 电泳介质的 pH 大部分生物大分子都具有阳离子和阴离子基团，这些基团的解离常数不同，溶液的 pH 决定被分离物质的带电性质，所以生物大分子的净电荷取决于环境的 pH。如蛋白质具有两性电离性质，当溶液 pH 大于蛋白质等电点时，蛋白质带负电荷，在电场中向正极移动，反之则带正电荷，向负极移动。当蛋白质溶液 pH 与蛋白质的等电点相等，静电荷为零时则不移动。溶液的 pH 决定被分离物质带电基团的解离程度，从而影响生物大分子的电泳迁移率，溶液的 pH 距蛋白质的等电点越远，蛋白质带电性越强，泳动速度越快；pH 距蛋白质的等电点越近，蛋白质带电性越弱，泳动速度越慢。电泳时为保持 pH 恒定，必须采用缓冲液作为电极缓冲液。在分离蛋白质时，要选择合适 pH 的缓冲液，使待分离的各种蛋白质所带的电荷性质和数量稳定并有较大差异，有利于彼此分开。

4. 溶液的离子强度 溶液中的离子强度直接影响被分离物质的电动电势。带电颗粒的迁移率与离子强度的平方根成反比。如果溶液的离子强度越大，电动电势越小，泳动速度则越慢；如果溶液的离子强度越小，电动电势越大，则泳动速度越快。高离子强度时电泳条带较细窄。一般最适合的离子强度为 0.02~0.2。

5. 电渗 液体在电场中对于固体支持介质的相对移动，称为电渗现象。溶液移动的同时携带颗粒一起移动。如纸电泳中，滤纸上吸附 OH^- 带负电，使与纸接触的水溶液带正电，在电场作用下向负极移动，同时携带颗粒向负极移动。所以电泳时，带电颗粒的表观泳动速度是颗粒本身的泳动速度与由于电渗作用溶液携带颗粒移动速度的矢量之和。

6. 温度 在凝胶电泳过程中会产热，而热对电泳的分离效果影响很大。温度升高时，介质黏度下降，分子运动加剧，自由扩散的速度加快，迁移率增加。据实验证实，温度每升高 1 ℃，迁移率约增加 2.4%。在电泳过程中，可以通过控制电压或电流，或在电泳装置中安装冷却装置，降低热效应。

7. 支持介质的性质 支持介质的交联度通过分子筛效应直接影响分离效果，在筛孔大的介质中泳动速度快，反之，则泳动速度慢。另外，介质的纯度会影响聚胶的效果，介质的非特异性吸附会增大电渗。

(三) 聚丙烯酰胺凝胶电泳

聚丙烯酰胺凝胶电泳（polyacrylamide gel electrophorsis，PAGE）是以聚丙烯酰胺凝胶作为支持介质的电泳方法。聚丙烯酰胺凝胶是由丙烯酰胺（acrylamide，Acr）单体和少量交联剂 N,N′-亚甲基双丙烯酰胺（N,N′-methylenebisacrylamide，Bis）在催化剂和加速剂的作用下聚合交联形成的具有分子筛性质的网状结构凝胶。

1. 聚丙烯酰胺凝胶的特性　与其他凝胶相比，聚丙烯酰胺凝胶具有以下优点。

（1）凝胶孔径大小与生物大分子具有相似的数量级，因而具有良好的分子筛效应。可根据待分离生物大分子的分子质量，改变凝胶的浓度及交联度来调节凝胶的孔径，使其得到良好的分离。

（2）在一定浓度范围内，凝胶透明，有弹性，机械性能好，不易碎，有利于操作和保存。

（3）凝胶是由—C—C—C—C—结合的酰胺类多聚物，侧链上具有不活泼的酰胺基，没有其他带电基团，所以凝胶性能稳定、电渗作用小、无吸附、化学惰性强、与生物大分子不发生化学反应，且电泳过程中不受温度、pH 变化的影响。

（4）具有高分辨率和灵敏度，尤其是在不连续电泳系统中，集浓缩、分子筛和电荷效应为一体，样品不易扩散。有多种染色方法可提高电泳条带显色的灵敏度，分离蛋白质的灵敏度可达到 10^{-6} mg/mL。

（5）单体纯度高，在相同的实验条件下，电泳分离的重复性好。

（6）凝胶杂质少，在很多溶剂中不溶，可适用于少量样品的制备，不污染样品。

聚丙烯酰胺凝胶是目前生物化学实验室最常用的电泳支持介质，以它为支持物发展起来的多种电泳技术，包括净电荷聚丙烯酰胺凝胶电泳、SDS-聚丙烯酰胺凝胶电泳、聚丙烯酰胺梯度凝胶电泳、等电聚焦电泳及双向电泳等技术不仅能用于分离、制备生物大分子，还可以用来研究生物大分子的性质，包括分子质量、等电点和构象等。

2. 聚丙烯酰胺凝胶的聚合反应　聚丙烯酰胺凝胶由 Acr 和 Bis 在催化剂过硫酸铵〔ammonium persulfate，AP，$(NH_4)_2S_2O_8$〕或核黄素（vriboflavin 或 vitamin B_2，$C_{17}H_{20}O_6N_4$）和加速剂 N,N,N′,N′-四甲基乙二胺（N,N,N′,N′-tetramethyl ethylenediamine，TEMED）的作用下聚合而成。凝胶的聚合过程需要有自由基催化完成，常用的催化聚合方法有化学聚合和光聚合两种。通常用 AP 或核黄素来引发这个过程，TEMED 作为加速剂。目前实验室常用的催化体系是 AP-TEMED。AP-TEMED 催化体系属于化学聚合作用，TEMED 的碱基可催化溶液中的 AP 形成游离氧自由基，激活 Acr 单体形成长链，同时在交联剂 Bis 的作用下长链彼此交联聚合成凝胶。化学聚合的凝胶孔径较小，常用于制备分离胶（小孔凝胶），重复性好。

凝胶聚合反应过程受各种因素的影响，包括系统中催化剂和加速剂的浓度、pH、温度、分子氧和杂质等。在实际操作中，一般会选择合适的催化剂和加速剂浓度使聚合时间控制在 $30\sim60$ min 内。有时，根据需要可采用较高的 AP 浓度，省去脱气除凝胶溶液中溶解氧的操作，使步骤简化。由于 TEMED 只能以游离碱的形式发挥作用，在酸性条件下，叔胺缺少自由碱基，引发 AP 产生自由基的过程会被延迟，聚合时间延长，因此 pH 较低时聚合反应会受到抑制。在 pH 4.3 时，聚合速度会变慢，约需 90 min 才能聚合，所以如果实验要求在酸性环境制备凝胶时，可改用 $AgNO_3$ 作为加速剂。温度也是影响凝胶聚合的重要因素，在 $25\sim35$ ℃时聚合，凝胶透明且有弹性。高浓度凝胶应适当降低温度，防止聚合时因产热在凝胶中产生小气泡。凝胶聚合的速度与温度有关，高温聚合的快。聚合的速度影响交联孔径的大小，所以凝胶聚合时必须保持温度恒定，通常采用与电泳相同的温度。分子氧的存在会阻止碳链的延长，妨碍聚合作用，所以对不含 SDS 的凝胶溶液应先抽气，再加催化剂。在凝胶聚合过程中也要尽量避免接触空气，如分离胶聚合时可在其表面加一薄层水以隔绝空气。某些金属离子或其他杂质也会影响凝胶的化学聚合，所以制胶时应选择高纯度的 Acr、Bis 和 AP。

3. 聚丙烯酰胺凝胶浓度的选择 凝胶的一些性质，如筛孔大小、机械强度、透明度等，在很大程度上取决于凝胶浓度及交联度这两个参数。改变这两个参数，可获得对待检测生物大分子分离、分辨的最适孔径。

凝胶浓度以 $T\%$ 表示：

$$T\% = (丙烯酰胺的质量 + 甲叉双丙烯酰胺的质量)/总体积 \times 100\%$$

交联度以 $C\%$ 表示：

$$C\% = 甲叉双丙烯酰胺的质量/(丙烯酰胺的质量 + 甲叉双丙烯酰胺的质量) \times 100\%$$

根据待分离样品的分子质量范围，可选择不同的凝胶浓度（表 2-1）。当待分离样品的分子质量范围不宽时，可选择单一凝胶浓度。因为在一般情况下，单一凝胶浓度可使分子质量接近的任意两条带之间获得最大的分离度，尤其是凝胶的下 1/2 部分。若待分离样品的分子质量范围宽，用线性梯度可同时获得不同分子质量区带的最佳分辨效果。

表 2-1　分子质量范围与凝胶浓度的关系

	分子质量范围（u）	凝胶浓度（%）
蛋白质	<10 000	20～30
	10 000～40 000	15～20
	40 000～100 000	10～15
	100 000～500 000	5～10
	>500 000	2～5
RNA	<10 000	15～20
	10 000～100 000	5～10
	100 000～2 000 000	2～2.6

4. 聚丙烯酰胺凝胶电泳的种类 聚丙烯酰胺凝胶电泳包括连续胶电泳和不连续胶电泳两种电泳系统。

（1）连续胶电泳（continuous electrophoresis）：最早是由 L. Weintraub 和 S. Raymond 在 1959 年创立的。在该电泳系统中，采用相同孔径的凝胶和相同的缓冲系统（样品缓冲液、凝胶缓冲液和电极缓冲液），在 pH 恒定、离子强度不同的条件下进行区带电泳。连续胶电泳是利用蛋白质分子的电荷效应进行分离的，凝胶的分子筛效应不明显，一般只用于分离一些比较简单的样品，缺点是分辨率不高。但对于一些浓度比较高的样品，加样量很少的情况下，有时也能得到较好的分离效果。连续胶电泳的优点是：①制胶简单，快捷。②缓冲系统的 pH 恒定，可以防止样品进胶后因 pH 变化发生凝聚和沉淀。③缓冲系统组成简单，来源广泛，不需要计算不同离子之间的迁移率变化，所以任何一种不同的酸和碱均可以使用。如在凝胶与缓冲系统中加入阴离子表面活性剂 SDS，可使蛋白质分子被大量 SDS 阴离子包裹，消除了其携带的电荷，因而其电泳迁移率仅与蛋白质分子大小有关，可广泛用于蛋白质分子质量的测定。

（2）不连续胶电泳（discontinuous electrophoresis）：是在 20 世纪 60 年代中期由 S. Hjerten、L. Orenstein 和 B. J. Davis 创建并完善的。它是使用不同孔径的凝胶和不同缓冲体系的电泳方式。在电泳分离过程中，由于浓缩胶的堆积作用，可使样品在浓缩胶和分离胶的界面上先浓缩成一窄带，然后在一定浓度或浓度梯度的凝胶上进行分离，既存在电荷效应，又有分子筛效应。

① 不连续胶电泳的优点：由于浓缩胶的堆积作用，样品在进入分离胶前先浓缩成一窄条带，可浓缩 300 多倍；蛋白质在分离胶（均一胶或梯度胶）中的分子筛效应和样品的电荷效应使样品可以获得较好的分辨率，尤其是分离胶为梯度胶时更体现出其高分辨率，能够分离一些比较复杂和特殊的样品。

② 不连续胶电泳的 4 个不连续性：其一是凝胶浓度的不连续性。分离胶和浓缩胶浓度不同，凝胶孔径不同，浓缩胶浓度低，属于大孔胶，无分子筛作用，电泳中蛋白质颗粒泳动遇到的阻力很小（可忽略不计），移动速度快，浓缩胶只起浓缩作用；分离胶浓度较高，属于小孔胶，具有分子筛效应，蛋白质颗粒进入分离胶后，受到的阻力增大，移动速度慢。其二是缓冲液离子成分的不连续性。实验室常用的凝胶缓冲系统为 Tris（三羟甲基氨基甲烷）-HCl 系统，但浓缩胶和分离胶中的浓度不同。电极缓冲液为 Tris-Gly（甘氨酸）系统，甘氨酸在浓缩胶和分离胶中的解离程度不同。Cl^- 和 Gly^- 是两种电荷符号相同的离子，在电泳中它们向相同的方向运动；但在浓缩胶中迁移速度不同，造成离子成分的不连续性。其三是缓冲液 pH 的不连续性。浓缩胶和分离胶的 pH 不同，浓缩胶缓冲液 pH 6.8，分离胶缓冲液 pH 8.9，电极缓冲液 pH 8.3，样品缓冲液 pH 6.8。浓缩胶与分离胶之间 pH 的不连续性，是为了控制甘氨酸尾随离子的解离度，从而控制其有效迁移率。其四是电位梯度的不连续性。在不连续系统中，电位梯度的差异是自动形成的，浓缩胶中先导离子和尾随离子之间形成低电导区，具有高电位梯度，在高电位梯度和低电位梯度之间形成一个界面，在这个移动的界面附近蛋白质逐步被浓缩成一个狭小的中间层。

③ 不连续胶电泳的 3 种物理效应：其一是样品的浓缩效应。在浓缩胶中先将较稀的样品浓缩成一条窄带，然后再进入分离胶进行分离。其二是凝胶的分子筛效应。分子大小和形状不同的蛋白质通过一定孔径的分离胶时，因受阻滞的程度不同而表现出不同的迁移率，这就是凝胶的分子筛效应。在孔径均一的小孔胶中，分子质量小且为球形的蛋白质分子所受阻力小，迁移速度快，走在前面；反之，则阻力大，迁移速度慢，走在后面，从而可通过分离胶的分子筛作用将各种蛋白质分成各自的区带。其三是电荷效应。样品经浓缩进入分离胶后，各种蛋白质所带净电荷不同，在电场下的迁移率也不同。表面电荷多的蛋白质分子迁移速度快；反之，则迁移速度慢。这 3 种物理效应，使样品各组分按照带电荷量、分子质量及形状按一定顺序得以分离。

④ 浓缩胶的作用机理：不连续胶电泳的主要优点之一是可以使用浓度很低的样品进行电泳，样品进入分离胶之前，先经过大孔径浓缩胶的浓缩作用形成极细的条带。

在不连续胶电泳中，样品和浓缩胶缓冲液均使用 pH 6.8 的 Tris-HCl 系统，电极缓冲液使用 Tris-Gly 系统。电泳开始后，缓冲液中的 HCl 全部解离成 Cl^-，在电场中迁移速度快，为先导离子；甘氨酸解离度较小，仅有 0.1%～1% 解离成 Gly^-，在电场中迁移速度很慢，为尾随离子。样品中蛋白质在此 pH 下也带负电。一旦加上电压，这 3 种离子将同时向正极方向移动。Cl⁻有效迁移率最大，走在最前面，其后形成一个低电导区，Gly⁻由于解离度低，有效迁移率最小，蛋白质的有效迁移率介于两者中间。于是在浓缩胶中各种离子的迁移率形成：甘氨酸 < 蛋白质 < 溴酚蓝 < Cl⁻的顺序。所以，Cl⁻后面的低电导区具有较高的电位梯度。电泳速度等于迁移率与电位梯度的乘积，较高的电位梯度使先导离子后面的蛋白质和尾随离子加速移动，当3种离子的迁移率与电位梯度的乘积相同时，它们的移动速度相同，在先导离子和尾随离子之间就形成了一个稳定的不断向阳极移动的界面，即高电位梯度和低电位梯度之间形成一个稳定的并向阳极移动的界面。由于蛋白质分子介于 Gly⁻ 和 Cl⁻之间泳动，使蛋白质在移动界面上逐步堆积成一个狭窄的中间层，从而达到样品浓缩的目的。

⑤ 分离胶的作用机理：当 Cl⁻ - 蛋白质 - Gly⁻ 的移动界面到达浓缩胶和分离胶的界面时，由于分离胶缓冲液的 pH 是 8.9，比浓缩胶 pH 明显增大，导致 Gly 大量解离，此时 Gly⁻ 的有效迁移率也随之增加，赶上并超过蛋白质的有效迁移率，很快就越过蛋白质紧随 Cl⁻之后移动。蛋白质受阻大，移动速度较慢，被留在后面，不再受离子界面的影响，被堆积的样品组分从凝胶不连续的界面开始，在固定的电位梯度下进行电泳迁移。蛋白质分子所带的有效电荷不同，在电场中的泳动速度不同；蛋白质分子的大小或形状不同，通过一定孔径的分离胶时，受到的摩擦力和阻滞程度也不同。蛋白质在分离胶中受到电荷效应和分子筛效应的作用，各个组分可以被有效的分级分离。

（四）琼脂糖凝胶电泳

琼脂糖凝胶电泳是一种以琼脂糖凝胶为支持介质的电泳技术。琼脂糖是从琼脂（俗称洋菜）中提纯出来的，是由半乳糖和 3，6 - 脱水 - L - 半乳糖连接而成的一种链状多糖，常用于一些大分子物质如核酸、蛋白质等样品的分离分析。琼脂糖凝胶约可区分相差 100bp 的 DNA 片段，其分辨率虽比聚丙烯酰胺凝胶低，但它容易制备，分离样品的范围广，尤其适于分离大片段 DNA。普通琼脂糖凝胶分离 DNA 的范围为 0.2～20kb，利用脉冲电泳可分离高达 10^4 kb 的 DNA 片段。

DNA 分子在 pH 高于其等电点的溶液中带负电荷，在电场中向正极移动。电泳缓冲液的 pH 多为 6～9，离子强度最适为 0.02～0.05。DNA 分子或片段泳动速率的大小除与 DNA 分子的带电量有关外（电荷效应），还与 DNA 分子的大小和空间构象有关（分子筛效应）。DNA 的分子质量越大，其电泳的迁移率就越小；超螺旋 DNA 与同一分子质量的开环或线状 DNA 的电泳迁移率也不同。

琼脂糖凝胶电泳所需 DNA 样品量很低，仅需 0.5～1μg，超薄平板型琼脂糖凝胶所需样品 DNA 量可以更低。凝胶浓度与被分离 DNA 样品的分子质量成反比关系，一般常用的凝胶浓度为 1%～25%。琼脂糖凝胶电泳常采用平板型电泳，用溴酚蓝或二甲苯青示踪 DNA 样品在凝胶中所处的位置，每种 DNA 样品所处的准确位置用溴化乙锭（ethidium bromide，EB）对 DNA 分子进行染色确定。溴化乙锭可插入 DNA 双螺旋结构的两个碱基之间，与 DNA 分子形成一种荧光络合物，在紫外光的激发下发出橙黄色的荧光。溴化乙锭可加入凝胶中，也可在电泳后，将凝胶放在含溴化乙锭的溶液中浸泡，但小分子 DNA 浸泡时间过长容易引起扩散，故可根据被分离 DNA 分子的大小选择不同的染色方法。溴化乙锭检验 DNA 的灵敏度很高，可检出 10ng 甚至更少量的 DNA。

另外，琼脂糖凝胶电泳还具有以下优点：①琼脂糖含液体量大，可达98％～99％，近似自由电泳，但是样品的扩散度比自由电泳小，对蛋白质的吸附极微。②琼脂糖作为支持介质具有高分辨率、重复性好、区带整齐等优点。③电泳速度快。④透明而不吸收紫外线，可以直接用紫外检测仪作定量测定。⑤区带易染色，样品易回收，有利于制备。

（五）等电聚焦电泳

等电聚焦电泳（isoelectric focusing electrophoresis，IEF）是20世纪60年代后期发展起来的一种根据蛋白质等电点不同进行分离的电泳方法，它具有分离、制备及鉴定蛋白质和多肽的多种功能。

等电聚焦电泳是在电泳系统中创造一个由正极至负极，pH由低到高（即环境由酸变碱）的连续而稳定的pH梯度环境，那么处在这种系统中具有不同等电点的各种蛋白质，将根据所处环境的pH与其自身等电点的差别，分别带上正电荷或负电荷，并向与它们各自的等电点相当的pH环境位置处移动，当到达该位置时即停止移动，分别形成一条集中的蛋白质区带——聚焦（图2-7）。电泳后测定各种蛋白质"聚焦"部位的pH，即可得知它们的等电点。

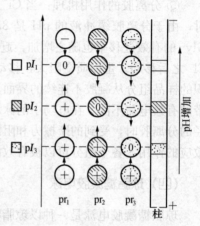

图2-7 蛋白质在电场中等电聚焦示意图

在等电聚焦电泳中，造成环境由酸至碱逐步变化所用的物质是一类两性电解质，它具有依次递变但相差不大的等电点（pI），在电场中可以形成逐渐递变而又连续的pH梯度。此类物质在等电点处具有足够的缓冲能力，以保证蛋白质样品等两性物质不受pH梯度的影响；在等电点处还具有足够高的电导，保证电流通过，而且整个体系的电导均匀，使样品迁移不受影响，达到聚焦；这类物质还具有不与待分离物质反应或使之变性、自身化学性质不同于被分离物质、分子质量小、当电泳后经透析等可与被分离物质分开的特性。

瑞典的Vesterberg于1969年首先合成这种载体两性电解质，商品名为Ampholine，它是由多乙烯多胺（如三乙烯四胺、五乙烯六胺等）与丙烯酸（不饱和酸）进行加成反应生成的，是一系列含不同比例氨基和羧基的氨基羧酸混合物，其相对分子质量为300～1 000。这种载体两性电解质的水溶性很好，1％的水溶液中紫外吸收（260 nm）很低，它的pH有各种范围，最宽的为pH 3～10。在测定未知样品的等电点时，首先用Ampholine进行初步测定，根据测得的结果，再选择合适的pH范围较窄的Ampholine进行精确测定。

在进行等电聚焦电泳时，为防止电泳过程中由于对流现象使已经聚焦的蛋白质区带再混合，需要一种能抗对流的介质作为电泳支持物。目前常用的有蔗糖、甘油或乙二醇形成的密度梯度；用琼脂糖、聚丙烯酰胺制成的凝胶及亲水惰性物质如葡聚糖凝胶、淀粉、滤纸等作为支持物。以凝胶作为支持物的称为凝胶聚焦电泳，适用于分析分离，其他支持物适用于制备。

等电聚焦电泳的优点在于：①分辨率高，可将等电点相差0.01～0.02pH单位的蛋白质分开。②具有更好的浓缩效应，浓度很低的样品也可进行分离，并可直接测出蛋白质的等电点。③能抵消扩散作用，区带会越走越窄。④重复性好，精确度高，可达 0.01pH 单位。

其不足在于：①要求样品溶液无盐，因为盐会增大电流量，产生热量；盐分子移至两极时，还会产生酸或碱，中和两性电解质。②要求样品成分在等电点时稳定，不适宜于在等电点时不溶解或变性的蛋白质。

（六）双向凝胶电泳

1956 年，Smithies 和 Poulik 最早将纸电泳和淀粉凝胶电泳结合来分离血清蛋白质。后来，聚丙烯酰胺介质引入应用，特别是等电聚焦技术的应用，使基于蛋白电荷属性的一向分离成为可能。目前所应用的双向电泳体系是 O'Farrell 等在 1975 年发明的。它是将等电聚焦电泳与 SDS - PAGE 相结合，分辨率更高的蛋白质电泳检测技术（图 2 - 8）。它的第一步是等电聚焦，根据蛋白质的等电点进行分离；第二步是进行 SDS - PAGE，根据蛋白质的分子质量的大小进行分离。所以双向电泳

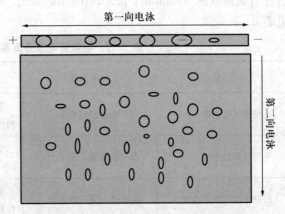

图 2 - 8 双向电泳分离蛋白质示意图

可以将分子质量相同而等电点不同的蛋白质以及等电点相同而分子质量不同的蛋白质分开。双向电泳后的凝胶经染色处理后，蛋白呈现二维分布，是一些"满天星"状排列的小圆点，其中每一个点代表一种蛋白质。水平方向反映出蛋白在等电点上的差异，而垂直方向反映出它们在分子质量上的差别。由于在电泳过程中亚基内或亚基间二硫键的还原和烷基化处理，通过双向电泳分离所得到样品点实质上是构成蛋白质的各个亚基。在最好的状态下，传统等电聚焦技术和 SDS - PAGE 在 20 cm 左右长度的凝胶中可在各自方向上分辨出 100 个不同的蛋白质带，因此理论上的双向电泳的分辨能力可以达到 10 000 个点。

双向电泳的基本过程包括：①制备样品。②进行固相 pH 梯度胶的泡胀，进行等电聚焦。③进行固相 pH 梯度胶的平衡和 SDS - PAGE。④染色与显影，检测凝胶上的蛋白质。⑤进行图像的分析。样品制备非常重要，样品的质量可直接影响电泳结果。目前并没有一个通用的样品制备方法，尽管处理方法多种多样，但都遵循几个基本的原则：①尽可能地提高样品蛋白质的溶解度，抽提最大量的总蛋白，减少蛋白质的损失。②减少对蛋白质的人为修饰。③破坏蛋白质与其他生物大分子的相互作用，并使其处于完全变性状态。

目前，双向凝胶电泳联合质谱鉴定技术是蛋白质组学研究最常用的方法。

（七）毛细管电泳

早在 1981 年，Jorgenson 和 Lukacs 首先提出在 75 nm 内径毛细管柱内用高电压进行层析分离，创立了现代毛细管电泳。1984 年 Terabe 等建立了胶束毛细管电动力学色谱。1987 年，Hjerten 建立了毛细管等电聚焦电泳，Cohen 和 Karger 提出了毛细管凝胶电泳。

毛细管电泳（capillary electrophoresis，CE）又称高效毛细管电泳（high performance capillary electrophoresis，HPCE），是一种高效液相分离技术，是经典的电泳技术和现代微

柱分离相结合的产物。它是一种以毛细管为分离通道，以高压直流电场为驱动力，依据样品中各组分之间淌度和分配行为的差异来实现分离的分析方法。按分离原理不同，毛细管电泳分离的基本模式主要包括：①毛细管区带电泳（capillary zone electrophoresis，CZE）；②毛细管凝胶电泳（capillary gel electrophoresis，CGE）；③胶束电动毛细管色谱（micellar electrokinetic capillary electrophoresis，MECC）；④毛细管等速电泳（capillary isotachophoresis，CITP）；⑤毛细管电色谱（capillary electrochromatography，CEC）；⑥毛细管等电聚焦电泳（capillary isoelectric focusing，CIEF）。这6种分离基本模式的原理和应用见表2-2。

表2-2 毛细管电泳分离基本模式的原理和应用

种类	分离原理	应用
毛细管区带电泳	离子电泳淌度差异	带电物质的分离分析，包括蛋白质、氨基酸、多肽、对映体和离子等
毛细管凝胶电泳	净电荷性质，分子大小	生物大分子的分析，包括蛋白质、寡聚核苷酸、RNA、DNA、PCR产物等
胶束电动毛细管色谱	疏水性，离子性差异	中性物质的分析，包括氨基酸、肽类、小分子物质、手性物质、药物及体液
毛细管等速电泳	组分淌度不同	离子型物质的浓缩
毛细管电色谱	色谱原理	CE/HPLC的结合
毛细管等电聚焦电泳	等电点差异	兼性离子的分析，包括蛋白质、肽类

毛细管电泳的优点包括：①高灵敏度，常用的紫外检测器检测限可达 $10^{-15} \sim 10^{-13}$ mol，激光诱导荧光检测器则可达 $10^{-21} \sim 10^{-19}$ mol。②高分辨率，其每米理论塔板数为几十万，高者可达几百万乃至千万。③需要的样品少，只需 nl（10^{-9} L）级的进样量。④测定速度快。⑤成本低。

在毛细管电泳条件的选择中，应充分注意下列操作事项：①最好对样品和缓冲液进行过滤或离心处理。②毛细管的洗涤或平衡与缓冲体系、pH以及柱子有关。③欲降低缓冲液的电导，应尽量使用所谓的"生物缓冲剂"；欲降低检测背景，则应尽量使用无机缓冲试剂。④欲保持分离结果的重现性，要尽量采用相同的条件，包括毛细管、缓冲液、温度、电压、洗涤等。

近年来，在毛细管电泳技术的基础上，还形成了一些与其关联的技术，如毛细管电泳-化学发光连用技术、毛细管电泳-激光诱导荧光检测技术（CE-LIFD）、毛细管电泳与红外光谱连用技术、毛细管质谱连用技术等，进一步提高了毛细管电泳技术的分析性能和应用范围。

3

第3章

动物生物化学
基本实验技术

第 11 节

血液样品的处理与组织匀浆的制备

血液是动物机体体液的主要组成，为细胞外液。血液是由血浆和悬浮于血浆中的血细胞组成。血浆中含有糖类、脂类、多种蛋白质、无机盐类等多种物质。动物血液成分的变化往往是反映机体生理或病理代谢变化的重要指标，临床医学中经常运用血液成分指标的变化来诊断疾病。具有广泛的应用价值。

测定血液的不同生化指标需要对血液进行不同的处理。因此，掌握正确处理血液样品（全血、血清及血浆）的方法，是血液生化指标测定的重要前提。

在一般情况下，体外所进行的生化反应或细胞内成分的测定均需要将细胞内的成分暴露在适当的缓冲液中；细胞中各种成分如 DNA、RNA、蛋白质和酶的分离和提取等，也需要破碎细胞做成组织匀浆后才能进行。由此可见，生化实验中，制作组织匀浆也是重要的操作之一。

【实验内容】本实验介绍了全血、血清及血浆的采集、处理和制备方法，无蛋白血滤液的制备方法，组织匀浆的制备方法。

【实验目的】

(1) 学习血液样品（全血、血清及血浆）的采集、处理和制备方法。

(2) 学习无蛋白血滤液的制备方法。

(3) 学习组织匀浆的制备的方法。

(4) 加强生物化学实验基本技术训练。

【试剂与器材】

1. 试剂

(1) 抗凝剂：10％草酸钾水溶液。

(2) 10％（m/V）钨酸钠：称取钨酸钠（$Na_2WO_4 \cdot 2H_2O$）100 g 溶于少量蒸馏水，最后加蒸馏水至 1 000 ml。此液以 1％酚酞为指示剂试之应为中性（无色）或微碱性（呈粉红色）。

(3) 1/3 mol/L 硫酸溶液：取蒸馏水 2 份加标定过的 1.0 mol/L 硫酸 1 份混合后即可应用。

(4) 10％（m/V）硫酸锌溶液：称取硫酸锌（$ZnSO_4 \cdot 7H_2O$）10 g 溶于蒸馏水并定容至 100 ml。

(5) 0.5 mol/L 氢氧化钠溶液。

(6) 10％三氯醋酸溶液。

2. 器材 水浴锅或温箱，离心机。

【实验步骤】

(一) 血液样品的采集与处理

1. 血液样品的采集 各种动物的采血部位不尽相同。马属动物、牛、猪等由颈静脉采取；小动物如兔由耳静脉采取；犬由颈静脉或股内静脉采取；天竺鼠和大鼠则由心脏采取；家禽由翼静脉和隐静脉采取；小鼠由尾静脉或内眼角采血。最好按照无菌操作的要求进行采血。

测定正常成分的血液样品应在动物早晨饲喂前采取，以避免食物成分对血液样品的影响。

由于血液中许多化学成分在血浆（清）和血细胞内的分布不同，有的差别很大，因而在血液分析中常需分别测定血浆（清）和血细胞中的成分含量。为此，在采血时要避免溶血，因为溶血将造成成分混杂，引起测定误差。为避免溶血，在采血时所用的注射器、针头及盛血容器要干燥清洁；采出的血液要沿管壁慢慢注入盛血容器内。若用注射器取血时，采血后应先取下针头，再慢慢注入容器内。推动注射器时速度切不可太快，以免吹起气泡造成溶血。盛血的容器不能用力摇动。

2. 血清、全血及血浆的制备

（1）血清的制备：血清是全血不加抗凝剂自然凝固后析出的淡黄色清亮液体。其所含成分接近于组织间液，代表着机体内环境的物理化学性状，比全血更能反映机体的状态，所以血清是常用的血液样品。血清的制备方法如下：

将刚采集的血液直接注入试管或三角瓶内，将试管或三角瓶倾斜放置，使血液形成一斜面。亦可直接注入平皿中。夏季于室温下放置，待血液凝固后，即有血清析出；冬季，因室温较低，室温下放置时血液凝聚缓慢，不易析出血清，故需置于 37 ℃水浴或温箱中，促进血清析出。

血清析出后，用吸管吸取上层血清置于另一试管中，若不清亮或带有血细胞，应进行 2 000～3 000 r/min、4 ℃或室温离心 10～15 min，将上清移于另一试管中，加盖后 4 ℃或冷冻备用。

（2）全血及血浆的制备：若要用全血或血浆作为样品，必须在血液未凝固前就用抗凝剂进行处理。全血及血浆的制备方法如下：

将刚采取的血液注入预先加有抗凝剂的试管中，轻轻摇动，使抗凝剂完全溶解并分布于血液中，血液将不会凝固。

将已抗凝的全血于 2 000～3 000 r/min、4 ℃或室温离心 10～15 min，沉降血细胞，取上层清液即为血浆。

血浆比血清分离得快而且量多。两者的差别主要是血浆比血清多含一种纤维蛋白原，其他成分基本相同。

（3）抗凝剂：能够抑制血液凝固的化合物称为抗凝剂。抗凝剂种类甚多，实验室常用的有如下几种，可根据测定要求选择使用。

① 草酸钾（钠）：优点是溶解度大，可迅速与血中的钙离子结合，形成不溶性草酸钙，使血液不凝固。每毫升血液用 1～2 mg 即可。

配制与使用：配制 10％草酸钾水溶液。吸取此液 0.1 ml 放入一试管中，慢慢转动试管，使草酸钾尽量铺散在试管壁上，置 80 ℃烘箱烤干（若超过 150 ℃则分解）。管壁即有一薄层白色粉末，加塞备用。可抗凝血液 5 ml。

此抗凝血，常用于非蛋白氮等多种测定项目，但不适用于钾、钙的测定。草酸钾（钠）对乳酸脱氢酶、酸性磷酸酶和淀粉酶具有抑制作用，使用时应注意。

② 草酸钾-氟化钠：氟化钠是一种弱抗凝剂；但浓度 2 mg/ml 时能抑制血液内葡萄糖的分解，因此在测定血糖时常与草酸钾混合使用。

配制与使用：草酸钾 6 g、氟化钠 3 g，溶于 100 ml 蒸馏水中。每个试管加入 0.25 ml，于 80 ℃ 烘干备用。每管含混合剂 22.5 mg，可抗凝 5 ml 血液。

此抗凝血，因氟化钠抑制脲酶，所以不能用于脲酶法的尿素氮测定；也不能用于淀粉酶及磷酸酶的测定。

③ 乙二胺四乙酸二钠（简称 EDTANa₂）：EDTANa₂ 易与钙离子络合而使血液不凝。0.8 mg 可抗凝 1 ml 血液。

配制与使用：配成 4% EDTANa₂ 水溶液。每管装 0.1 ml，80 ℃ 烘干，可抗凝 5 ml 血液。

此抗凝血液适用于多种生化分析，但不能用于血浆中含氮物质、钙及钠的测定。

④ 肝素：最佳抗凝剂，主要抑制凝血酶原转变为凝血酶，从而抑制纤维蛋白原形成纤维蛋白而凝血。0.1～0.2 mg 或 20 IU 可抗凝 1 ml 血液。

配制与使用：配成 10 mg/ml 的水溶液。每管加 0.1 ml 于 37～56 ℃ 烘干，可抗凝 5～10 ml 血液（市售品为肝素钠溶液，每毫升含 12 500 IU，相当于 100 mg，故每 125 IU 相当于 1 mg）。

除上述抗凝剂外，还有柠檬酸钠（枸橼酸钠）、草酸铵等，因不常用于生化分析，故不作介绍。

抗凝剂用量不可过多，如草酸盐过多，将造成钨酸法制备无蛋白血滤液时蛋白质沉淀不完全，当通过加入奈氏试剂进行氨氮测定时，溶液会产生混浊等现象。

3. 血液的量取　已制备好的抗凝血液放置后血细胞会自然下沉，往往造成量取全血时的误差。因此量取全血时，血液必须充分混合，以保证血细胞和血浆分布均匀。

（1）血液混匀法：若血液装在试管中，可用玻璃塞或洁净干燥的橡皮塞，塞严管口。缓慢上下颠倒数次，使血细胞、血浆均匀混合。颠倒时切不可用力地猛，以免产生气泡或溶血。也可用一弯成脚形的小玻璃棒插入管内，上下移动若干次，使血液完全混匀。血液混匀后应立即量取，且每次量取前都必须重复此操作。

（2）准确量取法：血液十分黏稠，应做到准确量取。在用吸管量取时，要将已充分混匀的血液吸至吸管的最高刻度稍上方处，用滤纸片擦净吸管外壁粘着的血液，而后使血液慢慢流至刻度，放出多余血液。再次擦净管尖血液。然后运用食指压力控制着流出速度，慢慢把血液放入容器中，将最后一滴吹入容器内（若是不应吹的吸管，则将管尖贴在接受容器的壁上转动几秒钟，使液体尽量流出即可）。血液流出后，管壁应清明而看不到血液薄层附着。

4. 无蛋白血滤液的制备　测定血液或其他体液的化学成分时，样品内蛋白质的存在常常干扰测定。因此，需要先制成无蛋白血滤液再行测定。

无蛋白血滤液制备的基本原理是以蛋白质沉淀剂沉淀蛋白，用过滤法或离心法除去沉淀的蛋白。现介绍几种常用的方法。

（1）福林-吴宪（Folin - Wu）法（钨酸法）：

原理：钨酸钠与硫酸混合，生成钨酸。血液中蛋白质在 pH 小于等电点的溶液中可被钨酸沉淀。沉淀液过滤或离心，上清液即为无色而透明、pH 约为 6 的无蛋白血滤液。可供测定非蛋白氮、血糖、氨基酸、尿素、尿酸及氯化物等使用。

操作：

① 取 50 ml 锥形瓶或大试管 1 支。

② 吸取充分混合抗凝血 1 份，擦净管外血液，缓慢放入锥形瓶或试管底部。

③ 准确加入蒸馏水 7 份，混匀，使完全溶血。

④ 加入 1/3 mol/L 硫酸溶液 1 份，随加随摇。

⑤ 加入 10％钨酸钠 1 份，随加随摇。

⑥ 放置约 5 min 后，如振摇亦不再产生泡沫，说明蛋白质已完全变性沉淀。离心（2 500 r/min，10 min）即得完全澄清无色的无蛋白血滤液。

制备血浆或血清的无蛋白血滤液与上述方法相似。不同点是加水 8 份，而钨酸钠和硫酸各加 1/2 份。

本方法的黑登（Haden）改良法为：1 份血清中加入 8 份 1/24 mol/L 硫酸溶液，此时血细胞迅速破裂，颜色变黑，再加入 10％钨酸钠 1 份，摇匀，过滤或离心即可。此法的优点是产生的滤液较多。

用上述任何方法制得的血滤液，都是将原来样品稀释 10 倍（1∶10），所以 1 ml 无蛋白血滤液相当于 0.1 ml 的全血、血浆或血清。

（2）氢氧化锌法：

原理：血液中的蛋白质在 pH 大于等电点的溶液中可用 Zn^{2+} 来沉淀。生成的氢氧化锌本身为胶体，可将血中葡萄糖以外的许多还原性物质吸附而沉淀。所以此法所得滤液最适用作血液葡萄糖的测定（因为葡萄糖多是利用它的还原性来定量的）。但测定尿酸和非蛋白氮时含量降低，不宜使用此滤液。

操作：

① 取干燥洁净 50 ml 锥形瓶或大试管 1 支，准确加入 7 份水。

② 准确加入混匀的抗凝血 1 份，摇匀。

③ 加入 10％硫酸锌溶液 1 份，摇匀。

④ 慢慢加入 0.5 mol/L 氢氧化钠溶液 1 份，边加边摇。放置 5 min，用定量滤纸过滤或离心（2 500 r/min，10 min），即得清明透亮的滤液。此滤液亦稀释 10 倍。

（3）三氯醋酸法：

原理：三氯醋酸为有机强酸，能使蛋白质变性而沉淀。

试剂：10％三氯醋酸溶液。

操作：取 10％三氯醋酸 9 份置于锥形瓶或大试管中，加 1 份已充分混匀的抗凝血液。加时要不断摇动，使其均匀。静置 5 min，过滤或离心，即得 10 倍稀释的清明透亮的无蛋白血滤液。

（二）组织匀浆的制备

组织匀浆是指将动物组织细胞在适当的缓冲溶液中研磨，使细胞膜破坏，细胞内容物悬浮于缓冲液中形成的混悬液。

各种组织做成的匀浆，由于细胞膜被破坏，把反应基质加入到匀浆中时，基质可以不受细胞质膜通透性的限制，直接与酶发生作用。此时所测得的反应产物或基质消耗量即能代表该基质在酶作用下的转变量，从而可反映出组织或酶的代谢活性。同时，细胞中各种成分如

DNA、RNA、蛋白质和酶等也需要破碎细胞做成组织匀浆后才能进行分离和提取。所以生化实验中，制作组织匀浆是重要的操作之一。

组织匀浆的制作：由于不同组织匀浆制作过程并不完全相同，所以这里仅介绍一般的组织匀浆制作过程，具体的将在各章中详细介绍。将新鲜离体的组织器官洗去血污，弃除其他组织，加入适当的缓冲溶液。若是肝脏等柔软组织用剪刀剪成碎块，直接用玻璃匀浆器磨成匀浆；若是心脏等坚实组织可先剪成块，注意组织块匀浆之前要在天平上称重，然后加入一定体积的适当缓冲溶液，用组织捣碎机捣成粗组织糜，然后再用玻璃匀浆器磨碎。操作在低温条件下进行。

玻璃匀浆器是制作组织匀浆的重要工具，结构如图3-1。它分成匀浆器轴和匀浆器外套管两部分。匀浆器轴是一中空、头部粗的圆柱，其空间可以放置冰水；匀浆器外套管有一凸出的球部以容纳磨好的匀浆，球部以下部分是与匀浆器轴接触、轧磨组织的部分。在匀浆器轴与外套管接触的两个表面都被打磨成细匀的毛面，并且接触十分严密。组织细胞在两者之间经压挤、轧磨而破碎。

图3-1 玻璃匀浆器的结构

制作时，将已预处理好的组织加适量的缓冲溶液，放入匀浆器外套管内，用匀浆器轴顺一方向一边转动一边用力下压，直至到底。然后提起匀浆器轴，再一次研磨，如此重复操作几次即制成匀浆。

制作组织匀浆需要在低温下进行。组织器官离体后就应放置于冰冷溶液中处理。匀浆时，匀浆器相互摩擦而产生高热，易使酶变性或其他组织成分破坏，所以在匀浆器轴的中空部要放入冰盐溶液，匀浆器外套管也应用冰盐溶液冷却。制作好的组织匀浆应及时使用或在低温下作短期储存。

【注意事项】

(1) 量取全血时，血液必须充分混合，以保证血细胞和血浆分布均匀。血浆应均匀混合，颠倒时切不可用力过猛，以免产生气泡或溶血。

(2) 正确使用吸量管，吸取液体必须准确。

(3) 制作组织匀浆需要在低温下操作。

【思考题】

(1) 什么是血清？什么是血浆？它们有何区别？

(2) 制备血清、血浆应注意什么？

(3) 什么是无蛋白血滤液？制备无蛋白血滤液的原理是什么？

(4) 制作组织匀浆应注意什么？

第 12 节

血糖的测定——福林-吴宪法

血糖（blood sugar）主要是指血液中所含的葡萄糖。不同的动物血糖水平的正常范围不同，家禽和单胃杂食动物较高，反刍动物较低；同种动物血糖水平的正常范围基本一致。在生理情况下，通过激素对糖代谢途径的调节，血液中糖的来源与去路基本相当，血糖浓度可以保持相对恒定。血糖水平的恒定对于维持动物机体正常的生理活动甚至生命都是至关重要的，因此，测定动物血液中的葡萄糖含量的变化，有助于了解动物机体的生理状态或疾病诊断、病情和疗效观察等，具有重要的实际应用价值。

血糖测定方法有化学法和酶法两类。本实验采用的福林-吴宪（Folin-Wu）法属于化学法，是经典的血糖测定方法，测定成本低廉，适用于学生实验。目前临床上多采用成本和准确性均较高的葡萄糖氧化酶法测定血糖。此外，还有蒽酮反应法。

【实验内容】本实验介绍了测定动物血液中的葡萄糖含量的传统方法——福林-吴宪法的原理和方法。

【实验目的】

(1) 掌握血液葡萄糖测定的原理和方法（福林-吴宪法）。

(2) 了解血糖测定的意义。

(3) 了解 722 型可见分光光度计的使用方法。

【实验原理】葡萄糖（$C_6H_{12}O_6$）是一种多羟基的醛类化合物。其醛基具有还原性，与碱性铜试剂混合加热，葡萄糖分子中的醛基被氧化成羧基，而铜试剂中的二价铜（Cu^{2+}），被还原成砖红色的氧化亚铜（Cu_2O）而沉淀。氧化亚铜可使磷钼酸还原生成钼蓝，使溶液呈蓝色。其生成蓝色的深浅与血滤液中葡萄糖浓度成正比。选用浓度接近于测定管的标准管一同比色，即可求出测定管中葡萄糖的含量。

测定血糖时需首先除去其中的蛋白质，制成无蛋白血滤液。向抗凝血中加入钨酸钠或三氯醋酸等均可制得无蛋白血滤液，本实验采用钨酸法。钨酸可使血液中的蛋白质沉淀，通过过滤或离心除去沉淀得到的透明溶液即无蛋白血滤液。

福林-吴宪法测定血糖是在特制的福林-吴宪血糖管（图 3-2）中进行。该血糖管于 4 ml 容量处，管颈缩小成一细管状，这样可以减少在煮沸时管内液体与空气的接触，以避免产生的亚铜再氧化。

图 3-2 血糖管

【材料、试剂及器材】

1. 材料 抗凝血（用草酸钾-氟化钠抗凝）；苯甲酸，浓硫酸，钨酸钠，无水碳酸钠，酒石酸，结晶硫酸铜，钼酸，葡萄糖，浓磷酸等，均为国产分析纯。

2. 试剂

（1）$1/3 \, mol/L \, H_2SO_4$ 溶液：取蒸馏水 2 份加标定过的 $1.0 \, mol/L$ 硫酸 1 份混合后即可应用。

（2）10%钨酸钠溶液：将钨酸钠（$Na_2WO_4 \cdot 2H_2O$）10 g 溶于蒸馏水，使全量至100 ml。此液呈弱碱性，取 10 ml 用 $0.1 \, mol/L \, HCl$ 溶液滴定，达中和时约需 $0.1 \, mol/L \, HCl \, 0.4 \, ml$。或以 1% 酚酞为指示剂试之应为中性（无色）或微碱性（粉红色）。约可保存半年。

（3）碱性铜试剂：取无水碳酸钠 40 g 溶于约 400 ml 蒸馏水中；酒石酸 7.5 g 溶于约 300 ml 蒸馏水中；结晶硫酸铜 4.5 g 溶于 200 ml 水中，分别加热助溶。冷却后，将酒石酸溶液倾入碳酸钠溶液中，混匀，移入 1 000 ml 容量瓶中，再将硫酸铜溶液倾入并加蒸馏水至刻度。混匀，储存于棕色瓶中。可在室温长期保存，如放置数周后有沉淀产生，可用优质滤纸过滤后再使用。

（4）磷钼酸试剂：取钼酸（$HMoO_4$）70 g 和钨酸钠 10 g，加入 10%NaOH 溶液 400 ml 及蒸馏水 400 ml，混合后煮沸 20～40 min，以除去钼酸中可能存在的氨（直至无氨味为止），冷却后加入浓磷酸（80%）250 ml，混匀，最后以蒸馏水稀释至 1 000 ml。

（5）葡萄糖储存标准液（10 mg/ml）：将少量无水葡萄糖（A. R）置于硫酸干燥器内过夜。精确称取此葡萄糖 1.000 g，以 0.25% 苯甲酸溶液溶解并转入 100 ml 容量瓶内，再以 0.25% 苯甲酸溶液稀释至 100 ml 刻度。置冰箱中可长期保存。

（6）葡萄糖应用标准液（0.1 mg/ml）：准确吸取葡萄糖储存标准液 1.0 ml，置 100 ml 容量瓶内，以 0.25% 苯甲酸溶液稀释至 100 ml 刻度。

（7）1∶4 磷钼酸稀释液：取磷钼酸试剂 1 份，加蒸馏水 4 份，混匀即可。

（8）0.25% 苯甲酸溶液：称取苯甲酸 2.5 g 加入 1 000 ml 蒸馏水中，煮沸使溶解。冷却后补加至 1 000 ml。此试剂可长期保存。

3. 器材 血糖管，水浴锅，722 型可见分光光度计，离心机，电炉。

【操作步骤】

（1）用钨酸法制备 1∶10 全血无蛋白滤液。

（2）取 4 支血糖管按表 3-1 操作。

表 3-1 操作步骤

试剂（ml）	空白管	低浓度标准管	高浓度标准管	测定管
无蛋白滤液	—	—	—	1.0
蒸馏水	2.0	1.0	—	1.0
标准葡萄糖应用液	—	1.0	2.0	—
碱性铜试剂	2.0	2.0	2.0	2.0
混匀，置沸水浴中煮 8 min；取出用流动自来水冷却 3 min（切勿摇动血糖管）				
磷钼酸试剂	2.0	2.0	2.0	2.0
混匀后放置 2 min（使二氧化碳气体逸出）				
1∶4 磷钼酸溶液加至	25	25	25	25

1：4 磷钼酸溶液加至 25 ml 刻度处后，用橡皮塞塞紧管口颠倒混匀，用空白管调零，在 420 nm 波长处进行比色，读取并记录各管光密度值。

（3）计算

高浓度标准管：

$$葡萄糖含量（mg/100\ ml）=\frac{测定管光密度值}{标准管光密度值}×0.2×\frac{100}{0.1}=\frac{测定管光密度值}{标准管光密度值}×200$$

低浓度标准管：

$$葡萄糖含量（mg/100\ ml）=\frac{测定管光密度值}{标准管光密度值}×0.1×\frac{100}{0.1}=\frac{测定管光密度值}{标准管光密度值}×100$$

【注意事项】

（1）动脉血、静脉血和毛细血管血液的血糖含量有一定差别，在科研和临床检验中应注意保持采血方法和采血部位的一致。另外，全血和血清中血糖含量也有差别，本实验测定的是全血中的血糖含量。

（2）血滤液内除葡萄糖外尚含有其他还原性物质（占 10%～20%）。用此法测得的血糖含量较实际葡萄糖含量稍高。该法制得的无蛋白血滤液也可用于非蛋白氮、肌酸和尿酸的测定。

（3）一定要等水沸后，再放入血糖管。准确加热 8 min，时间过久，呈色较深，反之则浅，均影响结果的准确性。

（4）血糖管下部的管径较细，以减少还原生成的亚铜接触空气中的氧而被再度氧化，降低实际测定结果。因此，冷却时切不可摇动血糖管。

（5）加入磷钼酸试剂后显色并不稳定，故应尽快进行比色。

【思考题】

（1）简述福林-吴宪法测定血糖的原理。

（2）哪些因素影响血糖含量？测定血糖含量为何要空腹采血？

（3）为什么用本法测定血糖含量时需制备无蛋白血滤液，而不直接用全血？

（4）福林-吴宪法用于测定血糖含量有何优缺点？

（5）测定血糖含量有何意义？你还知道哪些测定血糖含量的方法？

（6）血糖管的结构有何特点？使用时应注意什么？

第 13 节

血液非蛋白氮的测定

血液中除蛋白质以外的含氮物质称为非蛋白含氮物，主要包括尿素、尿酸、肌酸、肌酐、谷胱甘肽、氨基酸、核苷酸等蛋白质与核酸的代谢物及代谢产物。血液中非蛋白含氮物的多少用非蛋白氮（non‐protein nitrogen，NPN）的含量表示。血液中 NPN 含量的变化反映了机体的代谢情况，是诊断疾病的重要指标。另外，利用凯氏定氮法测定血液或其他样品蛋白质含量时，所测得的数值包括蛋白质和非蛋白氮两部分，如要得到蛋白质的确切含量，应减去非蛋白氮的部分，再求得蛋白质含量。

【实验内容】

（1）无蛋白血滤液的制备方法。

（2）非蛋白氮含量的测定方法、原理与操作步骤。

【实验目的】

（1）进一步熟悉无蛋白血滤液的制备方法。

（2）掌握无蛋白血滤液中非蛋白氮含量的测定原理和一般操作步骤。

【实验原理】 非蛋白氮物质不被蛋白质沉淀剂所沉淀。因此，以蛋白质沉淀剂除去蛋白质后，所制得的无蛋白滤液即含有非蛋白氮物质。钨酸是重要的蛋白质沉淀剂。

无蛋白血滤液内的非蛋白氮物质，经强酸消化后会转变为硫酸铵，加入奈氏试剂后呈现棕黄色，与经同样处理的标准铵盐溶液比色测定。有关的反应式如下：

$$含氮化合物 + H_2SO_4 \xrightarrow{\text{加热}} (NH_4)_2SO_4 + CO_2 + SO_2 + H_2O$$

$$(NH_4)_2SO_4 + 2NaOH \longrightarrow Na_2SO_4 + 2NH_4OH$$

$$NH_4OH + 2(HgI_2 \cdot 2KI) + 3NaOH \longrightarrow \left[O \overset{Hg}{\underset{Hg}{\diagup\diagdown}} NH_4 \right] I + 4KI + 3NaI + 3H_2O$$

【材料、试剂及器材】

1. 材料 草酸钾抗凝全血；30% H_2O_2，硫酸铜，浓硫酸，硫酸铵，浓盐酸，NaOH，碘化钾，碘，汞等，均为分析纯。

2. 试剂

（1）消化液 [50%（V/V）硫酸]：取蒸馏水 50 ml，置于 250 ml 烧杯中，加 5% 硫酸铜 5 ml，再缓缓加入浓硫酸（A. R.）50 ml，边加边搅，混匀，冷却后使用。

（2）硫酸铵标准液：

① 储存液（1 mg/ml）：精确称取于 110 ℃ 干燥的硫酸铵 4.716 g，用少量蒸馏水溶解后，转入 1 000 ml 容量瓶中。加入浓盐酸 1 ml（防止溶液生霉），再加蒸馏水到 1 000 ml。硫酸铵的相对分子质量为 132.06，而其中氮占 28，故 132.06∶28＝4.716∶1，即 4.716 g

硫酸铵中氮占 1 g，将 4.716 g 硫酸铵溶于 1 000 ml 水中，即可使每毫升蒸馏水中含氮 1 mg。

② 应用液（0.03 mg/ml）：取上述储存液 3 ml，置于 100 ml 的容量瓶中，加入浓盐酸 0.1 ml，加蒸馏水稀释到刻度即成。

（3）10%（m/V）NaOH 溶液：称取 10 g NaOH，在烧杯中用少量蒸馏水溶解后，定容到 100 ml。

（4）奈氏试剂：

① 储存液：于 500 ml 锥形瓶内加入碘化钾 150 g、碘 110 g、汞 150 g 及蒸馏水 100 ml。用力振荡 7～15 min，待碘的颜色开始转变时，此混合液即产生高温，随即将此瓶浸于冷水中继续振荡，直至棕红色的碘转变为带绿色的碘化钾汞溶液为止。将上清液倾入 2 000 ml 量筒内，加蒸馏水到 2 000 ml 刻度后，混匀即成。

② 应用液：取 10%NaOH 溶液 700 ml、奈氏试剂储存液 150 ml 及蒸馏水 150 ml，混匀即成。如果此试剂呈现浑浊，则可静置 24 h 后，倾取上层清液使用。此混合液的酸碱度颇为重要：如以等摩尔盐酸 20 ml 滴定时，则用此试剂 11～11.5 ml 恰好可使酚酞变成红色，最为合适；如用强酸消化液 1 ml，则用此试剂 9～9.5 ml 可中和。

3. 器材 天平，量筒，容量瓶，玻棒，烧杯，试剂瓶，移液管与移液管架，硬质大试管与试管架，电炉，分光光度计等。

【实验步骤】

1. 无蛋白血滤液的制备 以草酸钾抗凝全血，用钨酸法制备 1:10 的无蛋白血滤液。

2. 操作步骤

（1）取 3 支硬质大试管，按表 3-2 编号后操作。

表 3-2 操作步骤

试　剂（ml）	空白管	标准管	测定管
血滤液	—	—	0.5
标准应用液	—	0.5	—
消化液	0.1	0.1	0.1

混匀后，将上述试管加热消化。待管中充满白烟、管底液体由黑色转为透明时即结束消化（消化过程中待消化液变黄后，取出试管稍加冷却，再加 30%H_2O_2 1～3 滴继续消化）。

（2）待消化管冷却后，按表 3-3 继续操作。

表 3-3 操作步骤

试　剂（ml）	空白管	标准管	测定管
蒸馏水	3.5	3.0	3.0
奈氏试剂	1.5	1.5	1.5

混匀后，在 420 nm 波长处进行比色，以空白管调零，读取各管的光密度值。

（3）计算

$$血液非蛋白氮含量（mg/100ml）=\frac{测定管光密度值}{标准管光密度值}\times 0.015 \times \frac{100}{0.05}=\frac{测定管光密度值}{标准管光密度值}\times 30$$

【注意事项】

（1）本实验不能用草酸铵作为抗凝剂。用草酸钾作为抗凝剂也不宜使用过多，否则制备血滤液时酸度会不够，蛋白质不易除尽。

（2）应严格掌握消化时间，只需消化液变清即可，以减少因此而产生的结果偏差。

（3）测定中（包括配试剂）所用蒸馏水必须无氨，应常用奈氏试剂检查。

（4）加入奈氏试剂时如不显色，可能是由于加消化液过多或消化不完全所致。

（5）加入奈氏试剂时如变浑浊，可能是由下列原因所致：奈氏试剂酸碱度不准确；消化时加热不足，如消化管内溶液尚未完全变清即停止加热；显色后至比色的时间相隔过久；血滤液内非蛋白氮含量过高，此时可改用更少量的血滤液进行检验。

【思考题】

（1）用于测定非蛋白氮的全血为什么不能用草酸铵作为抗凝剂？

（2）某份无蛋白血滤液的非蛋白氮含量明显偏高，试解释可能的原因。

第 14 节
血清总脂的测定

　　总脂是脂类的总和，包括三酰甘油、磷脂、胆固醇及其酯和游离脂肪酸。血浆中脂类的来源有外源性和内源性两条途径。血脂含量随动物的品种、年龄、性别、生理状态的不同以及疾病影响而改变。如进食脂肪食物 2 h 后，可见生理性增高，食后 6 h 可达高峰，14 h 后可恢复正常。病理性增高见于各种原因引起的高脂血症、动脉粥样硬化、糖尿病、糖原储积症、肾病综合征、慢性肾炎及甲状腺功能减退等。病理性减低可见于恶病质、重症肝病疾患、吸收不良综合征和甲状腺功能亢进等。在医学临床上，血脂含量测定是诊断相关疾病的重要指标。

　　血清中不饱和脂类与饱和脂类的比例约为 7∶3，且不饱和脂类比饱和脂类呈色强，因此香草醛法测定的主要是不饱和脂类的含量。用香草醛法测定总脂的常用方法有称量法、比色法和比浊法。称量法准确，但较费时。比浊法简单，但准确性差。比色法既简便，又较准确，而且采用胆固醇作为标准的测定法其结果比较接近实际情况，所以目前多采用此法进行血清总脂的测定。

　　【实验内容】香草醛法测定血清总脂的原理、操作步骤和注意事项。

　　【实验目的】

　　(1) 掌握香草醛法测定总脂的原理与方法。

　　(2) 了解正常动物血清中总脂的含量。

　　【实验原理】血清中的脂类，尤其是不饱和脂类与浓硫酸作用，并经水解后生成碳正离子。试剂中香草醛与浓硫酸的羟基作用生成芳香族的磷酸酯，由于改变了香草醛分子中的电子分配，使醛基变成活泼的羰基，此羰基即与碳正离子起反应，生成玫瑰红色的醌化合物，其强度与碳正离子成正比。反应式如下：

$$H_2SO_4 + \quad -\overset{\overset{\displaystyle H}{|}}{C}=\overset{\overset{\displaystyle H}{|}}{C}- \quad \longrightarrow \quad -\overset{\overset{\displaystyle H}{|}}{\underset{\underset{\displaystyle H}{|}}{C}}-\overset{\overset{\displaystyle H}{|}}{C}-(R^{\oplus})$$

（不饱和脂肪酸）　　　（碳正离子）

（香草醛）＋H_3PO_4

↓

［　　↔　　↔　　↔　——→ 等 ］

【材料、试剂及器材】

1. 材料 浓硫酸（分析纯，相对密度1.84，含量95%以上），浓磷酸（分析纯，相对密度1.71，含量85%以上），动物血清。

2. 试剂

（1）胆固醇标准液（6 mg/ml）：精确称取纯胆固醇600 mg，溶于无水乙醇并定容至100 ml。

（2）显色剂：0.6%的香草醛水溶液200 ml，加入浓磷酸800 ml。储存于棕色瓶可保存6个月。

3. 器材 水浴箱（37 ℃，100 ℃），可见分光光度计。

【实验步骤】

1. 测定 取3支洁净试管，按表3-4操作。

表3-4 操作步骤

试 剂（ml）	空白管	标准管	测定管
血清	—	—	0.02
标准液	—	0.02	—
浓硫酸	1.0	1.0	1.0
充分混匀，沸水浴10 min，使脂类水解，冷水冷却			
显色剂	4.0	4.0	4.0

用玻棒充分搅匀，放置20 min（或37 ℃保温15 min）后，在525 nm波长处或用绿色滤光板比色，空白管调零，分别读取各管光密度值。

2. 计算

$$血清总脂含量（mg/100\ ml）=\frac{测定管光密度值}{标准管光密度值}\times0.12\times\frac{100}{0.02}=\frac{测定管光密度值}{标准管光密度值}\times600$$

【注意事项】

（1）本法试剂多系浓酸，黏稠度大，取量时吸管内试剂要慢放，避免因速度过快，试剂附着于管壁过多而造成误差，并且应注意安全。

（2）血清中脂类含量过多时，可用生理盐水稀释后再行测定，将结果乘以稀释倍数。

（3）流水冷却时，应防止水溅入试管内部，影响实验结果。

（4）显色后，应在2 h内完成光密度的测定。比色时，用试管中原液洗比色杯。

（5）用玻棒搅匀试管时，注意防止因玻棒向下捅破试管底部。

【思考题】

（1）血脂的来源是什么？

（2）香草醛法测定血清总脂的原理是什么？解释用香草醛法测定血清总脂含量的实验结果偏低的原因。

（3）如果用香草醛法分别测定蛋黄和蛋清的总脂含量，在测定之前实验材料该怎样处理？

（4）高脂血症有哪些危害？简述脂代谢异常与酮症的关系。

第 15 节

血清钠、钾、钙、无机磷的测定

Na^+ 是维持细胞外液渗透压及其容量的决定因素，其正常浓度对维持神经肌肉正常兴奋性也有重要作用。而 K^+ 是细胞内液的主要阳离子，对维持细胞内液的渗透压及细胞容积，维持体内酸碱平衡，维持神经肌肉正常兴奋性等均具有重要作用。此外，K^+ 在维持细胞的正常代谢与功能中也起重要的作用。

体内无机盐以钙、磷含量最多，它们约占机体总灰分的 70% 以上。体内 99% 以上的钙及 80%～85% 的磷以羟磷灰石（hydroxyapatite）$[3Ca_3(PO_4)_2 \cdot Ca(OH)_2]$ 的形式构成骨盐，分布在骨骼和牙齿中。其余的钙主要分布在细胞外液（血浆和组织间液）中，细胞内钙的含量很少。而磷则在细胞外液中和细胞内分布。体液中钙、磷的含量虽然只占其总量的极少部分，但在机体内多方面的生理活动和生物化学过程中起着非常重要的调节作用。

血清中钠、钾测定方法常用的有火焰光度法和离子选择电极法。但这两种方法较为复杂，本试验是将钠、钾生成沉淀，测定其浑浊度，从而得到钠、钾的含量。

血清中总钙测定最早采用的是沉淀法，其中 Kramer-Tisdall 等的草酸盐沉淀法曾被作为一种推荐的方法。而 EDTANa₂ 络合滴定法因简便、快速，被广泛应用于总钙的测定。

血清无机磷测定采用钼酸铵试剂，使之与磷结合成磷钼酸，再以硫酸亚铁为还原剂，将磷钼酸还原成蓝色化合物——磷钼蓝，然后进行比色测定而得出磷的含量。

【实验内容】

（1）利用焦锑酸钾比浊法、四苯硼钠比浊法，分别将血清中的钠、钾生成沉淀，测其浑浊度，从而得出钠、钾的含量。

（2）采用 EDTANa₂ 络合滴定法测定血清中总钙的含量。

（3）利用硫酸亚铁等作为还原剂，用还原法-磷钼蓝比色法测定血清无机磷的含量。

【实验目的】 掌握血清中钠、钾、钙及无机磷含量的测定方法，了解其临床意义。

【实验原理】 血清中的钠与焦锑酸钾试剂在弱碱性溶液中发生沉淀，沉淀的多少在一定范围内与钠的浓度成正比。故可根据溶液的浊度测定血清中钠的含量。反应式如下：

$$Na^+ + K_2H_2Sb_2O_7 \rightarrow Na_2H_2Sb_2O_7 \downarrow + K^+$$

血清钾离子与四苯硼钠作用，形成不溶于水的四苯硼钾，沉淀的多少在一定范围内与钾离子的浓度成正比，故根据浊度可测得血清中钾的含量。反应式如下：

$$K^+ + NaB(C_6H_5)_4 \rightarrow K[B(C_6H_5)_4] \downarrow + Na^+$$

该法是除火焰光度法外，操作简单、结果准确的一种方法。

血清中钙离子在碱性溶液中与钙红指示剂结合为可溶性的复合物，使溶液呈淡红色。乙二胺四乙酸二钠（EDTANa₂）对钙离子的亲和力很大，能与复合物中的钙离子络合，使指示剂重新游离出来，溶液呈蓝色。故以 EDTANa₂ 滴定血清钙时，溶液由红色转变成蓝色时，即表示滴定终点，由此可以计算出血清中钙的含量。该法操作简单，结果准确，适用于血清、尿液、饲料中钙（饲料需经处理）的测定。

血清中无机磷的测定，首先用三氯乙酸沉淀蛋白质，在滤液中加入钼酸铵试剂，使之与磷结合成磷钼酸，再以硫酸亚铁为还原剂，将磷钼酸还原成蓝色化合物——磷钼蓝，进行比色测定。反应式如下：

$$(NH_4)_6Mo_7O_{24} + 4H_2O \rightarrow H_2MoO_4 + 3(NH_4)_2SO_4$$
$$12H_2MoO_4 + H_3PO_4 + FeSO_4 \rightarrow 12H_2MoO_4 \cdot H_3PO_4 + 12H_2O$$
$$12MoO_3 + H_3PO_4 + FeSO_4 \rightarrow 磷钼蓝$$

本法也可以用于尿磷的测定。取 24 h 混合酸性尿（碱性尿磷酸盐会沉淀析出，故应加酸防腐），稀释 100 倍左右后测定。

【试剂与器材】

1. 试剂

(1) 共用缓冲液：

① 0.2 mol/L 磷酸氢二钠溶液：称取磷酸氢二钠（$Na_2HPO_4 \cdot 12H_2O$）7.16 g，用重蒸馏水溶解并定容至 100 ml。

② 0.1 mol/L 柠檬酸溶液：称取柠檬酸 2.1 g，用重蒸馏水溶解并定容至 100 ml。

应用时，取①液 38.9 ml，加②液 1.1 ml，混匀。

(2) 血清钠测定用试剂：

① 3％焦锑酸钾溶液：称取焦锑酸钾 15 g，加蒸馏水 350 ml 和 10％氢氧化钾溶液 15 ml，煮沸溶液。冷却后，加蒸馏水至 500 ml。

② 钠储存标准液（1 mol/L）：取氯化钠少许置于烧杯中，放置于 110～120 ℃烘箱中烘 4 h，取出后于干燥器内待冷，精确称取 5.845 g 置于 100 ml 容量瓶内，加蒸馏水至刻度。

③ 钠应用标准液（0.140 mol/L）：准确量取钠储存标准液 14 ml，置于 100 ml 容量瓶内，加蒸馏水 37 ml，无水乙醇 100 ml。

(3) 血清钾测定用试剂：

① 2％四苯硼钠溶液：称取四苯硼钠 2.0 g，溶于 40 ml 缓冲液中，加重蒸馏水至 100 ml。

② 钾储存标准液（0.05 mol/L）：精确称取干燥的氯化钾 3.728 g 或硫酸钾 4.356 g，溶于重蒸馏水中，移入 1 000 mL 容量瓶中，用重蒸馏水定容至刻度。

③ 钾应用标准液（5.0×10^{-4} mol/L）：吸取钾储存液 1 ml，用重蒸馏水定容至 100 ml。

(4) 血清钙测定用试剂：

① 钙标准液（0.1 mg/ml）：精确称取干燥碳酸钙 250 mg，加水 40 ml 及 1 mol/L 盐酸 6 ml，慢慢加温至 60 ℃使其溶解，冷却后移入 1 000 ml 容量瓶中，加去离子水至刻度。

② 钙红指示剂：称取钙红 0.1 g，溶于甲醇 20 ml 中。

③ 乙二胺四乙酸二钠（EDTANa₂）溶液：称取 EDTANa₂ 0.1 g，加去离子水 50 ml，1 mol/L 氢氧化钠 2 ml，待完全溶解，加去离子水至 100 ml。

(5) 血清无机磷测定用试剂：

① 10％三氯醋酸溶液。

② 磷储存标准液（0.1 mg/ml）：称取磷酸二氢钾 439 mg，用蒸馏水溶解并定容至 1 000 ml。加氯仿 2 ml 防腐，置冰箱保存。

③ 磷应用标准液（0.012 mg/ml）：取储存液 12 ml 加 10％三氯醋酸溶液至 100 ml。

④ 钼酸铵试剂：在蒸馏水 200 ml 中慢慢加入浓硫酸 45 ml，再加钼酸铵 22 g，溶解后保存于试剂瓶中。

⑤ 硫酸亚铁-钼酸铵试剂：称取硫酸亚铁 0.5 g，加蒸馏水 9 ml 使其溶解，再加钼酸铵试剂 1 ml 混匀。临用前配制。

2. 器材 移液管与洗耳球，离心机，分光光度计，烧杯与玻璃棒，天平，量筒，容量瓶，试管与试管架，试剂瓶，微量滴定管，血色素吸管。

【实验步骤】

1. 血清钠含量测定（焦锑酸钾比浊法）

（1）取干燥试管 2 支作为标准管和测定管，测定管中加入血清 0.2 ml，标准管中加入钠应用标准液 0.2 ml，各加入无水乙醇 1.8 ml，混匀。测定管离心 5 min（3 000 r/min），吸取上清液 0.25 ml，移入另一试管，标明为测定管。将上述标准管中的液体 0.25 ml 移入另一试管，标明为标准管。

（2）标准管和测定管中各加入 3％焦锑酸钾溶液 5 ml，静置 5 min，用分光光度计在 520 nm波长处测定光密度值。蒸馏水作为空白对照。

$$血清钠含量（mol/L）=\frac{测定管光密度值}{标准管光密度值}×0.140$$

2. 血清钾含量测定（四苯硼钠试剂比浊法）

（1）先制备无蛋白血清滤液，即 0.2 ml 血清中加入蒸馏水 1.4 ml、10％钨酸钠溶液 0.2 ml 及 1/3 mol/L 硫酸 0.2 ml，混匀。3 000 r/min 离心 10 min，取上清液，按表 3-5 操作。

表 3-5 操作步骤

试剂（ml）	空白管	标准管	测定管
重蒸水	1.0	—	—
钾应用标准液	—	1.0	—
血清无蛋白液	—	—	1.0
2％四苯硼酸钠溶液	0.5	0.5	0.5
混匀，静置 5 min			
0.85％生理盐水	3.5	3.5	3.5

（2）混匀后，用分光光度计测定光密度值 $OD_{520\,nm}$。

（3）结果计算：

$$血清钾含量（mol/L）=\frac{测定管光密度值}{标准管光密度值}×5.0×10^{-4}×\frac{1}{0.1}=\frac{测定管光密度值}{标准管光密度值}×0.005$$

3. 血清钙含量测定

（1）乙二胺四乙酸二钠溶液的标定：准确吸取钙标准液（0.1 mg/ml）1.0 ml，加入试管中，再加入 0.2 mol/L 氢氧化钠 1.5 ml 及钙红指示剂 2 滴，混匀，用 EDTANa₂ 溶液滴定至呈浅蓝色 30 s 不褪色为止，即为滴定终点，记录消耗量为 A（ml）。

（2）样品的滴定：准确吸取 0.25 ml 血清，加 0.2 mol/L 氢氧化钠 2.5 ml，加钙红指示剂 2 滴，混匀，以 EDTANa₂ 溶液滴定至呈浅蓝色 30 s 不褪色为止，记录 EDTANa₂ 溶液消耗量 B（ml）。

（3）结果计算：1 ml EDTANa₂ 溶液相当于 $0.1/A$（mg）钙。

$$血清钙含量（mg/100 ml）= B/0.25 \times 0.1/A \times 100 = B/A \times 40$$

4. 血清无机磷含量测定

（1）样品处理：吸取血清 0.2 ml，加 10% 三氯醋酸 3.8 ml，充分混匀，放置 10 min，3 000 r/min 离心 5 min，吸取上清液，备用。

（2）其他按表 3-6 操作。

表 3-6　操作步骤

试剂（ml）	空白管	标准管	测定管
样品处理液	—	—	2.0
0.012 mg/ml 磷应用标准液	—	1.0	—
10% 三氯醋酸	2.0	1.0	—
硫酸亚铁-钼酸铵试剂	2.0	2.0	2.0

（3）混匀，放置 10 min。

（4）用分光光度计测定光密度值 $OD_{620\,nm}$。

（5）结果计算：

$$血清磷含量（mg/100 ml）= \frac{测定管光密度值}{标准管光密度值} \times 0.12 \times \frac{100}{0.1} = \frac{测定管光密度值}{标准管光密度值} \times 120$$

【注意事项】

（1）玻璃器皿应用重蒸水或去离子水洗涤干净。

（2）本法测定的磷为无机磷。磷的测定标本应选用血清，如用血浆，最好用肝素钠抗凝；且血液标本不能溶血，并于采血后尽快分离血清，以免血细胞内磷酸酯水解而使无机磷含量增加；在血清中加入 10% 三氯醋酸时速度要慢，边加边混匀，使蛋白沉淀物呈细颗粒状，如蛋白沉淀物呈片状，可将磷包裹在其中，使测定结果偏低；加入钼酸铵后应立即充分混合。

（3）在血清钾的测定中，血液标本不能溶血，否则会使测定结果升高。四苯硼钠的质量是影响试验的主要因素，采用专用于血钾含量测定或溶解度高而能呈清晰溶液者为佳。由于四苯硼钠的水溶液很不稳定，应采用高浓度磷酸盐缓冲液配制为宜。配制浓度一般为 2%～3%，置于塑料瓶中，−4 ℃保存。

【思考题】

（1）试剂的配制及操作过程中，为何必须用重蒸水？

（2）血清钠、钾含量的测定原理是什么？钠、钾在动物体内有哪些生理功能？

（3）EDTANa₂ 在血清钙含量测定中起什么作用？

（4）什么叫血磷？血清中无机磷含量测定的原理是什么？其中硫酸亚铁的作用是什么？

（5）血清中无机磷含量增高说明机体会有哪些疾病？

第 16 节

肝糖原的提取与鉴定

糖原（glycogen）又称为动物淀粉，是由 α-D-葡萄糖聚合而成的一种多糖类高分子化合物，与支链淀粉的结构相似，但分支程度比支链淀粉更高，相对分子质量约为 400 万，无还原性，与碘作用呈红色。糖原是动物体在葡萄糖供应不充足的情况下，一种极易被动员的糖的储存形式，存在于动物的肝脏和骨骼肌中，分别称为肝糖原和肌糖原。肝糖原约占肝脏湿重的 7%，肌糖原约占骨骼肌湿重的 1.5%。虽然肝糖原比例高于肌糖原，但是肌肉在体内分布广，所以肌糖原储存量要比肝糖原大。肝糖原储存量虽然不多，但它是体内血糖的重要来源之一，肝糖原的合成和分解对动物维持血糖浓度的恒定起着至关重要的作用。

【实验内容】

(1) 从饱食家兔（或其他动物）的肝脏组织中提取肝糖原。

(2) 依据糖原的性质对提取的肝糖原进行鉴定。

【实验目的】

(1) 掌握糖原的结构、性质及在动物体内的作用。

(2) 掌握肝糖原提取、鉴定的原理与方法。

(3) 了解离心机的工作原理，掌握离心机的操作规范。

【实验原理】

取饱食家兔（或其他动物）的肝脏组织（其中肝糖原的含量较高），与石英砂及三氯乙酸共同研磨。当肝脏组织被充分磨碎后，由于三氯乙酸的作用，所取肝组织中的有关酶失活，蛋白质被沉淀，而肝糖原仍留在溶液中；离心除去沉淀，上清液中的肝糖原可通过加入乙醇而沉淀下来；再次离心，取沉淀并溶于水，即得肝糖原的水溶液。

糖原遇 I_2-KI 溶液呈红色。糖原虽无还原性，但被酸水解而生成的葡萄糖却有还原性。葡萄糖可与班氏试剂发生氧化还原反应，生成砖红色的 Cu_2O 沉淀。因此，可用糖原与 I_2-KI 溶液的呈色反应以及糖原水解液与班氏试剂的反应来鉴定所提取的肝糖原。

【材料、试剂及器材】

1. 材料 饱食家兔（或其他动物）的肝脏组织。

2. 试剂

(1) 10%（m/V）三氯乙酸溶液：称取三氯乙酸 10 g，用蒸馏水溶解后稀释到 100 ml。

(2) 5%（m/V）三氯乙酸溶液：称取三氯乙酸 5 g，用蒸馏水溶解后稀释到 100 ml。

(3) 95%（m/V）乙醇：量取无水乙醇 95 ml，加蒸馏水稀释到 100 ml。

(4) 20%（m/V）氢氧化钠溶液：称取氢氧化钠 20 g，用蒸馏水溶解后稀释到 100 ml。

(5) 碘液：称取碘 1 g、碘化钾 2 g，用 500 ml 蒸馏水溶解即可。

(6) 班氏试剂：取硫酸铜 17.3 g 溶于 100 ml 温蒸馏水中；另取柠檬酸钠 173 g 和无水碳酸钠 100 g 溶于 700 ml 温蒸馏水中。待冷却后，将硫酸铜溶液缓缓（不断搅拌）加到柠檬酸钠和碳酸钠的混合溶液内，最后用蒸馏水稀释至 1 000 ml。

（7）浓盐酸。

3. 器材 天平，离心机，研钵，比色白瓷盘，离心管，pH 试纸，洗净的石英砂。

【实验步骤】

1. 肝糖原的提取

（1）将饱食的家兔（或其他动物）打昏，放血至死，立即取出肝脏，用滤纸吸去附着的血液，并迅速用 10％三氯乙酸溶液浸泡 5～10 min。

（2）称取肝组织约 1 g 置研钵中，加少许洗净的石英砂及 10％三氯乙酸 1 ml，研磨 2 min 后，再加 5％三氯乙酸溶液 2 ml，继续研磨至肝组织已完全变成肉糜状为止。将肝组织糜转移至离心管，2 500 r/min 离心 10 min，取上清，并量取体积。

（3）将上清液转入另一离心管中，加入等体积 95％乙醇溶液，混匀后静置 10 min，此时可见糖原呈絮状析出，2 500 r/min 离心 10 min，彻底去掉上清液，随后向离心管中加入蒸馏水 1 ml，用玻璃棒搅拌沉淀至完全溶解，即得肝糖原溶液。

2. 肝糖原的鉴定

（1）糖原与 I_2 - KI 溶液的呈色反应：在白瓷盘的两个凹槽内，一个滴加 3 滴肝糖原溶液，一个滴加 3 滴蒸馏水，然后各加 1 滴 I_2 - KI 溶液，在桌面上来回晃动白瓷盘，比较两凹槽内溶液的颜色。

（2）糖原水解液与班氏试剂的反应：将剩余的糖原溶液转移至 1 支试管中，加浓盐酸 3 滴，摇匀后，将该试管放入沸水浴中加热 10 min，取出冷却。然后以 20％氢氧化钠溶液中和至中性（用 pH 试纸检测）。随后，在上述溶液中加班氏试剂 2 ml，再置于沸水浴中加热 5 min，观察沉淀的生成情况。

【注意事项】

（1）实验用动物在实验前必须饱食，因为在饥饿时肝糖原的含量大大降低，实验结果不明显。

（2）肝脏离体后，肝糖原会迅速分解，所以处死动物后，所得肝脏必须迅速用三氯乙酸溶液处理，因为三氯乙酸能使糖原分解的相关酶失活。

（3）用 20％氢氧化钠溶液中和糖原水解液至中性的过程中，加氢氧化钠溶液时一定要滴加、摇匀，并随时用 pH 试纸检测，以防止所加氢氧化钠溶液过量，导致 pH 过大，从而影响实验结果。

【思考题】

（1）实验过程中，加入三氯乙酸有什么作用？

（2）如果未提取到糖原，请分析有可能是什么原因造成的。

（3）糖原水解液与班氏试剂反应的实验现象是什么？试分析其机理。

（4）如果用 20％氢氧化钠溶液中和糖原水解液时，加的氢氧化钠溶液过量，用 pH 试纸检测，结果 pH 为 10～11，随后加入班氏试剂 2 ml，置于沸水浴中加热 5 min，请问会出现什么现象？为什么？

第 17 节

维生素 B_1 的提取与含量测定

维生素 B_1 又名硫胺素，属于水溶性维生素。它在植物性食物中分布极广，谷类种子表皮中含量更为丰富，麦麸、米糠和酵母均为维生素 B_1 的良好来源。

【实验内容】 维生素 B_1 经氧化作用后可产生荧光，故可用荧光分光光度计测定其含量。

【实验目的】 掌握维生素 B_1 的提取和含量测定方法。

【实验原理】 维生素 B_1 易溶于水，故可利用较低浓度的硫酸溶液将其浸提出来，然后对其轻微氧化（如在碱性高铁氰化钾溶液中），即生成黄色而带有蓝色荧光的脱氨维生素 B_1（硫色素、硫胺荧）。溶于正丁醇中的脱氨维生素 B_1 显示深蓝色荧光，在紫外光下更为显著。荧光的强弱与维生素 B_1 含量成正比，此反应非常灵敏，可以测出 $0.01\mu g$ 的维生素 B_1。由于特异性很高，可用来定量测定维生素 B_1。

【材料、试剂与器材】

1. 材料 米糠，$0.2\,mol/L$ 硫酸溶液，15%氢氧化钠溶液，$Na_2S_2O_4$，正丁醇等。

2. 试剂

（1）维生素 B_1 标准储存液（$0.1\,mg/ml$）：取干燥维生素 B_1 100 mg 溶于 $0.01\,mmol/L$ 盐酸中，再用 $0.01\,mol/L$ 的盐酸定容至 $1\,000\,ml$，$4\,℃$ 保存备用。

（2）维生素 B_1 标准应用液（$0.1\mu g/ml$）：用 $0.01\,mol/L$ 的盐酸将维生素 B_1 标准储存液稀释 $1\,000$ 倍，用冰醋酸调 pH 为 4.5（新鲜配制）。

（3）碱性高铁氰化钾溶液：取 1 ml 1%碱性高铁氰化钾溶液，用15%氢氧化钠溶液稀释至 15 ml（新鲜配制，避光保存）。

3. 器材 试管及试管架，漏斗，量筒，移液管与洗耳球，天平，荧光分光光度计。

【实验步骤】

1. 维生素 B_1 的提取 取米糠约1 g，置试管中。加入 $0.2\,mol/L$ 硫酸溶液 5 ml，用力振荡，以提取维生素 B_1。室温放置 10 min 后，用滤纸过滤，取滤液，即为待测样品。

2. 维生素 B_1 的测定 取 4 只试管编号为 1、2、3、4 号。按表 3-7 依次加入各种试剂。

表 3-7　试剂加入步骤

试剂（ml）	1号管	2号管	3号管	4号管
待测样品	5	5	0	0
碱性高铁氰化钾溶液	3	0	3	0
15%NaOH	0	3	0	3
维生素 B_1	0	0	3	3
正丁醇	10	10	10	10

将 1、2、3、4 号管分别加入 10 ml 正丁醇后，剧烈振荡 90 min，使正丁醇与碱性溶液清楚分层。将各管下层的水相吸出，各管有机相中加入 $Na_2S_2O_4$ 固体 1～2 g，摇匀，离心。用荧光分光光度计分别测定各管正丁醇萃取液的光密度。激发波长 575 nm，发射波长 435 nm，狭缝 10 nm，取样量 5 ml。

3. 结果计算

$$维生素 B_1 浓度（\mu g/ml）=(A-B)/(C-D)\times 0.1 \times 25/V$$

式中，A 为样品管的光密度；B 为样品空白管的光密度；C 为标准管的光密度；D 为标准空白管的光密度；V 为样品的体积。

【注意事项】 与蛋白质结合的维生素 B_1 也能形成硫色素，但不能用正丁醇提取。因此，要测定结合形式的硫胺素时，必须先用磷酸酶或硫酸水解，使其从蛋白质中释放出来。

【思考题】

（1）维生素 B_1 与辅酶有何关系？它与哪类代谢有关？

（2）哪些物质中含有丰富的维生素 B_1？维生素 B_1 缺乏症有何症状？

（3）影响荧光测定的关键因素有哪些？如何提高测定的精确度？

第 18 节

酮体的生成与测定

在正常情况下，脂肪分解过程中产生的脂肪酸在心肌、肾脏、骨骼肌等组织中能够被彻底氧化生成二氧化碳和水，提供大量能量。但在肝脏细胞中还可以合成一些中间产物，如乙酰乙酸、β-羟丁酸和丙酮等，这些物质统称为酮体。肝脏是生成酮体的主要器官，肾脏也能少量生成。

酮体是脂肪酸在肝脏中氧化分解时产生的正常中间代谢物，是肝脏输出能源的一种形式。因此，肝脏的生酮作用对于机体增强脂肪酸的分解供能、防止血糖降低具有重要意义。肝脏生成的酮体必须运到肝外组织如心肌、骨骼肌及大脑等部位去利用。生理状态下，酮体的产生和利用处于动态平衡中，血中酮体很少。否则，易引起酮病，导致机体酸碱平衡失调，引发代谢性酸中毒。因此，测定血液中酮体水平的变化具有重要的临床价值。

【实验内容】本实验以正丁酸为底物，与新鲜肝匀浆一起保温，利用肝组织中 β-氧化和合成酮体的全套酶系，催化正丁酸合成酮体。然后利用碘滴定法测定其中的丙酮含量，借以了解肝脏脂肪酸 β-氧化的程度。

【实验目的】

（1）掌握酮体测定方法的原理、操作步骤和注意事项。

（2）了解酮体产生的原因、生理作用及其过量积累的危害。

【实验原理】在肝脏中，脂肪酸 β-氧化过程中产生的乙酰乙酸、β-羟丁酸和丙酮等统称为酮体。酮体的检测通常不需要分别测定这三种成分，而是只测其中的任何一种或总量即可。本实验用正丁酸作为底物，将其与新鲜的肝匀浆一起保温后，再测其中酮体的生成量。

本实验用碘滴定法测定丙酮。在碱性溶液中，碘可将丙酮氧化为碘仿（CHI_3），反应如下：

$$2NaOH + I_2 \rightleftharpoons NaOI + NaI + H_2O$$
$$CH_3COCH_3 + 3NaOI \rightleftharpoons CHI_3 + CH_3COONa + 2NaOH$$

再用硫代硫酸钠（$Na_2S_2O_3$）滴定反应中剩余的碘，就可以计算出所消耗的碘量，进而根据滴定样品与滴定对照所消耗的硫代硫酸钠溶液体积之差，可以计算由丁酸氧化生成丙酮的量。有关的反应式如下：

$$NaOI + NaI + 2HCl \rightleftharpoons I_2 + 2NaCl + H_2O$$
$$I_2 + 2Na_2S_2O_3 \rightleftharpoons Na_2S_4O_6 + 2NaI$$

【材料、试剂及器材】

1. 材料 新鲜动物肝脏。

2. 试剂

（1）0.9%（m/V）的生理盐水。

（2）10％（m/V）氢氧化钠溶液：称取 10 g 氢氧化钠，在烧杯中用少量蒸馏水将之溶解后，定容至 100 ml。

（3）0.1 mol/L 碘溶液：称取 13 g 碘和约 40 g 碘化钾，放置于研钵中。加入少量蒸馏水后，将之研磨至溶解。用蒸馏水定容到 1 000 ml，在棕色瓶中保存。此时可用标准硫代硫酸钠溶液标定其浓度。

（4）0.5 mol/L 正丁酸溶液：取 0.05 mol 正丁酸，用 0.5 mol/L 氢氧化钠溶液 100 ml 溶解即成。

（5）0.1 mol/L 碘酸钾（KIO_3）溶液：称取 0.891 8 g 干燥的碘酸钾，用少量蒸馏水将之溶解，最后定容至 250 ml。

（6）0.1 mol/L 硫代硫酸钠（$Na_2S_2O_3$）溶液：称取 25 g 硫代硫酸钠，将其溶解于适量煮沸的蒸馏水中，并继续煮沸 5 min。冷却后，用冷却的已煮沸过的蒸馏水定容到 1 000 ml。此时即可用 0.1 mol/L 碘酸钾溶液标定其浓度。

硫代硫酸钠溶液的标定：将蒸馏水 25 ml、碘化钾 2 g、碳酸氢钠 0.5 g、10％盐酸溶液 20 ml 加入一支锥形瓶内。另取 0.1 mol/L 碘酸钾溶液 25 ml 加入其中，然后用硫代硫酸钠溶液将之滴定至浅黄色。再加入 0.1％淀粉溶液 2 ml，然后继续用硫代硫酸钠溶液将之滴定至蓝色消退为止。

另设一空白，其中仅以蒸馏水代替碘酸钾，其余操作相同。计算硫代硫酸钠溶液的浓度所依据的反应式如下：

$$5KI + KIO_3 + 6HCl =\!=\!= 3I_2 + 6KCl + 3H_2O$$
$$I_2 + 2 Na_2S_2O_3 =\!=\!= Na_2S_4O_6 + 2NaI$$

（7）10％（m/V）盐酸溶液：取 10 ml 盐酸，用蒸馏水稀释到 100 ml。

（8）0.1％（m/V）淀粉溶液：称取 0.1 g 可溶性淀粉，置于研钵中。加入少量预冷的蒸馏水，将淀粉调成糊状。再慢慢倒入煮沸的蒸馏水 90 ml，搅匀后，再用蒸馏水定容至 100 ml。现配现用。

（9）1/15 mol/L、pH 7.7 磷酸盐缓冲液：

① 1/15 mol/L Na_2HPO_4 溶液（A 液）：称取 $Na_2HPO_4 \cdot 2H_2O$ 1.187 g，将之溶解于 100 ml 蒸馏水中即成。

② 1/15 mol/L KH_2PO_4 溶液（B 液）：称取 KH_2PO_4 0.907 8 g，将之溶解于 100 ml 蒸馏水中即成。

取 A 液 90 ml、B 液 10 ml，将两者混合即可（用酸度计检测 pH）。

（10）20％（m/V）三氯乙酸溶液：称取 20 g 三氯乙酸，在烧杯中用少量的蒸馏水将之溶解，最后定容至 100 ml。

3. 器材 匀浆器（或搅拌机），恒温水浴锅，碘量瓶。

【实验步骤】

1. 肝匀浆的制备

（1）将动物（如鸡、家兔、大鼠或豚鼠等）放血处死，取出肝脏。

（2）用 0.9％生理盐水洗去肝脏上的污血，然后用滤纸吸去表面的水分。

（3）称取 5 g 肝组织，置玻璃皿上剪碎，倒入匀浆器搅碎呈匀浆。再加 0.9％氯化钠溶液至总体积为 10 ml。

2. 酮体的生成

（1）取两个锥形瓶，编号，按表 3 - 8 操作。

表 3 - 8　操作步骤

试剂（ml）	A 瓶	B 瓶
新鲜肝匀浆	—	2
预先煮沸的肝匀浆	2	—
pH 7.7 的磷酸盐缓冲液	3	3
0.5 mol/L 正丁酸溶液	2	2

（2）将加好试剂的两个锥形瓶摇匀，放入 43 ℃恒温水浴锅中保温 40 min 后取出。

（3）于两个锥形瓶分别加入 20% 三氯乙酸溶液 3 ml，摇匀后，于室温放置 10 min。

（4）将锥形瓶中的混合物分别用滤纸在漏斗上过滤，收集无蛋白滤液于事先编号 A、B 的试管中。

3. 酮体的测定

（1）取碘量瓶两个，根据上述编号顺序按表 3 - 9 操作。

表 3 - 9　操作步骤

试剂（ml）	A	B
无蛋白滤液	5	5
0.1 mol/L 碘液	3	3
10%NaOH	3	3

（2）加完试剂后摇匀，将碘量瓶于室温放置 10 min。

（3）于各碘量瓶中分别滴加 10% 盐酸溶液，使各瓶中溶液中和到中性或微酸性（可用 pH 试纸进行检测）。

（4）用 0.02 mol/L 硫代硫酸钠溶液滴定到碘量瓶中的溶液呈浅黄色时，往瓶中滴加数滴 0.1% 淀粉溶液，使瓶中溶液呈蓝色。

（5）继续用 0.02 mol/L 硫代硫酸钠溶液滴定到碘量瓶中溶液的蓝色消退为止。

（6）记录滴定时所用去的硫代硫酸钠溶液的体积（ml）。

4. 结果与计算　根据滴定样品与对照所消耗的硫代硫酸钠溶液体积之差，可以计算由正丁酸氧化生成丙酮的量。

$$实验中所用肝匀浆中生成丙酮的量（mmol）= (A - B) \times C \times 1/6$$

式中，A 为滴定对照所消耗的 0.02 mol/L 硫代硫酸钠溶液的体积（ml）。B 为滴定样品所消耗的 0.02 mol/L 硫代硫酸钠溶液的。C 为硫代硫酸钠溶液的浓度（mol/L）。

【注意事项】

（1）肝匀浆必须新鲜，放置过久则失去氧化脂肪酸能力，不能将正丁酸转化为酮体。

（2）三氯乙酸的作用是使肝匀浆的蛋白质和酶变性，发生沉淀。

（3）碘量瓶的作用是防止碘液挥发，可用有盖锥形瓶代替。

（4）如需测定样品中酮体三种成分的总量，可以用重铬酸钾氧化 β-羟丁酸而成乙酰乙酸，后者与硫酸溶液共热生成丙酮，然后用丙酮测定法进行测定。

【思考题】

（1）动物机体中的酮体是如何产生的？有什么生理功能？

（2）为什么高脂低糖膳食可使肝脏中酮体的生成量增多？大量酮体在体内积聚会产生怎样的后果？

（3）如何测定动物血液中的酮体含量？简单说明该方法的原理。

（4）为什么高产乳牛泌乳初期易患酮病？血中酮体含量的测定有何意义？

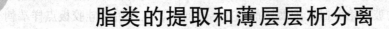

第 19 节

脂类的提取和薄层层析分离

脂类是生物体中的重要组分，具有提供能量、构建生物膜、参与信号转导等广泛的生物学功能。生物体内含有多种脂类成分，主要包括三酰甘油、脂肪酸、胆固醇、磷脂等。从生物组织、细胞中提取这些脂类成分，并进一步用层析（如薄层层析、气相层析）等方法进行定性、定量研究，有助于认识它们在体内的功能。

【实验内容】 主要包括从鸡蛋黄中用有机溶剂萃取主要的脂类成分，再用硅胶 G 薄层层析分离各种脂类组分。

【实验目的】

(1) 掌握硅胶 G 薄层层析的原理以及相关的基本操作技术。

(2) 了解从组织中萃取主要脂类组分的原理和基本过程。

【实验原理】 生物组织中的脂类成分大多与蛋白质结合成疏松的复合物，要将这些脂类提取出来，所用抽提液必须包含亲水性成分并具有形成氢键的能力。氯仿-甲醇 (2∶1，V/V) 混合液就是符合要求的抽提液之一。用该抽提液能获得脂类混合物，可进一步用硅胶 G 薄层层析进行脂类组分的分离。

硅胶 G 薄层层析属于吸附层析，对不同的脂类成分吸附能力不同。本实验采用硅胶 G 为层析的固定相，氯仿、甲醇、乙酸和水的混合溶液为流动相，分离后的脂类成分用碘进行显色。

【材料与试剂】 鸡蛋（或动物的脑组织），冷热两用电吹风，层析缸（可用标本缸代替），喷雾器，玻璃毛细管，硅胶 G（200 目），无水硫酸钠，碘等。

抽提液：氯仿-甲醇（2∶1，V/V）。

展层液：氯仿∶甲醇∶乙酸∶水＝170∶30∶20∶7(V/V)。

【实验步骤】

1. 脂类的提取 称取煮熟的鸡蛋黄（也可用动物的脑组织）1～2 g，于研钵中磨碎，转移到有盖的刻度试管中，加入 5 倍体积（每克鸡蛋黄的体积按 1 ml 计算）的抽提液（氯仿-甲醇），在保持搅匀状态下提取 10 min。然后用滤纸过滤到刻度试管中，并加入 1/2 倍体积的蒸馏水，振荡后静置，溶液分为上、下两层，分别为水相和有机相。吸去上层水相，下层有机相继续同上水洗 3 次，最后在有机相中加入足够量的固体无水硫酸钠，以吸收残留的水分，使溶液呈现透明状态。

2. 硅胶 G 板的准备 称取硅胶 G 粉约 2 g，放在研钵中，加水约 6 ml，研磨均匀，用玻璃棒引流到一块大小约为 5 cm×15 cm 的洁净玻璃板上，抖动玻璃板，使之均匀分散在玻璃板上，然后水平放置，自然干燥后用烘箱在 110 ℃条件下活化 30 min，自然冷却，保存在干燥器中备用。

3. 点样 在烘干活化的硅胶薄层板上，用玻璃毛细管或移液器吸取上述鸡蛋黄提取液约 $10\ \mu l$，在距离底边 2 cm 处点样，可点样 1、2 次，每次点样后可用电吹风吹干。点样直径应小于 3 mm。

4. 展层 层析缸应水平放置，加入深度约为 5 mm 的展层剂。如果层析缸内底不平，可在其中放置一个大的玻璃培养皿，把展层剂加在培养皿中。点样后的硅胶板点样端朝下放入展层剂中，开始展层。每个层析缸可放置多个薄层板。当展层剂前沿距离起点约 10 cm 时，即可取出硅胶板，在上面标记出展层剂的前沿位置，然后用热风吹干。

5. 显色 将干燥的硅胶板斜放在预先放置碘粒的干燥层析缸中，密闭几分钟后，硅胶板上分离的脂类组分被碘蒸气染成黄色斑点。

6. 计算 测量各种脂类组分的迁移距离，计算相对迁移率 R_f：

$$R_f = \frac{被分离物质的斑点中心到点样线的垂直距离}{展层溶剂前沿到点样线的垂直距离}$$

鸡蛋黄中几种脂类组分的 R_f 值大约分别为：三酰甘油（0.93）、胆固醇（0.75～0.76）、脑磷脂（0.65）、卵磷脂（0.35）。脑组织中脂类成分的斑点还要多些。

【注意事项】

（1）称量硅胶 G 粉时，应小心操作，防止吸入粉尘。

（2）由于展层剂中含有机溶剂，因此如条件允许，展层等过程最好在通风橱中进行。

（3）在抽提液中加入固体无水硫酸钠吸收残留水分时，应逐步加入，若加入过量，可采用短时快速离心的方法，获得澄清的抽提液。

（4）脂类组分在硅胶 G 薄层层析时的 R_f 值随层析条件有一定变动。

（5）不同品种鸡的蛋黄中提取的脂类组分可能存在一些差异。

【思考题】

（1）硅胶 G 薄层层析的基本原理是什么？

（2）实验中为什么磷脂的 R_f 值明显小于三酰甘油？

4 第4章

蛋白质（酶）技术

第 20 节

蛋白质提取、纯化与鉴定的一般步骤和方法

蛋白质（包括酶蛋白）是最重要的生物大分子之一，是生命活动特征的体现者。蛋白质结构与功能的研究是生命科学中的核心课题之一，特别是进入后基因组时代，蛋白质的研究更是被提高到一个前所未有的高度。要研究蛋白质的结构与功能，首先必须解决其分离纯化问题，没有足够纯度的蛋白，其结构与功能的研究就无从谈起。然而，蛋白质的分离纯化是一项十分复杂的工作，并且没有固定的程序。

一、蛋白质提取纯化的主要特点

蛋白质分离纯化的基本原理是以其性质为依据的，但各种蛋白质的性质不同，不同生物组织所含蛋白质的种类、含量等也存在差异，因此，蛋白质的提取和纯化过程通常没有固定的技术路线，只能根据目的蛋白的理化性质，如分子质量大小、形状、等电点、热稳定性及其所在的组织等，设计特定的提取纯化技术路线，采用不同的分离纯化和鉴定方法。可以说，任何一种蛋白质提取纯化的技术路线和所用方法的具体条件，都很难完全照搬到其他蛋白质的分离纯化过程中。概括来说，蛋白质的提取纯化具有以下主要特点：

（1）生物材料的组成极其复杂，常常含有数百种乃至几千种化合物，其中不少至今还属于未知化合物。有的蛋白质在分离过程中还在不断地代谢，所以，蛋白质的分离纯化方法差别极大，想找到一种适合各种蛋白质分离制备的通用方法是不可能的。

（2）许多蛋白质在生物材料中的含量极微，只有万分之一，甚至几百万分之一。分离纯化的步骤繁多，流程又长，有的目的产物要经过几十步的操作才能达到所需纯度的要求。例如由脑垂体组织取得某些激素的释放因子，要用几吨甚至几十吨的生物材料，才能提取出几毫克的样品。

（3）许多蛋白质一旦离开了生物体内的环境就极易失活，因此分离过程中如何防止其失活，是蛋白质提取制备的关键环节之一。过酸、过碱、高温、剧烈搅拌、强辐射及本身的自溶等都会使蛋白质变性而失活，所以分离纯化时一定要选用最适宜的环境和条件，如中性、低温等环境条件。

（4）蛋白质的制备几乎都是在溶液中进行的，温度、pH、离子强度等各种参数对溶液中各种组成的综合影响，很难准确估计和判断，因而实验结果常有很大的经验因素。个人的实验技能和经验对实验结果会有较大影响。

二、蛋白质提取纯化的整体思路

（1）确定制备蛋白质的目的和要求，是要进行科研、开发，还是要发现新的蛋白质。不同的实验目的对生物材料的选择，提取纯化方法及工艺的确定等具有重要的影响。

（2）建立相应的可靠的分析测定方法，是制备蛋白质的关键。因为它是整个分离纯化过程的"眼睛"，能在纯化过程中监测目标蛋白及其含量、纯度、活性等指标的变化，从而确定合理的纯化方案。

分析测定的方法包括定性和定量两个方面。蛋白质定性可根据其分子质量、等电点等参数的测定进行初步的判断，并进一步采用蛋白质印迹（western blot）、质谱、活性分析等方法确定。如果分离的是酶，则可简单地采用酶活力分析的方法确定。蛋白质纯化过程中的定量方法主要是测定目标蛋白的含量、纯度等指标，采用的方法主要有高效液相色谱法、光谱法（紫外/可见、红外和荧光等分光光度法）、电泳法、酶标法和放射免疫法等。实际操作中尽可能仪器化，以使分析测定更加快速、简便，简单和快速是蛋白质纯化过程中最主要的分析要求。

（3）通过查阅文献和预备实验，掌握目的蛋白的理化性质和生物学特性，依此初步确定提取纯化方法。

（4）分离纯化方案的探索和选择，这是最困难的过程。首先将目的蛋白用溶液从样品中抽提出来，获得粗提取液。再采用各种纯化方法，将粗提液中的目的蛋白进行纯化，获得单一的蛋白组分并进行鉴定。

蛋白质的分离纯化方法多种多样，主要是利用分子之间的各种差异，如分子的大小、形状、溶解性、极性、电荷以及与其他分子的特异性结合等。各种方法的基本原理基本上可以归纳为两个方面：一是利用混合物中几个组分分配系数的差异，把它们分配到两个或几个相中，如盐析、有机溶剂沉淀、层析和结晶等；二是将混合物置于某一相（大多数是液相）中，通过物理力的作用，使各组分分配于不同的区域，从而达到分离的目的，如电泳、离心、超滤等。目前纯化蛋白质等生物大分子的主要技术是层析、电泳和高速与超速离心。在实际工作中往往要综合运用多种方法，才能制备出高纯度的蛋白质。

（5）蛋白质纯度的鉴定，要求达到单向电泳一条带，双向电泳一个点，或高效液相色谱（HPLC）和毛细管电泳（CE）都是一个峰。某些情况下（如基因工程药物）可能要求测定末端氨基酸的种类。

蛋白质和酶制品纯度鉴定最常用的方法是：SDS-聚丙烯酰胺凝胶电泳和等电聚焦电泳，如能再用 HPLC 和 CE 进行联合鉴定则更为理想，必要时再做 N-末端氨基酸残基的分析鉴定。蛋白质纯度的鉴定最好采用 2～3 种不同原理的纯度鉴定法才能准确确定。

（6）产物的浓缩、干燥和保存。通常采用超滤、冻干等技术对蛋白质进行浓缩和干燥，这样能保持其生物学活性。纯化的蛋白质一般在低温条件下保存。

由于蛋白质的分离和制备是如此的复杂和困难，因而实验方法和流程的设计就必须在充分掌握文献的基础上，多参照前人所做的工作，吸取其经验和精华，探索中的失败和反复往往是不可避免的。另外，纯化蛋白质总是希望纯度和产率都要高。例如纯化某种酶，理想的结果是比活力和总回收率都很高，但实际上两者可能不能兼得，通常在科研上希望比活力尽可能高，而牺牲一些回收率，在工业生产上则更加关注回收率。

三、蛋白质提取纯化的一般步骤和方法

（一）生物材料的选择

制备蛋白质首先要选择适当的生物材料。理想的样品应具有以下特点：①目的蛋白含量丰富；②稳定性好、新鲜、易保存；③经济，具有综合利用价值；④干扰成分少。另外，还应从科研和生产两个方面考虑材料的选择。

从科研工作的角度选材，只需考虑材料符合实验预定的目标要求即可，但应注意动物的年龄、性别、营养状况、遗传背景和生理状态等。动物在饥饿时，脂类和糖类含量相对减少，有利于蛋白质的提取分离。

从工业生产角度选择材料，应选择含量高、来源丰富、制备工艺简单、成本低的原料，但往往这几方面的要求不能同时具备，含量丰富但来源困难，或含量来源较理想，但材料的分离纯化方法繁琐，流程很长，反倒不如含量低些但易于获得纯品的材料。由此可见，必须根据具体情况，抓住主要矛盾决定取舍。

材料选定后要尽可能保持其新鲜，尽快加工处理，如暂不提取，应深度冷冻保存。动物组织要先除去结缔组织、脂肪等非活性部分，绞碎后在适当的溶剂中提取，如果所要求的成分在细胞内，则要先破碎细胞。

（二）细胞的破碎

除了某些细胞外的多肽激素和某些蛋白质、酶以外，细胞内或生物组织中的各种蛋白质的分离纯化，都需要事先将细胞和组织破碎，使蛋白质充分释放到溶液中，并不丢失生物活性。不同的生物体或同一生物体不同部位的组织，其细胞破碎的难易不一，使用的方法也不相同，可以同时采用两种或两种以上的方法。常用的细胞破碎方法有以下几种。

1. 机械法

（1）研磨：将剪碎的动物组织置于研钵或匀浆器中，加入少量石英砂研磨或匀浆，即可将动物细胞破碎，这种方法比较温和，适宜实验室使用。工业生产中可用电磨研磨。细菌和植物组织细胞的破碎也可用此法。

（2）组织捣碎器：这是一种较剧烈的破碎细胞的方法，通常可先用家用食品加工机将组织打碎，然后再用 10 000～20 000 r/min 的内刀式组织捣碎机（即高速分散器）将组织细胞打碎，为了防止温度过高，通常是转 10～20 s，停 10～20 s，可反复多次，样品通常预冷。

2. 物理法

（1）反复冻融法：将待破碎的细胞冷至 -15～-20 ℃，然后放于室温（或 40 ℃）迅速融化，如此反复冻融多次，由于细胞内形成冰粒使剩余胞液的盐浓度增高而引起细胞溶胀破碎。但需要注意的是，反复冻融可能会降低酶的活力。

（2）超声波处理法：此法是借助超声波的振动力破碎细胞壁和细胞器。破碎细菌和酵母菌时，时间要长一些，处理的效果与样品浓度及超声波的频率和时间有关。操作时注意降温，防止过热。

（3）压榨法：这是一种温和的、彻底破碎细胞的方法。在 100～200MPa 的高压下使几

十毫升的细胞悬液通过一个小孔突然释放至常压，细胞将彻底破碎。这是一种较理想的破碎细胞的方法，但仪器价格较高。

3. 化学与生物化学方法

（1）溶胀法：细胞膜为天然的半透膜，在低渗和稀盐溶液中，由于渗透压差，溶剂分子大量进入细胞，将细胞膜胀破释放出细胞内含物。该法可用于红细胞的破碎。

（2）酶解法：利用各种水解酶，如溶菌酶、纤维素酶、蜗牛酶和酯酶等，于 37 ℃、pH 8 的缓冲溶液中处理 15 min，可以专一性地将细胞壁分解，释放出细胞内含物，此法适用于多种微生物。可以与研磨法联合使用。

（3）有机溶剂处理法：利用氯仿、甲苯、丙酮等脂溶性溶剂或 SDS（十二烷基硫酸钠）、Triton X-100 和 NP-40 等表面活性剂处理细胞，可将细胞膜溶解，从而使细胞破裂。此法也可以与研磨法联合使用。

（三）蛋白质的提取——粗提

"提取"常被称为"抽提"，是指利用适当的溶液（称抽提液）将经过预处理或破碎的细胞中的蛋白质溶解到溶剂中的过程，使被分离的蛋白质充分地释放到溶剂中，并尽可能保持原来的天然状态和生物活性。抽提往往与细胞破碎过程结合在一起进行。

抽提液包括盐溶液、缓冲液、稀酸、稀碱、有机溶剂等。常见的抽提缓冲液有磷酸缓冲液、Tris-HCl 缓冲液等。抽提时所选择的条件应有利于目的产物溶解度的增加并保持其生物活性，一般需要在较低的温度下进行。

1. 水溶液提取　蛋白质和酶的提取一般以水溶液为主。水溶液的离子强度（即盐浓度）、pH、温度等对蛋白质的提取影响很大。

稀盐溶液和缓冲液对蛋白质的稳定性有利，蛋白质在其中的溶解度大，是提取蛋白质和酶最常用的溶剂。通常使用 0.02～0.05 mol/L 磷酸盐缓冲液或 0.09～0.15 mol/L NaCl 溶液提取蛋白质。

蛋白质、酶的溶解度及稳定性与溶液 pH 有关。应尽量避免提取液过酸、过碱，一般控制在 pH 6～8，提取液的 pH 应在蛋白质和酶的稳定范围内，通常选择偏离等电点。

为防止目的蛋白的变性和降解，提取具有活性的蛋白质和酶时，一般在 0～5 ℃的低温进行，并加入蛋白酶抑制剂。对于少数对温度稳定的蛋白质和酶，也可采取提高温度使大量杂蛋白变性沉淀的方法提取。

应当注意，为了加快蛋白质的溶解，常采用不断搅拌的方法。但切记应温和搅拌，不宜产生大量泡沫，否则会增大与空气的接触面，引起蛋白质、酶的变性失活。另外，很多蛋白质都含有相当数量的巯基，有些巯基常常是蛋白质活性部位的必需基团，若提取液中有氧化剂或与空气中的氧气接触过多，都会使巯基氧化为二硫键，导致其活性的丧失。在提取液中加入少量巯基乙醇或半胱氨酸有助于防止巯基的氧化。

2. 有机溶剂提取　一些与脂类结合比较牢固或分子中非极性侧链较多的蛋白质和酶难溶于水、稀盐、稀酸或稀碱中，可用不同比例的有机溶剂提取。常用的有机溶剂包括乙醇、丙酮、异丙醇、正丁醇等，这些溶剂可以与水互溶或部分互溶，同时具有亲水性和亲脂性，如正丁醇在 0 ℃时在水中的溶解度为 10.5%，40 ℃时为 6.6%，同时又具有较强的亲脂性。例如动物组织中一些线粒体及微粒上的酶常用正丁醇提取。

有些蛋白质和酶既溶于稀酸、稀碱，又能溶于含有一定比例的有机溶剂的水溶液中，在这种情况下，采用稀的有机溶液提取常常可以防止水解酶的破坏，并兼有除去杂质提高纯化效果的作用。例如，胰岛素可采用6.8%乙醇溶液，并用草酸调溶液的pH为2.5～3.0进行提取。

（四）蛋白质的分离纯化——精制

1. 沉淀分离 沉淀法是蛋白质提取中常用的方法。沉淀是溶液中的溶质由液相变成固相析出的过程。沉淀法操作简便，成本低廉，不仅用于实验室中，也用于某些生产制备过程，是分离纯化生物大分子，特别是制备蛋白质和酶时最常用的方法。通过沉淀，将目的蛋白质转入固相沉淀或留在液相，而与杂质得到初步分离。最常用的几种沉淀方法请参阅第2章的第5节。

2. 利用分子大小和形状不同分离

（1）透析：属于膜分离技术，是利用蛋白质分子大，不能通过半透膜的特点而设计的，主要用于蛋白质溶液的脱盐。亦可用于除去少量有机溶剂、生物小分子杂质和浓缩样品等。透析已成为生物化学实验室最简便、最常用的分离纯化技术之一。

透析只需要专用的半透膜即可完成。通常是将半透膜制成袋状，将蛋白质溶液置入袋内后密封，将此透析袋浸入水或缓冲液中，样品溶液中的蛋白质被截留在袋内，而盐和小分子物质不断扩散透析到袋外，直到袋内外两边的浓度达到平衡。通常是在4℃透析，以保持蛋白质的生物活性。

透析袋的处理与使用：商品透析袋是用人工合成的半透膜制成的管状袋，规格很多，一般以袋的半径表示。商品透析袋常常被重金属盐、蛋白酶及核酸酶污染，为了防止被透析的蛋白质物质失活，最好在碱性 EDTA 溶液（Na_2CO_3 10 g/L，EDTA 1 mmol/L）中煮沸30 min，然后用蒸馏水煮沸洗涤2～3次后使用。为防止污染，经处理的透析袋，只能用清洁镊子或戴上橡皮手套取拿，不能直接用手操作。透析袋最好一次性使用。如需再次使用，应彻底水洗并煮沸后，4℃保存备用，或浸泡在含有微量苯甲酸的溶液里。

使用时，一端用细线绳扎紧或使用特制的透析袋夹夹紧，由另一端灌满水，用手指稍加压，确定不漏，方可装入待透析的蛋白溶液，通常要留1/3～1/2的空间，以防透析过程中，透析的小分子物质含量较大时，袋外的水和缓冲液过量进入袋内将袋胀破。含盐量很高的蛋白质溶液透析过夜时，体积增加50%是正常的。为了加快透析速度，除多次更换透析液外，还可使用磁力搅拌。透析的容器要大一些，可以使用大烧杯、大量筒和塑料桶。检查透析效果的方法是：用1%$BaCl_2$ 检查 SO_4^{2-}，用1%$AgNO_3$ 检查 Cl^- 等。

（2）超滤：为了加快透析过程，目前一般使用专门的超滤装置，通过增加透析过程的压力，加快蛋白质的分离。超滤现已成为一种重要的生化实验技术，广泛用于含有各种小分子溶质的各种生物大分子（如蛋白质、酶、核酸等）的浓缩、分离和纯化，显示出良好的应用前景。通过选择不同孔径的超滤膜，可截留分子质量不同的蛋白质，进行粗分离。但专门的超滤设备使用的膜包价格较贵。详细内容参见第2章第10节和第4章第31节。

（3）密度梯度离心：蛋白质在具有密度梯度的介质中进行离心，最终沉降到与其密度相等的密度区域。常见的介质包括聚蔗糖等。离心技术详细内容请参阅第2章的第6节。

（4）凝胶层析：又称为分子筛层析或凝胶过滤，根据蛋白质分子大小在凝胶中进行分离，分子大的蛋白质无法进入凝胶的网眼，在洗脱过程中先出来，而盐等小分子后出来。常用的凝胶包括交联葡聚糖（如 Sephadex 系列的凝胶）、交联琼脂糖（如 Sepharose 系列的凝胶）等介质。用于脱盐、缓冲液交换、不同大小的蛋白分离等，在蛋白质纯化中应用最为广泛。详见第 2 章的第 7 节。

3. 利用电离性质不同分离

（1）离子交换层析：原理是蛋白质带正电荷或负电荷，能与离子交换剂上的交换基团进行结合。离子交换剂的骨架主要为葡聚糖凝胶或琼脂糖凝胶，连接的交换基团主要包括二乙基氨基乙基（DEAE）、羧甲基（CM）等，二者分别为阴离子交换剂和阳离子交换剂。离子交换层析是蛋白质纯化中最常用的层析技术之一。

（2）制备电泳：一般采用专门的电泳装置，如制备型等电聚焦电泳装置，利用蛋白质的等电点不同对蛋白质进行分离。该法处理的样品量少，仅适于高纯度的微量蛋白质制备。

4. 利用吸附力不同分离　利用蛋白质与吸附剂的吸附力不同进行分离，在蛋白质分离中常用的吸附剂包括羟基磷灰石、硅藻土、人造沸石等。

5. 疏水层析　疏水层析也是近年来蛋白质纯化中常用的方法，其原理是利用连接在葡聚糖凝胶或琼脂糖凝胶上的疏水基团，如苯基、正辛烷基、异丙基等，与疏水性不同的蛋白质分子表面的疏水基团相互作用力不同而实现分离的。

与疏水层析原理相同的层析技术是反相液相色谱，也是基于蛋白质、极性的流动相和非极性的固定相表面的疏水作用力建立的层析方法，只是层析介质表面的疏水性强于疏水层析，疏水基团（即配基）数量多。

6. 亲和层析　亲和层析是利用蛋白质与某些物质（称配基）专一性结合的原理分离蛋白质，如抗原-抗体、酶-抑制剂、激素-受体的特异性结合。常把配基连接在载体（如 Sepharose 4B）上。亲和层析纯化效率高，能从复杂的抽提液中一次获得较高纯度的蛋白质，在蛋白质纯化中应用广泛，常放在多级纯化的后面阶段。常见的配基包括蛋白 A、肝素、凝集素等，用于分离不同的蛋白质。亲和层析是层析技术中效率和特异性最高的，但成本较高。

7. 金属螯合层析　在一些介质（如 Sepharose 4B）上连接亚氨基二乙酸等具有配位能力的分子，这样的介质能螯合 Ni^{2+}、Zn^{2+}、Fe^{2+} 等离子，这些离子的配位键尚未饱和，能与蛋白质等生物分子形成配位键。不同蛋白质与之形成的配位键的强弱不同，从而可进行分离。该方法类似于专一性稍低的亲和层析，例如，Chelating Sepharose FF 可螯合 Ni^{2+}，特别适合分离利用基因工程技术生产的一些带有组氨酸标签（His-tag）的融合蛋白质，目前应用十分广泛。

（五）蛋白质纯化方法的选择

由于各种蛋白质在性质方面存在差异，采用的纯化方法也各不相同，需要通过实验反复摸索才能建立行之有效的纯化技术路线。实际工作中往往需要采用上述两种或多种方法共同才能完成纯化。如体积大的样品适合使用离子交换进行浓缩和粗纯化，以便尽快缩小体积；高盐浓度洗脱样品可以直接上疏水层析分离，在高盐浓度下吸附，低盐洗脱，而洗脱样品则可直接上离子交换等吸附层析。

1. 蛋白质分离纯化方法的分类

（1）以分子大小和形态差异为依据的方法：凝胶过滤、超滤、差速离心、透析等。

（2）以溶解度的差异为依据的方法：盐析、萃取、分配层析、选择性沉淀和结晶等。

（3）以电荷差异为依据的方法：电泳、等电点沉淀、吸附层析和离子交换层析等。

（4）以生物学功能专一性为依据的方法：亲和层析等。

上述各方法的原理、优缺点及应用范围见表 4-1。

表 4-1 主要分离纯化方法的比较

方法	原理	优点	缺点	应用范围
沉淀法	蛋白质的沉淀作用	操作简便、成本低，对蛋白质和酶有保护作用，重复性好	分辨力差，纯化倍数低，沉淀中混有大量盐	蛋白质和酶的分级沉淀
有机溶剂沉淀	脱水作用和降低介电常数	操作简便，分辨力较强	对蛋白质或酶有变性作用	各种生物大分子的分级沉淀
选择性沉淀	等电点、热变性、酸碱变性等	方法简便	分辨力差，纯化倍数低	应用范围较窄
沉淀结晶法	溶解度达到饱和，溶质形成规则晶体	纯化效果较好，可除去微量杂质，方法简单	样品的纯度、浓度都要很高，时间长	蛋白质晶体的制备
吸附层析	化学、物理吸附	操作简便	易受离子干扰	各种大分子的分离、脱色
离子交换层析	离子基团的交换	分辨力高，处理量较大	需酸碱处理，离子交换剂平衡洗脱时间长	各种蛋白质的纯化
凝胶过滤层析	分子筛排阻效应	分辨力较高，不会引起变性	凝胶介质昂贵，处理量有限制	各种蛋白质的纯化、脱盐
分配层析	溶质在固定相和流动相中分配系数的差异	分辨力高，重复性较好，能分离微量物质	影响因子多，上样量太小	少数蛋白的纯化
亲和层析	生物大分子与配体之间有特殊亲和力	分辨力很高	一种配体只能用于一种生物大分子，局限性大，价格昂贵	低丰度蛋白的高效纯化
聚焦层析	等电点和离子交换作用	分辨力高	进口试制昂贵	少数蛋白的纯化
等电聚焦电泳	等电点的差异	分辨力很高，可连续制备	仪器、试剂昂贵	少量高纯度蛋白质的制备
高、超速离心	沉降系数或密度的差异	操作方便，容量大	超速离心机价格昂贵	少数蛋白的纯化
超滤	分子质量大小的差异	操作方便，可连续生产	分辨力低，仅部分纯化	浓缩、脱盐
制备 HPLC	凝胶过滤、离子交换、反向色谱等	分辨力很高，直接制备出纯品	制备型色谱柱和仪器昂贵	小规模、高纯度样品制备

2. 蛋白质在前期和后期分离纯化的策略

（1）前期分离纯化：蛋白质前期粗提取液中成分十分复杂，并且理化性质相近的物质很多，目的蛋白的浓度很低。该阶段对所选方法的要求：①要快速、粗放；②能较大地缩小体积；③分辨力不必太高；④处理容量要大。基于这些要求，可选用的方法包括：吸附、萃取、沉淀法（热变性、盐析、有机溶剂沉淀等）、离子交换等。

（2）后期分离纯化：可选用的方法包括：凝胶过滤、离子交换层析、亲和层析、疏水层析、等电聚焦制备电泳、制备 HPLC 等。

蛋白质分离纯化有诸多细节需要注意：①盐析后要及时脱盐。②用凝胶过滤时设法缩小上样体积，因为凝胶层析柱的上样体积只能是柱床体积的 10% 左右，可以对样品在上样前进行浓缩，或使用串联柱以加大柱床体积。③必要时可重复使用同一种分离纯化方法，例如连续两次凝胶过滤或离子交换层析等。④分离纯化步骤前后要有科学的衔接，尽可能减少工序，提高效率。例如吸附不可以放在盐析之后，以免大量盐离子影响吸附效率；离子交换一般要放在凝胶过滤之前，因为离子交换层析的上样量可以不受限制，只要不超过柱交换容量即可。⑤分离纯化后期，目的产物的纯度和浓度都大大提高，此时很多敏感的酶极易变性失活。因此，纯化的操作步骤要连续、紧凑，尽可能在低温（如在冰上、冷室中）下进行。⑥得到最终纯化的蛋白后，必要时要立即分装、冻干，−20 ℃或−80 ℃保存。

（六）蛋白质的鉴定

目的蛋白质分离纯化过程中和纯化后，都要对每一步的纯化效果和最终的蛋白质产品进行检测，包括定性鉴定和纯度、活性鉴定等内容。

1. 蛋白质的定性鉴定　蛋白质的定性通常作为纯化后的一项重要分析指标，一般比较复杂，方法也有很多种。蛋白质定性不能仅仅根据电泳等方法测定的分子质量、等电点等信息，最直接和可信的方法是对其全部氨基酸序列或 N−末端部分氨基酸序列进行分析，但该法需要蛋白质序列仪等大型分析设备，测定成本高。

目前蛋白质常规的定性方法包括基于抗原-抗体特异性反应的蛋白质印迹，以及基于水解片段比较的肽谱分析（peptide mapping）等。近年来，利用肽质量指纹图谱鉴定蛋白质已成为一种可靠的方法。

2. 蛋白质的纯度鉴定　蛋白质的纯度检测方法很多，主要有电泳、层析等方法。为保证检测结果的可靠性，蛋白质纯度一般至少用两种以上不同原理的分析方法进行检测确认。纯化蛋白的标准：单向电泳一条带，色谱一个峰，双向电泳一个点。

（1）电泳法：各种电泳方法均可用于蛋白质纯度的分析，目前一般采用 SDS−聚丙烯酰胺凝胶电泳、非变性的聚丙烯酰胺凝胶电泳、等电聚焦（IEF）电泳等。电泳后的凝胶经考马斯亮蓝（CBB）染色或银染后，如果呈一条蛋白区带，则达到电泳纯；如有几条区带，可用扫描仪、数码相机等获取图片，并进一步用软件分析各蛋白区带的相对含量，确定目的蛋白的纯度。由于电泳方法简单，不需要大型的仪器设备，所以在实际工作中应用最广泛。

另外，一些新的电泳技术也可用于蛋白质的纯度鉴定，如双向电泳（2D−PAGE）技术，它分辨率非常高，纯化的蛋白质染色后显示一个斑点，但该方法复杂，仪器和试剂昂贵，通常很少用于蛋白质纯度分析。毛细管电泳（CE）技术，是一种微量电泳技术，样品用量少至纳升级，分辨率高，分析速度快，目前应用越来越广泛。毛细管电泳有多种类型，其分离机制不同，分离后的蛋白以类似色谱图的形式被记录下来，根据色谱峰的多少和峰面积确定蛋白质的纯度。但毛细管电泳仪为大型分析设备，价格昂贵。

（2）高效液相层析法：通常称为高效液相色谱（HPLC），是一种高度仪器化的分离手段，能在很高的压力条件下通过色谱柱分离蛋白质。分离的原理与色谱柱的填料有关，常用的包括反相的分离介质如 C18、C8 等，根据蛋白质的疏水性不同进行分离；分子筛填料的 HPLC 则根据蛋白质分子大小进行分离。分离后根据色谱峰的多少和峰面积确定蛋白质的纯度。

3. 蛋白质的活性鉴定　　所有的蛋白质在一条件下都具有生物学活性，这是蛋白质最大的特点。蛋白质分离制备的目的是通常要获得具有活性的目的产品。因此，鉴定蛋白质纯品是否具有生物活性是必需的。分离纯化的程度再高，如果没有活性，产品将毫无意义。

生物活性测定的内容，因蛋白质不同而不同。如果样品是酶，则主要是测定酶的活性反应；如果样品是激素，如猪的生长激素，则给大鼠注射样品后，观察大鼠体重是否增长；如果是细胞色素 C，则需要放入人工呼吸链中观察是否具有传递电子的作用；如果是抗体则要观察与抗原的免疫反应。很显然，蛋白质的生物活性分析可能比较费时费力，并且数值不一定很精确。因为利用实验动物、细胞等检测蛋白质生物活性时，受实验动物的生理条件等因素的影响。

生物学活性的检测，在一些样品中，不仅是最终产品需要鉴定，而且要贯穿在整个分离纯化的过程中，如制备酶时，需要测定分离纯化中每一步的活性及其比活性。比活性是观察酶制备过程中，随着杂蛋白的减少，酶活性的变化。通过比活性可以及时了解到分离制备各阶段酶活性的情况。

（七）纯化蛋白质的保存

蛋白质分离纯化后，往往需要进行大量的后续研究，如组成、结构、性质和功能分析等。因此，需要有可靠的保存方法。蛋白质溶液长时间保存需要 $-80\,^{\circ}\mathrm{C}$ 或更低的温度条件。通常保存蛋白浓度较高的溶液，并进行分装，以减少后续分析时反复冻融处理对蛋白质的影响。另外，也常采用冷冻干燥（freeze dry）技术将蛋白质干燥，便于长期保存。需要注意的是，随着保存条件、时间等因素的变化，蛋白质的生物活性会受到不同程度的影响。

第 21 节

蛋白质定量测定技术

蛋白质定量测定技术是生物化学研究中最常用、最基本的分析技术之一。蛋白质定量测定的方法很多，基本上都是根据蛋白质的物理、化学或生物学特性建立的。目前，常用的方法有：凯氏（Kjeldahl）定氮法、Folin-酚试剂法（又称 Lowry 法）、考马斯亮蓝法（又称 Bradford 法）、紫外吸收法和双缩脲法（又称 Biuret 法）。其中 Lowry 法和 Bradford 法灵敏度最高，比紫外吸收法灵敏 10～20 倍，比 Biuret 法灵敏 100 倍以上。定氮法虽然比较复杂，但较准确，往往以定氮法测定的蛋白质作为其他方法的标准蛋白质。

一、微量凯氏定氮法

蛋白质的元素组成中，氮的含量较为恒定，平均为 16％，即 1 g 氮相当于 6.25 g 蛋白质。而生物样品中非蛋白含氮化合物的量通常较少，故只要从生物样品中测定出总含氮量减去非蛋白含氮量，即可推算出样品中蛋白质的含量。

【实验内容】 本实验通过对样品的消化、蒸馏及滴定，利用微量凯氏定氮法测定样品中蛋白质的含量。

【实验目的】

(1) 熟悉微量凯氏定氮法的原理。

(2) 掌握微量凯氏定氮法的操作技术。

【实验原理】 本法定氮分为三步：消化、蒸馏及滴定。

1. 消化 含氮有机物与浓硫酸共热被氧化分解，其中的碳和氢被氧化成 CO_2 和 H_2O，氮则与硫酸作用生成硫酸铵留在溶液中，这一过程称为消化。反应式如下：

$$含氮有机物 + 浓 H_2SO_4 \longrightarrow (NH_4)_2SO_4 + CO_2 + SO_2 + SO_3 + H_2O$$

为了加速反应进行，常加入少量的硫酸铜与硫酸钾。铜离子因有很强的催化能力，可使氧化作用加快，硫酸钾因能提高硫酸的沸点，使氧化反应速度加快。

2. 蒸馏 消化液中的硫酸铵与浓氢氧化钠作用生成氢氧化铵，加热后得到氨，经蒸馏后氨可收集在过量硼酸中。

$$(NH_4)_2SO_4 + 2NaOH \longrightarrow 2NH_4OH + Na_2SO_4$$

$$NH_4OH \longrightarrow NH_3 + H_2O$$

$$3NH_3 + H_3BO_3 \longrightarrow (NH_4)_3BO_3$$

3. 滴定 以标准酸中和固定于硼酸溶液中的氨，从而计算出样品中的含氮量。

$$(NH_4)BO_3 + 3HCl \longrightarrow 3NH_4Cl + H_3BO_3$$

滴定用溴甲酚绿和甲基红混合指示剂，其指示范围为 pH 4.2～5.4。2％硼酸的 pH 为 4.8，加入混合指示剂后为蓝紫色。吸收氨后，$(NH_4)_3BO_3$ 液为蓝绿色。

计算所得结果为样品总氮量，如欲求得样品中蛋白氮含量，应将总氮量减去非蛋白氮即得。如欲进一步求得样品中蛋白质的含量，用样品中蛋白氮含量乘以6.25即得。

【材料、试剂与器材】

1. 材料 稀释血清（1∶10）；浓硫酸，50%氢氧化钠，10%硫酸铜，硫酸钾粉末，5%三氯乙酸，2%硼酸溶液。

2. 试剂

（1）混合指示剂：0.1%溴甲酚绿乙醇溶液10 ml与0.1%甲基红乙醇溶液4 ml混合。

（2）0.01 mol/L盐酸：应用基准碳酸氢钠进行标定。

3. 器材 凯氏烧瓶，凯氏微量定氮蒸馏装置，酸式滴定管，漏斗，锥形烧瓶等。

【实验步骤】

1. 无蛋白血滤液的制备 取血清0.4 mL于试管中，加5%三氯乙酸溶液9.6 mL，充分摇匀，静置约5 min，2 500 r/min离心10 min。取上清液备用。

2. 消化 取凯氏烧瓶3只，分别标号，按表4-2加入试剂。

表4-2 试剂加入顺序及量

试 剂	空白管	总氮管	NPN 管
稀释血清（ml）	—	1.0	—
无蛋白血滤液（ml）	—	—	5.0
5%三氯乙酸（ml）	—	4.0	—
10%硫酸铜（ml）	0.5	0.5	0.5
硫酸钾（mg）	0.2	0.2	0.2
浓硫酸（ml）	0.1	0.1	0.1

上述各管各加3～4粒玻璃珠，置于电炉上加热（在通风橱中进行）。几分钟后溶液呈黑色，且白烟甚多。此时在凯氏烧瓶上加一漏斗，其内放几粒玻璃珠，继续加热至溶液变为澄清蓝绿色时，继续消化10 min即可。断电冷却至室温后，小心沿瓶内壁加入蒸馏水约2.0 ml，以稀释消化液，避免冷却冻结。

3. 蒸馏

（1）蒸馏器的准备：清洗蒸馏器，一般情况下重复洗涤两次。若蒸馏器内有氨存在，应在加入蒸馏水后，不加样品，先行蒸馏一次后方可使用。

（2）氨的蒸馏：在125 mL锥形烧瓶中，加入2%硼酸10 mL和5滴混合指示剂（呈蓝紫色），然后将烧瓶管口浸于硼酸溶液中。

4. 滴定 用0.010 mol/L盐酸滴定锥形瓶中的溶液，至溶液的颜色由蓝色变为淡蓝紫色为滴定终点，记录盐酸的用量。

5. 计算

$$1\ ml\ 0.010\ mol/L\ HCl \approx 0.14\ mg\ 氮$$

$$总氮量（mg/ml）=（A-B）\times 0.14/血清用量（ml）$$

$$NPN(mg/ml)=（C-B）\times 0.14/血清用量（ml）$$

$$蛋白质含氮量（mg/ml）=总氮量-NPN$$

$$蛋白质含量（mg/ml）＝蛋白质含氮量×6.25$$

式中，A 为滴定总氮管所用 0.010 mol/L 盐酸的体积（ml）；B 为滴定空白管所用 0.010 mol/L 盐酸的体积（ml）；C 为滴定 NPN 管 0.010 mol/L 盐酸的体积（ml）。

【注意事项】

（1）2‰硼酸溶液的 pH 为 4.8，故加混合指示剂后溶液应为蓝紫色。如呈红色，说明硼酸酸性过强，应用 0.1 mol/L 氢氧化钠调到蓝紫色。

（2）消化阶段可用硫酸钾、硫酸氢钾（或钠盐）或磷酸升高沸点；除铜外还可用汞、二氧化硒、亚硒酸铜等作为催化剂。

（3）普通实验室中的空气，常含有少量氨，可影响实验结果，所以操作时应在单独洁净室中进行。

【思考题】

（1）分别写出蛋白质的消化、氨的蒸馏、氨的吸收、氨的测定等步骤涉及的化学反应式。

（2）消化时加硫酸钾-硫酸铜混合物的作用是什么？

二、双缩脲法

蛋白质分子是由氨基酸通过肽键相连而成的多肽链。具有两个或两个以上肽键的化合物都具有双缩脲反应，即在碱性条件下与 Cu^{2+} 结合成复杂的紫红色化合物。双缩脲法（Biuret 法）就是利用蛋白质分子中肽键与双缩脲试剂发生反应产生颜色，通过比色法测定其光密度值，然后用比较法或标准曲线法求出待测蛋白质的含量。

【实验内容】 实验借助于蛋白质分子中肽键与双缩脲试剂特殊的颜色反应，通过分光光度计测定待测蛋白质在 540 nm 处的光密度值，以已知标准蛋白质的光密度值为纵坐标，标准蛋白质浓度为横坐标制作浓度-光密度标准曲线，利用标准曲线法求出待测蛋白质含量。

【实验目的】

（1）了解比色法测定蛋白质含量的基本原理。

（2）掌握可见分光光度计的使用、标准曲线的制作和有关计算。

（3）熟悉双缩脲法测定蛋白质含量的原理和方法。

【实验原理】

双缩脲（$NH_3CONHCONH_3$）是两个分子脲经 180 ℃左右加热，放出一个分子氨后得到的产物。在强碱性溶液中，双缩脲与硫酸铜形成紫色络合物，称为双缩脲反应。凡具有两个酰胺基或两个以上肽键的化合物都能发生双缩脲反应。

紫色络合物颜色的深浅与蛋白质含量成正比，而与蛋白质分子质量及氨基酸成分无关，故可用来测定蛋白质含量。本法测定范围为 1～10 mg/ml。最常用于快速但并不十分精确的测定。干扰这一测定方法的物质主要有：硫酸铵、Tris 缓冲液和某些氨基酸等。

【试剂与器材】

1. 试剂

（1）标准蛋白质溶液：用标准的牛血清白蛋白（BSA）或标准酪蛋白，配制成 5 mg/ml 的标准蛋白质溶液，可根据浓度为 1 mg/ml BSA 的 OD_{280} 为 0.66 来校正其纯度。如有需要，标准蛋白质还可预先用微量凯氏定氮法测定蛋白氮含量，计算出其纯度，再根据其纯度，称量配制成标准蛋白质溶液。牛血清白蛋白用水或 0.9% 氯化钠配制，酪蛋白用 0.05 mol/L 氢氧化钠配制。

（2）双缩脲试剂：1.5 g 硫酸铜（$CuSO_4 \cdot 5H_2O$）和 6.0 g 酒石酸钾钠（$KNaC_4H_4O_6 \cdot 4H_2O$）溶于 500 ml 水中，在搅拌下加入 300 ml 10% 的 NaOH 溶液，用水稀释到 1 000 ml，储存于塑料瓶中（或内壁涂以石蜡的瓶中）。此试剂可长期保存。若储存瓶中有黑色沉淀出现，则需要重新配制。

（3）被测蛋白质溶液：可用稀释血清、卵蛋白等配制，含量在 0.5～5 mg/ml 范围内。

2. 器材 可见光分光光度计、大试管 15 支、旋涡混合器、移液管等。

【实验步骤】

1. 标准曲线的测定 取 12 支试管分两组（编号为 0～6），按表 4-3 加入试剂，即得到不同浓度的标准溶液。

表 4-3 试剂加入顺序及量

试剂	0	1	2	3	4	5
标准蛋白液（ml）	0	0.4	0.8	1.2	1.6	2.0
双蒸水（ml）	2.0	1.6	1.2	0.8	0.4	0
双缩脲试剂（ml）	4.0	4.0	4.0	4.0	4.0	4.0
蛋白质浓度（mg/ml）						
充分摇匀后，室温（20～25 ℃）下放置 30 min						
$OD_{540\,nm}$						

以 0 号管作为空白对照管，于 540 nm 处进行比色测定。取两组测定结果的平均值，以蛋白质的浓度为横坐标，光密度值为纵坐标绘制浓度-光密度标准曲线。

2. 样品的测定 取未知浓度的蛋白质溶液 1 ml 加入试管内，再加入双缩脲试剂 4 ml，用上述同样的方法测定，然后对照标准曲线求得未知溶液蛋白质的浓度。注意样品浓度不要超过 10 mg/ml。

【注意事项】

（1）本实验方法测定浓度范围为 1～10 mg/ml；必须于显色后 30 min 内比色测定。

（2）有大量脂肪存在时可产生混浊，应用石油醚使溶液澄清后离心，取上清液再测定。

【思考题】

（1）干扰本实验的因素有哪些？

（2）作为标准蛋白质的牛血清白蛋白或酪蛋白在应用时有何要求？

三、Folin-酚法

Folin-酚法（Lowry 法）最早由 Lowry 建立，是在双缩脲反应的基础上发展起来的最灵敏的测定蛋白质含量的方法之一。其显色原理与双缩脲方法相同，只是加入了第二种试剂，即 Folin-酚试剂，以增加显色量，从而提高了检测蛋白质的灵敏度。本方法的优点是灵敏度高，比双缩脲法灵敏 100 倍。本方法是目前教学、科研中常用的蛋白质含量测定方法。

【实验内容】本实验用 Folin-酚试剂和未知蛋白质反应产生蓝色反应，通过分光光度计测定其在 700 nm 处的光密度值，以已知标准蛋白质的光密度值为纵坐标，已知标准蛋白质浓度为横坐标制作浓度-光密度标准曲线，利用该标准曲线求出待测溶液的蛋白质含量。

【实验目的】

（1）学习 Folin-酚法测定蛋白质含量的原理和方法。

（2）熟练掌握分光光度计的使用原理、操作方法和注意事项。

【实验原理】 Folin-酚法所用的试剂由两部分组成。试剂甲相当于双缩脲试剂，在碱性条件下，可与蛋白质中的肽键起显色反应，并使肽键展开，使其中的酪氨酸和色氨酸等残基充分暴露出来。试剂乙（磷钼钨酸）在碱性条件下极不稳定，其中磷钼酸盐-磷钨酸盐易被蛋白质中的酪氨酸和色氨酸残基及酚类化合物还原，生成钼蓝和钨蓝的混合物而显深蓝色。在一定的条件下，蓝色的深浅与蛋白质的含量成正比。

本法的缺点是不同蛋白质中酪氨酸、色氨酸含量不同，生色强度也不同，因此需使用同种蛋白质标准，并且干扰双缩脲反应的离子同样干扰此反应。酚类、巯基类化合物对此法也有干扰。

【材料、试剂与器材】

1. 材料 稀释血清、酪蛋白、卵蛋白等，含量在 $20\sim25\ \mu g/ml$ 范围内。

2. 试剂

（1）Folin-酚试剂：

试剂甲（0.55 mol/L Na_2CO_3）：称取 58.3 g 无水碳酸钠，溶解并定容到 1 000 ml。

试剂乙：在 1.5 L 容积的磨口回流瓶中，加入 100 g 钨酸钠（$Na_2WO_4 \cdot 22H_2O$），25.0 g 钼酸钠（$Na_2MoO_4 \cdot 2H_2O$），700 ml 双蒸水，50 ml 85％磷酸，100 ml 浓盐酸，充分混合后回流 10 h。回流完毕，加入 150.0 g 硫酸锂、50 ml 双蒸水及数滴溴，继续开口沸腾 15 min 以去除过量的溴。冷却并稀释到 1 000 ml，过滤（滤液呈绿色），置棕色瓶保存。（使用时以酚酞为指示剂，用标准氢氧化钠滴定，稀释使其为 1.0 mol/L 的酸）。

（2）标准蛋白质溶液（250 $\mu g/ml$）：精确称取牛血清白蛋白或 γ 球蛋白，溶于蒸馏水，浓度为 250 $\mu g/ml$ 左右。牛血清白蛋白溶于水若混浊，可改用 0.9％氯化钠溶液。或用酪蛋白，以 0.1 mol/L 氢氧化钠溶液溶解，加蒸馏水，配制成 250 $\mu g/ml$ 的溶液。

3. 器材 可见光分光光度计、旋涡混合器、秒表、移液管、试管 16 支等。

【实验步骤】

1. 标准曲线的测定 取 20 支大试管，编号，试管分成两组，按表 4-4 加入试剂。

表 4-4　试剂加入顺序及量

试剂	1	2	3	4	5	6	7	8	9	10
标准蛋白质（ml）	0	0.1	0.2	0.4	0.6	0.8	1.0			
未知蛋白质（ml）								0.2	0.4	0.6
双蒸水（ml）	1.0	0.9	0.8	0.6	0.4	0.2	0	0.8	0.6	0.4
试剂甲（ml）	5.0	5.0	5.0	5.0	5.0	5.0	5.0	5.0	5.0	5.0
旋涡混合器上迅速混合，室温（20～25 ℃）放置 10 min										
试剂乙（ml）	0.5	0.5	0.5	0.5	0.5	0.5	0.5	0.5	0.5	0.5
立即混匀，室温下放置 30 min										
$OD_{700\ nm}$										

以未加蛋白质溶液的 0 号试管作为空白对照，于 700 nm 处测定各管中溶液的光密度值。以已知标准蛋白质的含量为横坐标，所对应光密度值为纵坐标，绘制出标准曲线。

2. 样品的测定 取 1 ml 样品溶液（其中含蛋白质 20～250 μg），按上述方法进行操作，取 1 ml 蒸馏水代替样品作为空白对照。通常样品的测定也可与标准曲线的测定放在一起，同时进行。即在标准曲线测定的各试管后面，再增加 3 个试管，如表 4 - 4 中的 8、9、10 号试管。

根据所测样品的光密度值，在标准曲线上查出相应的蛋白质量，从而计算出样品溶液的蛋白质含量。

【注意事项】

（1）本法反应的显色随时间不断加深，因此各项操作必须精确控制时间，即第 1 支试管加入 5 ml 试剂甲后，开始计时，1 min 后，第 2 支试管加入 5 ml 试剂甲，2 min 后加第 3 支试管，以此类推。全部试管加完试剂甲后若已超过 10 min，则第 1 支试管可立即加入 0.5 ml 试剂乙，1 min 后第 2 支试管加入 0.5 ml 试剂乙，2 min 后加第 3 支试管，以此类推。待最后一支试管加完试剂后，再放置 30 min，然后开始测定光密度，每分钟测一个样品。

（2）Folin -酚试剂仅在酸性条件下稳定，但上述还原反应在 pH＝10 的条件下发生，故当 Folin -酚试剂加到碱性的铜-蛋白质溶液中时，必须立即混匀，以便在磷钼酸-磷钨酸试剂被破坏之前，还原反应即可发生。

【思考题】

（1）Folin -酚法测定蛋白质含量的原理是什么？为什么优于双缩脲法？

（2）有哪些因素可干扰 Folin -酚法测定蛋白质含量？

（3）Folin -酚法测定蛋白质含量的操作中主要需注意什么？

四、考马斯亮蓝法

由 Bradford 在 1976 年建立的考马斯亮蓝法（Bradford 法），是根据蛋白质与染料相结合的原理设计的。这种蛋白质测定法具有超过其他几种方法的突出优点，是目前灵敏度最高的蛋白质测定法。另外，本方法受蛋白质影响的特异性较小，除组氨酸外，其他不同种类的蛋白质的染色强度差别不大。此法所用样品不能回收，不适合需回收样品蛋白的含量测定。但此法所用样品量较少，在生产和科研中仍然较多使用。

【实验内容】 实验通过在相同条件下蛋白质与染料相结合产生颜色，测定不同浓度的已知蛋白质 $OD_{595\,nm}$ 值制作标准曲线，通过该标准曲线查出未知样品的蛋白质含量或通过回归方程求得蛋白含量。

【实验目的】 掌握考马斯亮蓝染色法测定蛋白质浓度的基本原理、操作方法和注意事项。

【实验原理】 考马斯亮蓝 G - 250 染料在酸性溶液中与蛋白质通过范德华力结合，使染料的最大吸收峰的位置（λ_{max}）由 455 nm 变为 595 nm，溶液的颜色也由棕黑色变为蓝色。在一定蛋白质浓度范围内，蛋白质的颜色符合比尔定律，2～5 min 内即呈现最大吸收，与蛋白质浓度成正比。

干扰此法测定的主要物质有：去污剂、Triton X - 100、十二烷基硫酸钠（SDS）和

0.1 mol/L 的氢氧化钠。

【试剂与器材】

1. 试剂

（1）标准蛋白质溶液：用 γ 球蛋白或牛血清白蛋白（BSA），配制成 1.0 μg/ml 标准蛋白质溶液。

（2）考马斯亮蓝 G-250 染料试剂：称取 100 mg 考马斯亮蓝 G-250，溶于 50 ml 95% 乙醇后，再加入 100 ml 85% 磷酸，将溶液用水稀释至 1 000 ml。

2. 器材 可见光分光光度计、旋涡混合器、移液管或可调移液枪、试管等。

【实验步骤】

1. 蛋白质标准曲线的制作 按下表 4-5 加入各种试剂。

表 4-5 试剂加入顺序及量

试剂	空白	1	2	3	4	5	6	7	8	9	10
标准蛋白质（μl）	0	10	20	30	40	50	60	70	80	90	100
双蒸水（μl）	100	90	80	70	60	50	40	30	20	10	0
蛋白质显色剂（ml）	5	5	5	5	5	5	5	5	5	5	5
混匀，2 min 后测定											
$OD_{595 nm}$											

分别以 $OD_{595 nm}$ 为纵坐标，标准蛋白质浓度为横坐标制作标准曲线。

2. 未知样品的测定 取适当 10 倍稀释血清，按上法测 $OD_{595 nm}$ 值，对照蛋白质浓度标准曲线，即可查出未知样品的蛋白质含量或通过回归方程求得蛋白质含量。

【注意事项】

（1）由于各种蛋白质中的精氨酸和芳香族氨基酸的含量不同，因此 Bradford 法用于不同蛋白质测定时有较大的偏差，在制作标准曲线时通常选用 γ 球蛋白质为标准蛋白质，以减少这方面的偏差。

（2）不可使用石英比色皿（因不易洗去颜色），可用塑料或玻璃比色皿，使用后立即用少量 95% 乙醇荡洗，以洗去颜色。

【思考题】 染色法测定蛋白质的含量有哪些优缺点？

五、紫外分光光度法

各种氨基酸在可见光区都没有光吸收。在紫外光区，芳香族氨基酸在 280 nm 处有最大吸收峰（色氨酸、酪氨酸、苯丙氨酸的最大吸收波长分别为 279 nm、278 nm、259 nm）。因为蛋白质是由氨基酸所组成的，故可利用紫外吸收法测定蛋白质含量。紫外吸收法简便、灵敏、快速，不消耗样品，测定后仍能回收使用。低浓度的盐，例如生化制备中常用的 $(NH_4)_2SO_4$ 等和大多数缓冲液不干扰测定。特别适用于柱层析洗脱液的快速连续检测，因为此时只需测定蛋白质浓度的变化，而不需知道其绝对值。

【实验内容】利用紫外吸收法测定蛋白质含量。

【实验目的】

（1）学习紫外吸收法测定蛋白质含量的原理。

（2）了解紫外分光光度计的构造原理、使用及维护方法。

【实验原理】蛋白质分子中，酪氨酸、苯丙氨酸和色氨酸残基的苯环含有共轭双键，使蛋白质具有吸收紫外光的性质，吸收高峰在 280 nm 处。在该波长附近，光密度值与蛋白质含量（0.1～1.0 mg/ml）成正比。根据这一特性，可以进行蛋白质含量的测定。

【材料与器材】待测蛋白质溶液，紫外分光光度计等。

【实验步骤】

1. 280 nm 光密度法 因蛋白质分子中的酪氨酸、苯丙氨酸和色氨酸在 280 nm 处具有最大吸收，且各种蛋白质的这三种氨基酸的含量差别不大，因此测定蛋白质溶液在 280 nm 处的光密度值是最常用的紫外吸收法。

测定时，将待测蛋白质溶液倒入石英比色皿中，用配制蛋白质溶液的溶剂（水或缓冲液）作为空白对照，在紫外分光度计上直接读取光密度值 $OD_{280\,nm}$。蛋白质浓度可控制在 0.1～1.0 mg/ml。通常用 1 cm 光径的标准石英比色皿，盛有浓度为 1 mg/ml 的蛋白质溶液时，$OD_{280\,nm}$ 约为 1.0。由此可立即计算出蛋白质的大致浓度。

许多蛋白质在一定浓度和一定波长下的光密度值有文献数据可查，根据此光密度值可以较准确地计算蛋白质浓度。下式列出了蛋白质浓度与 $OD_{1\,cm}^{1\%}$ 值（即蛋白质溶液浓度为 1 mg/100 ml 光径为 1 cm 时的光密度值）的关系。$OD_{1\,cm,\lambda}^{1\%}$ 称为百分吸收系数或比吸收系数。

$$蛋白质浓度（mg/ml）=（OD_{280\,nm}×10）/OD_{1\,cm,280\,nm}^{1\%}$$

如牛血清白蛋白的 $OD_{1\,cm,280\,nm}^{1\%}=6.3$；溶菌酶的 $OD_{1\,cm,280\,nm}^{1\%}=22.8$。

若查不到待测蛋白质的 $OD_{1\,cm,280\,nm}^{1\%}$ 值，则可选用一种与待测蛋白质的酪氨酸和色氨酸含量相近的蛋白质作为标准蛋白质，用标准曲线法进行测定。标准蛋白质溶液配制的浓度为 1.0 mg/ml。常用的标准蛋白质为牛血清白蛋白（BSA）。

标准曲线的测定：取 6 支试管，按表 4-6 编号并加入试剂。

表 4-6　试剂加入顺序及量

试剂	1	2	3	4	5	6
1.0 mg/ml BSA(ml)	0	1.0	2.0	3.0	4.0	5.0
H_2O(ml)	5.0	4.0	3.0	2.0	1.0	0
$OD_{280\,nm}$						

用 1 号管作为空白对照，各管溶液混匀后在紫外分光光度计上测定 $OD_{280\,nm}$，以 $OD_{280\,nm}$ 为纵坐标，各管的蛋白质浓度或蛋白质量（mg）为横坐标作图，标准曲线应为直线。利用此标准曲线，根据测出的未知样品的 $OD_{280\,nm}$ 值，即可查出未知样品的蛋白质含量；也可以用 2 至 6 管的 $OD_{280\,nm}$ 值与相应的试管中的蛋白质浓度计算出该蛋白质的 $OD_{1\,cm,280\,nm}^{1\%}$。

2. 280 nm 和 260 nm 吸收差法 核酸对紫外光有很强的吸收，在 280 nm 处的吸收比蛋白质强 10 倍（每克），但核酸在 260 nm 处的吸收更强，其吸收高峰在 260 nm 附近。核酸 260 nm 处的消光系数是 280 nm 处的 2 倍，而蛋白质则相反，280 nm 的吸收值大于 260 nm

的吸收值。通常，纯蛋白质的光密度比值：$OD_{280\,nm}/OD_{260\,nm} \approx 1.8$；纯核酸的光密度比值：$OD_{280\,nm}/OD_{260\,nm} \approx 0.5$。

含有核酸的蛋白质溶液，可分别测定其 $OD_{280\,nm}$ 和 $OD_{260\,nm}$，由此光密度值，用下面的经验公式，即可算出蛋白质的浓度。

$$蛋白质浓度（mg/ml）=1.45 \times OD_{280\,nm}-0.74 \times OD_{260\,nm}$$

此经验公式是通过一系列已知不同浓度比例的蛋白质（酵母烯醇化酶）和核酸（酵母核酸）的混合液所测定的数据建立起来的。

【注意事项】此法的特点是测定蛋白质含量的准确度较差，干扰物质多，在用标准曲线法测定蛋白质含量时，对那些与标准蛋白质中酪氨酸和色氨酸含量差异大的蛋白质，有一定的误差。故该法适于用测定与标准蛋白质氨基酸组成相似的蛋白质。若样品中含有嘌呤、嘧啶及核酸等吸收紫外光的物质，会出现较大的干扰。核酸的干扰可以通过查校正表，再进行计算的方法，加以适当的校正。但是因为不同的蛋白质和核酸的紫外吸收是不相同的，虽然经过校正，测定的结果还是存在一定的误差。

此外，进行紫外吸收法测定时，由于蛋白质吸收高峰常因 pH 的改变而有变化，因此要注意溶液的 pH，测定样品时的 pH 要与测定标准曲线的 pH 相一致。

【思考题】本法与其他测定蛋白质含量法相比有哪些优缺点？

第 22 节

唾液淀粉酶活性的观察

酶是一种具有高效性和特异性的生物催化剂，大多数酶的化学本质为蛋白质。动物体内的化学反应都是在酶催化下完成的。在一定条件下，酶促化学反应的速度由酶活性的大小决定。影响酶活性的因素是多方面的，如温度、pH 及某些化学物质（激活剂和抑制剂）等。这些因素的改变都会影响酶的催化活性，甚至可以使酶因变性而丧失活性。酶活性异常会影响代谢，引起疾病。因此，认识酶的性质及影响酶催化活性的因素是十分重要的。

【实验内容】本实验用唾液淀粉酶为材料来观察底物淀粉在酶作用下的变化，说明酶具有高效性和特异性，以及温度、pH 及某些化学物质（激活剂和抑制剂）等对酶催化活性的影响。

【实验目的】

(1) 掌握酶的催化活性，酶的高效性和特异性。

(2) 了解各种因素（如温度、pH 及一些化学物质等）对酶活性的影响。

【实验原理】

1. 酶活性的观察 在一定条件下，酶促化学反应进行的能力，称为酶活性（酶活力）。酶活性通常是通过测定酶促化学反应的底物或产物的变化来进行观察的。

本实验用唾液淀粉酶为材料来观察酶活性受理化因素影响的情况。唾液中含有唾液淀粉酶，唾液淀粉酶的底物是淀粉。淀粉在该酶的催化作用下会水解，随着时间的延长水解程度不同，从而得到各种糊精乃至麦芽糖、少量葡萄糖等水解产物。利用碘液能指示淀粉的水解程度，淀粉遇碘可呈蓝色、遇糊精呈暗褐色与红色，而麦芽糖与葡萄糖遇碘则不呈颜色反应，如下图所示：

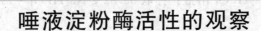

加碘后：淀粉 ——淀粉酶——→ 糊精 ——淀粉酶——→ 麦芽糖＋少量葡萄糖
（蓝色）（紫红色、暗褐色或红色等）　（棕黄色，碘本身颜色）

2. 各种因素对酶活性的影响 影响酶活性的因素是多方面的，如温度、pH 及某些化学物质等都会影响酶的催化活性。在一定条件下，能使酶活性达到最高的温度，称为酶的最适温度，而能使酶活性达到最高的 pH 称为酶的最适 pH。例如，唾液淀粉酶的最适温度是37 ℃，而其最适 pH 是 6.8。能增高酶活性的物质称为酶的激活剂，能降低酶活性却又不使酶变性的物质称为酶的抑制剂。凡能使蛋白质变性的因素都可以使酶因变性而丧失活性。

【试剂与器材】

1. 试剂

(1) 0.5%（m/V）淀粉溶液：称取 0.5 g 可溶性淀粉，加少量预冷的蒸馏水，在研钵中调成糊状，再徐徐倒入约 90 ml 沸水，同时不断搅拌，最后加水定容为 100 ml 即成。要求新鲜配制。

（2）稀碘溶液：称取 1.2 g I₂、2 g KI，加少量蒸馏水溶解后，再加蒸馏水至 200 ml。保存于棕色瓶中，用前 5 倍稀释。

（3）不同 pH 缓冲溶液：

A 液：0.2 mol/L Na₂HPO₄ 溶液：称取 35.62 g Na₂HPO₄·12H₂O，将其溶于蒸馏水后定容至 1 000 ml。

B 液：0.1 mol/L 柠檬酸溶液：称取 19.212 g 无水柠檬酸，将其溶于蒸馏水后定容至 1 000 ml。

① pH 5.0 缓冲液：取 A 液 10.30 ml、B 液 9.70 ml 混合而成。

② pH 6.8 缓冲液：取 A 液 14.55 ml、B 液 5.45 ml 混合而成。

③ pH 8.0 缓冲液：取 A 液 19.45 ml、B 液 0.55 ml 混合而成。

配好缓冲液后应用酸度计验证。

（4）0.5%（m/V）蔗糖溶液：称取蔗糖 0.5 g，将之溶于蒸馏水后定容至 100 ml。

（5）班氏试剂：

A 液：称取无水 CuSO₄ 17.4 g，将之溶于 100 ml 预热的蒸馏水中，冷却后用蒸馏水稀释至 150 ml。

B 液：称取柠檬酸钠 173 g、Na₂CO₃ 100 g，再加蒸馏水 600 ml，加热溶解后冷却，用蒸馏水稀释至 850 ml。

将 A 液与 B 液混合即得班氏试剂。

（6）1%（m/V）NaCl 溶液：称取 NaCl 1 g，将之溶解后用蒸馏水稀释至 100 ml。

（7）1%（m/V）CuSO₄ 溶液：称取无水 CuSO₄ 1 g，将之溶解后用蒸馏水稀释至 100 ml。

2. 器材　白瓷板（或比色板）、恒温水浴锅、电炉等。

【实验步骤】

1. 唾液淀粉酶的采集

（1）每人取一个干净的饮水杯，装上蒸馏水。

（2）先用蒸馏水漱口，将口腔内的食物残渣清除干净。

（3）口含约 20 ml 蒸馏水，做咀嚼动作 1～2 min，以分泌较多的唾液。然后将口腔中的唾液吐入一个干净的小烧杯中。

（4）由于每人的唾液淀粉酶活性不同，可对以上唾液适当稀释。

2. 温度对酶活性的影响

（1）取 3 支试管，按表 4-7 进行实验。

表 4-7　操作步骤

试剂	1	2	3
0.5%淀粉（ml）	5	5	5
pH 6.8 缓冲液（ml）	0.5	0.5	0.5
稀释唾液（ml）	0.5	0.5	0.5
不同温度（℃）	置冰水浴中	置 37 ℃水浴中	置沸水浴中

将各管中的试剂加好后混匀，然后及时在上述温度下分别进行处理。

（2）在干净的比色板上，于各孔中分别滴加 2 滴碘液。

（3）每隔 1 min 从第 2 支试管中取反应液 1 滴，与比色板孔中的碘液混合，观察颜色的变化。

（4）待第 2 支试管中的反应液与比色板孔中的碘液混合后颜色不再变化时，取出试管。并将在沸水浴中处理的试管用冷水冷却，然后向各试管中滴加碘液 1～3 滴。

（5）摇匀后观察并记录各管颜色，比较各管中淀粉水解的程度，说明温度对酶活性的影响。

3. pH 对酶活性的影响

（1）取 3 支试管，按表 4-8 编号后进行实验。

表 4-8 操作步骤

试剂	1	2	3
0.5%淀粉（ml）	2	2	2
pH 5.0 缓冲液（ml）	2	—	—
pH 6.8 缓冲液（ml）	—	2	—
pH 8.0 缓冲液（ml）	—	—	2
稀释唾液（滴）	10	10	10

摇匀后，将各管置于 37 ℃水浴中处理。

（2）每隔 1 min 从 pH 6.8 的试管中取出 1 滴反应液滴于白瓷板上，随后滴加稀碘液 1 滴于此滴反应液中，观察其颜色变化。

（3）待颜色呈棕色时，向各管中加稀碘液 1～3 滴。观察各管颜色，比较各管中淀粉水解的程度，解释不同 pH 对酶活性的影响。

4. 酶反应的特异性

（1）取 2 支试管，按表 4-9 编号后进行实验。

表 4-9 操作步骤

试剂	1	2
0.5%淀粉（ml）	2	—
0.5%蔗糖（ml）	—	2
稀释唾液（ml）	1	1

（2）摇匀后，将各管置于 37 ℃水浴中放置 10 min。

（3）取出试管，分别加入班氏试剂 2 ml，混匀。

（4）将各管置于沸水浴中煮沸 2～5 min，观察并解释结果。

5. 激活剂与抑制剂对酶作用的影响

（1）取 3 支试管，按表 4-10 编号后进行实验。

表 4-10 操作步骤

试剂	1	2	3
0.5%淀粉（ml）	3	3	3
pH 6.8 缓冲液（ml）	0.5	0.5	0.5
1% NaCl 溶液（ml）	—	1	—
1% CuSO$_4$ 溶液（ml）	—	—	1
蒸馏水（ml）	1	—	—
稀释唾液（ml）	1	1	1

（2）将各管摇匀后，一起置 37 ℃水浴中保温。

（3）每隔 1 min 从第 1 支试管中取出 1 滴反应液滴于白瓷板上，随后滴加稀碘液 1 滴于此反应液中，观察其颜色变化。

（4）待加碘后颜色呈棕色时，取出 3 支试管，分别加入稀碘液 1～3 滴。观察、比较各管颜色的深浅，并解释之。

【注意事项】

（1）在采集唾液淀粉酶时，如其中可见物太多，可用纱布或滤纸过滤一下，收集滤液使用。

（2）为确保实验的效果，在加入试剂时宜在冰浴条件下进行，尤其是气温较高的南方地区要注意。

（3）加唾液时应从第 1 管开始依次进行，前后管之间相隔时间为 5～7 s。

【思考题】

（1）用实验结果说明酶的高效性和特异性。

（2）什么是酶活性（酶活力）？酶活力单位是如何规定的？

（3）用实验结果说明影响酶活性的因素有哪些？

（4）在温度对酶活性影响实验，沸水浴中处理的试管为什么要先用冷水冷却后，再滴加碘液？

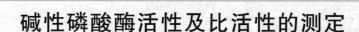

第 23 节

碱性磷酸酶活性及比活性的测定

碱性磷酸酶特异性低，在碱性环境中能水解很多磷酸单酯化合物，因此可用于测定的底物很多，历史上曾用过的不下十余种。目前国际上公认磷酸对硝基酚（4-NPP）的效果较好，酶作用产生的硝基酚本身为黄色，可在波长 400～410 nm 处直接检测，特别适用于连续检测法，结果准确迅速。国内仍广泛应用的是以磷酸苯酯二钠（简称磷酸苯二钠）为底物的金氏比色法，本实验就采用该方法。

【实验内容】以磷酸苯二钠为底物，经碱性磷酸酶分解生成磷酸和酚，从而间接测定碱性磷酸酶的活性。

【实验目的】

（1）掌握金氏磷酸苯二钠比色法测定碱性磷酸酶活性的方法和原理。

（2）熟悉分光光度计的使用。

【实验原理】碱性磷酸酶分解磷酸苯二钠生成磷酸和酚，后者在碱性溶液中与 4-氨基安替比林作用，经铁氰化钾氧化生成红色的醌衍生物，根据红色深浅可算出酶的活性。

【材料与试剂】

（1）0.1 mol/L 碳酸盐缓冲液（pH＝10.0）：溶解无水碳酸钠 6.36 g、碳酸氢钠 3.36 g、4-氨基安替比林 1.5 g 于 800 ml 蒸馏水中。将此液完全转入 1 L 容量瓶内，加蒸馏水至刻度后混匀。

（2）20 mmol/L 磷酸苯二钠：先煮沸水 500 ml，以杀灭微生物。加入磷酸苯二钠 2.18 g（如含 2 分子结晶水则应加入 2.54 g）。冷却后加三氯甲烷 2 ml 防腐，在冰箱内保存。临用前倒出需用量，倒出溶液不应再装入原瓶。

（3）0.25％铁氰化钾溶液：分别称取铁氰化钾 2.5 g、硼酸 17 g，各溶于 400 ml 水中。两液混合后，加水至 1 L。置棕色瓶中避光保存。

（4）酚储存标准液：溶解酚 1.0 g 于 0.1 mol/L 盐酸中，用 0.1 mol/L 盐酸稀释至 1 L。此液酚含量为 1 mg/ml。

（5）0.05 mg/ml 酚应用标准液：根据酚储存标准液标定的结果用水稀释，此液只能保存 2～3 d。

【实验步骤】

取 12 mm×100 mm 小试管 2 支，写明测定管（U）和空白管（B），然后按表 4-11 进行操作。

表 4-11　操作步骤

试剂	U	B
血清（ml）	0.1	—
0.9％氯化钠溶液（ml）	—	0.1

（续）

试剂	U	B
碳酸盐缓冲液（ml）	1.0	1.0
37 ℃水浴 5 min		
预温 37 ℃的 20 mmol/L 磷酸苯二钠溶液（ml）	1.0	1.0
混匀，37 ℃水浴 15 min		
0.25％铁氰化钾溶液（ml）	3.0	3.0

立即充分混匀，用 510 nm 波长比色。以 B 管校正光密度为零，读取 U 管光密度值。查标准曲线，求得酶活性。

标准曲线绘制如表 4-12 所示。

表 4-12 标准曲线绘制操作步骤

试剂	0	1	2	3	4	5
酚应用标准液（ml）	0	0.2	0.4	0.6	0.8	1.0
水（ml）	1.1	0.9	0.7	0.5	0.3	0.1
碳酸盐缓冲液（ml）	1.0	1.0	1.0	1.0	1.0	1.0
0.25％铁氰化钾（ml）	3.0	3.0	3.0	3.0	3.0	3.0
立即充分混匀，用 510 nm 波长比色，以零管调节光密度为零，读取各管光密度值和相应金氏单位，并以各管光密度值为横坐标，相应金氏单位为纵坐标绘制标准曲线						
相当于金氏单位	0	10	20	30	40	50

金氏单位定义：每 100 ml 血液在 37 ℃与底物作用 15 min，产生 1 mg 酚为 1 个金氏单位。

碱性磷酸酶的比活性＝碱性磷酸酶的活性/样品的蛋白质浓度。样品的蛋白质浓度测定参照本章第 21 节。

【注意事项】

（1）酚应用标准液不能久置。

（2）磷酸苯二钠溶液如含有酚时空白管显红色，说明磷酸苯二钠已开始分解，可使结果偏低，不宜继续使用。

【思考题】

（1）金氏磷酸苯二钠比色法的原理是什么？

（2）碱性磷酸酶的主要生理作用是什么？

（3）加入铁氰化钾的作用是什么？

第 24 节

琥珀酸脱氢酶的作用及竞争性抑制的观察

琥珀酸脱氢酶（SDH）是位于动物细胞线粒体内膜上的一种氧化酶，它直接与电子传递链相连，是呼吸链的标志酶，亦即线粒体或细胞内三羧酸循环的一种标志酶。其活性高低反映出机体细胞呼吸机能状况以及细胞能量代谢状况。SDH 在机体不同组织的分布及活性不同，在同一组织的不同生理状态下，其含量、活性也会发生改变。另外，SDH 活性的检测在牛奶等级评定等生产实践中也具有重要的意义。

【实验内容】

（1）观察猪心肌细胞琥珀酸脱氢酶的催化作用。

（2）观察猪心肌细胞琥珀酸脱氢酶的竞争性抑制作用。

【实验目的】

（1）掌握琥珀酸脱氢酶的催化作用及其意义。

（2）掌握酶的竞争性抑制作用及其特点。

【实验原理】 琥珀酸脱氢酶是三羧酸循环中一个重要酶，该酶可使琥珀酸脱氢而生成延胡索酸。在体内，该酶可使琥珀酸脱下的氢进入 $FADH_2$ 呼吸链，通过一系列传递体最后传递给氧而生成水。在缺氧的条件下，适当的受氢体也可接受脱氢酶从底物上脱下的氢，如心肌细胞中的琥珀酸脱氢酶在缺氧的情况下，可使琥珀酸脱氢，脱下的氢可将蓝色的甲烯蓝还原成无色的甲烯白，其反应如下：

$$\begin{array}{c} CH_2{-}COOH \\ | \\ CH_2{-}COOH \end{array} + MB \xrightarrow[\text{无氧条件}]{SDH} \begin{array}{c} HC{-}COOH \\ \| \\ HOOC{-}CH \end{array} + MB \cdot 2H$$

琥珀酸　　　甲烯蓝　　　　　　　延胡索酸　　　甲烯白

通过观察蓝色的甲烯蓝变成无色的甲烯白的变化过程，便可判断出琥珀酸脱氢酶起了催化作用。

丙二酸的化学结构与琥珀酸相似，它可与琥珀酸竞争性地结合琥珀酸脱氢酶的活性中心。若琥珀酸脱氢酶已与丙二酸结合，则不能再催化琥珀酸脱氢，这种现象称为酶的竞争性抑制作用。酶的竞争性抑制作用可以通过加大底物浓度的方法来消除。在本实验中，可以通过增加琥珀酸的浓度来减弱甚至消除丙二酸的抑制作用。

由于甲烯白容易被空气中的氧气所氧化，所以本实验用液体石蜡封闭反应液，以造成无氧环境。

【材料、试剂与器材】

1. 材料 新鲜的猪心脏。

2. 试剂

（1）1.5%（m/V）琥珀酸钠溶液：称取琥珀酸钠 1.5 g，用蒸馏水溶解并稀释至 100 ml。

（2）1%（m/V）丙二酸钠溶液：称取丙二酸钠 1 g，用蒸馏水溶解并稀释至 100 ml。

（3）0.02%（m/V）甲烯蓝溶液：称取甲烯蓝 20 mg，用蒸馏水溶解并稀释至 100 ml。

（4）1/15 mol/L Na$_2$HPO$_4$ 溶液：称取 Na$_2$HPO$_4$·2H$_2$O 11.8 g，用蒸馏水溶解并稀释至 1 000 ml。

（5）液体石蜡，洗净的石英砂。

3. 器材 天平、离心机、恒温水浴箱、研钵、离心管、剪刀等。

【实验步骤】

1. 猪心脏提取液（琥珀酸脱氢酶溶液）的制备 称取 1 g 新鲜的猪心脏组织，置于研钵中并充分剪碎，加入等体积的石英砂和 1/15 mol/L Na$_2$HPO$_4$ 溶液 3～4 ml，研磨成匀浆，再加入 6～7 ml 1/15 mol/L Na$_2$HPO$_4$ 溶液，放置 30 min（需要不时的摇动），然后以 2 000 r/min 离心 10 min，取上清液（琥珀酸脱氢酶溶液）备用。

2. 猪心肌细胞琥珀酸脱氢酶酶促化学反应观察 取 4 支试管，按照表 4-13 加入试剂。

表 4-13　试剂加入顺序及量（单位：滴）

试管号	心脏提取液	1.5%琥珀酸钠	1%丙二酸钠	蒸馏水	0.02%甲烯蓝
1	5	5	—	25	2
2	5（煮沸）	5	—	25	2
3	10	5	5	15	2
4	10	20	5	—	2

各试管加好试剂后，混匀，立即在各试管的液面上轻轻地覆盖一层 1～1.5 cm 高的液体石蜡；然后将各试管置于 37 ℃恒温水浴中保温，观察并记录各管颜色变化快慢及程度，并分析其原因。最后将第 1 支试管用力摇动，观察有何变化，记录现象并解释之。

【注意事项】

（1）各试管覆盖液体石蜡前，一定要将其中的反应液充分混匀。覆盖液体石蜡后，观察实验现象的过程中，切勿摇动试管，以免氧气漏入而影响管内溶液的颜色变化。

（2）研磨心脏组织时，一定要充分研磨成匀浆。加入 1/15 mol/L Na$_2$HPO$_4$ 溶液后，放置 30 min 时，一定要不时地摇动，以使琥珀酸脱氢酶从细胞线粒体内释放出来。

【思考题】

（1）本实验过程中，加液体石蜡的目的是什么？

（2）在实验过程中，各管颜色变化快慢及程度有何不同？为什么？

（3）当第 1 支试管内溶液由蓝色变成无色时，用力摇动试管，观察有何变化？为什么？

第 25 节

血清氨基转移酶的活性测定

氨基转移酶广泛存在于机体的各个组织中，在肝组织中活性较高。因该酶属胞内酶，因此在正常代谢情况下，此酶在血清中活性很低。而当组织发生病变时，由于细胞肿胀坏死或细胞膜破裂使细胞膜通透性增高，而导致大量的酶释放到血液中，从而引起血清中相应的氨基转移酶活性显著增高，因此血清氨基转移酶的活性测定在临床上有重要意义。

【实验内容】用分光光度法测定血清中氨基转移酶的活性。

【实验目的】

（1）掌握氨基转移酶的生物学意义。

（2）学习分光光度计测定血清中氨基转移酶活性的方法。

（3）了解丙氨酸氨基转移酶在氨基酸代谢中的作用；了解其在临床诊断上的重要意义。

【实验原理】丙氨酸和 α-酮戊二酸在丙氨酸氨基转移酶（ALT）的催化下进行氨基与酮基的交换，生成丙酮酸和谷氨酸，前者与 2,4-二硝基苯肼反应，生成在碱性溶液中呈棕红色的丙酮酸-2,4-二硝基苯腙，颜色的深浅与丙酮酸生成量成正比，因而可用分光光度法测定其含量并计算出氨基转移酶的活性。

【材料与试剂】

1. 材料 鸡或兔的新鲜血清。

2. 试剂

（1）pH 7.4 的磷酸缓冲液：1/15 mol/L 磷酸氢二钠 808 ml（23.89 g $Na_2HPO_4 \cdot 12H_2O$ 溶于 1 000 ml 水中）与 1/15 mol/L 磷酸氢二钾 192 ml（9.078 g KH_2PO_4 溶于 1 000 ml 水中）混合即成。

（2）ALT 基质液：称取 D，L 丙氨酸 1.97 g 和 α-酮戊二酸 29.2 mg，加少量磷酸缓冲液，然后再加 1 mol/L NaOH 校正 pH 为 7.4，再用磷酸缓冲液稀释至 100 ml，充分混匀，冰箱保存（可保存 1 周），也可加氯仿数滴防腐。

（3）2,4-二硝基苯肼溶液：准确称取 20 mg 2,4-二硝基苯肼，先溶于 10 ml 浓盐酸溶液中（也可加热助溶），再用水定容至 100 ml。

（4）0.4 mol/L 氢氧化钠溶液：称取氢氧化钠 8 g，用水定容至 500 ml。

（5）丙酮酸标准液（2 mmol/L）：准确称取丙酮酸钠 22 mg，置于 100 ml 容量瓶中，用少量磷酸缓冲液溶解后，再用磷酸缓冲液稀释至刻度，混匀后置冰箱中保存。

3. 器材 恒温水浴锅、752 型分光光度计、试管、试管架、吸量管、洗耳球等。

【实验步骤】

1. 标准管法测 ALT 活性 按表 4-14 加入试剂。

表 4-14　试剂加入顺序及量

试剂（ml）	标准管	测定管	空白管
血清	—	0.2	—
蒸馏水	0.1	—	0.2
ALT 基质液（预热 10 min）	0.5	0.5	0.5
磷酸缓冲液	0.1	0.1	0.1
丙酮酸标准液	0.1	—	—
混合，37 ℃水浴 30 min			
2,4-二硝基苯肼溶液	0.5	0.5	0.5
混合，37 ℃水浴 20 min			
0.4 mol/L 氢氧化钠溶液	5	5	5

各管混合，以空白管调零点，于波长 520 nm 处测定标准管和测定管光密度值。

2. 结果与计算　根据下式计算血清中 ALT 活力单位。本实验中，ALT 活力单位定义为：血清与足量的丙氨酸、α-酮戊二酸在 37 ℃反应 30 min，每生成 1 μmol 丙酮酸所需的酶的量，称为一个 ALT 活力单位。

每 100 ml 血清中 ALT 活力单位为：

$$ALT\ 活力单位=\frac{测定管光密度值}{标准管光密度值}×丙酮酸浓度（2\ mmol/L）×0.1×\frac{100}{0.2}$$
$$=\frac{测定管光密度值}{标准管光密度值}×100$$

【注意事项】

（1）采血时应避免溶血，及时分离血清。

（2）酶活性的测定结果与温度、酶作用的时间、试剂加入量等有关，操作时应严格掌握。

（3）2,4-二硝基苯肼与丙酮酸的颜色反应并不是特异的，α-酮戊二酸也能与 2,4-二硝基苯肼作用而显色。此外，2,4-二硝基苯肼本身也有类似的颜色，因此空白管颜色较深。

【思考题】

（1）血清丙氨酸氨基转移酶的测定有何临床意义？

（2）影响酶活性的因素有哪些？

（3）标准空白管和测定空白管有何意义？

第 26 节

纸层析鉴定酶促转氨基作用

蛋白质在动物体内必须分解成氨基酸才能进行代谢。在氨基酸分解代谢中，转氨基作用是最重要的反应之一，多数氨基酸可通过转氨基作用生成另一种氨基酸。此外，许多氨基酸可与某些化学试剂发生特异的显色反应，由此可以用于氨基酸的鉴定。在本实验中，丙氨酸通过转氨基作用生成了谷氨酸，通过与茚三酮反应生成蓝紫色物质而被鉴定。

【实验内容】 本实验以丙氨酸和 α-酮戊二酸为底物，与肝匀浆（或血清）共同保温，应用纸层析法鉴定酶促转氨基作用。

【实验目的】

（1）掌握氨基酸转氨基作用的原理和鉴定方法。

（2）熟悉纸层析的原理和操作方法。

【实验原理】

1. 转氨基作用原理 转氨基作用广泛地存在于机体各组织器官中，是氨基酸代谢的重要反应之一。转氨基作用是在氨基转移酶催化下，氨基酸分子上的 α-氨基转移到另一 α-酮酸上，使原来的氨基酸变成相应的 α-酮酸，原来的 α-酮酸变成相应的氨基酸。各种氨基转移酶的活性不同，其中肝脏的丙氨酸氨基转移酶（ALT）活性较高，它催化如下反应：

丙氨酸　　　　α-酮戊二酸　　　　谷氨酸　　　　丙酮酸

新生成的谷氨酸与未反应的丙氨酸可以用纸层析法分离，再通过茚三酮反应生成蓝紫色物质来鉴定。

2. 纸层析的原理 新生成的谷氨酸与丙氨酸之所以能被分离，是应用了分配层析的原理，即利用混合物中的组分在两个互不相容的溶剂中的分配系数不同而达到分离的目的。关于纸层析的原理请参阅第 2 章第 7 节的有关内容。

本实验中，以滤纸作为支持物，滤纸纤维与水亲和力强，能吸收 20％～22％的水，其中 6％～7％的水是以氢键形式与纤维素的羟基结合，一般情况下很难脱去，而滤纸纤维与有机溶剂的亲和力很弱。所以，水作为层析系统中的固定相（S），酚作为流动相（M）。利用混合物中各种氨基酸在两个互不相容的溶剂中分配系数不同，各有一定的迁移率，形成距原点距离不等的层析点。所谓分配系数，即在一定温度、压力下，一种溶质在互不相容的两相溶液中溶解达到平衡时，该溶质在两相溶剂中所具有的浓度比例。溶质在滤纸上的移动速率可用比移值（R_f）来表示，即各溶质层析的起点（原点）到层析后各个样品层析点中心的垂直距离，与从原点到溶剂最前沿的垂直距离的比值：

$$R_f = \frac{原点到层析点中心的距离}{原点到溶剂前沿的距离}$$

极性弱的氨基酸，易溶于有机溶剂即分配系数小，随流动相移动较快，R_f 值大；而极性强的氨基酸则相反，据此达到分离鉴定氨基酸的目的。本实验中谷氨酸亲水力比丙氨酸强，因此分配在水中的比例大，而丙氨酸不亲水，分配在酚中的比例大。

【材料、试剂与器材】

1. 材料　新鲜动物肝脏或血清等。

2. 试剂

（1）磷酸盐缓冲液（0.01 mol/L，pH 7.4）：0.2 mol/L Na_2HPO_4 溶液 81 ml 与 0.2 mol/L NaH_2PO_4 溶液 19 ml 混匀，用蒸馏水稀释 20 倍。

（2）0.1 mol/L 丙氨酸标准液：称取 L-丙氨酸 0.891 g，先溶于少量磷酸盐缓冲液中，以 1.0 mol/L NaOH 调 pH 至 7.4 后，再加磷酸盐缓冲液定容至 100 ml。

（3）0.1 mol/L 谷氨酸标准液：称取 L-谷氨酸 1.47 g，先溶于少量磷酸盐缓冲液中，以 1.0 mol/L NaOH 调 pH 至 7.4 后，再加磷酸盐缓冲液定容至 100 ml。

（4）0.1 mol/L α-酮戊二酸溶液：称取 α-酮戊二酸 1.461 g，先溶于少量磷酸盐缓冲液中，以 1.0 mol/L NaOH 调 pH 至 7.4 后，再加磷酸盐缓冲液定容至 100 ml。

（5）0.5% 茚三酮溶液：称取茚三酮 0.5 g，于 100 ml 无水乙醇中溶解。

（6）层析溶剂：酚：水＝4：1(V/V) 混匀备用，注意要现用现配。

3. 器材　匀浆器、离心管、10 ml 试管、10 μl 微量移液器、培养皿、表面皿、沸水浴、37 ℃恒温水浴箱、10 cm 层析用圆滤纸、吹风机、手术剪刀、铅笔等。

【实验步骤】

(一) 实验材料准备

（1）样品组织匀浆液或血清的制备：取新鲜动物肝脏 0.5 g，剪碎后放入匀浆器，加入冷磷酸盐缓冲液 1.0 ml，迅速研磨成匀浆，再加入上述磷酸盐缓冲液 3.5 ml 混匀，继续研磨成匀浆，离心（3 000 r/min，5 min）或纱布过滤，取上清即为组织匀浆糜提取液。

或 0.5 ml 血清加入上述磷酸盐缓冲液 4.5 ml 混匀备用（含有氨基转移酶）。

（2）取离心管两支，按表 4-15 操作：

表 4-15　操作步骤

试剂（ml）	对照管	测定管
肝匀浆（或血清）	0.5	0.5
0.1 mol/L 丙氨酸	0.5	0.5
0.1 mol/L α-酮戊二酸	0.5	0.5
磷酸盐缓冲液	0.5	0.5

（3）对照管加入组织匀浆提取液混匀后，立即放入预先准备好的沸水溶中煮沸 1～2 min，破坏酶的活性。

（4）将对照管和测定管用塞子塞紧后，放入 37 ℃水浴中，保温 0.5～1 h，并不时振摇内容物。

（5）温浴结束后，立即取出，放于沸水浴中加热 10 min 以终止反应。以 2 000 r/min 离心 5 min，弃沉淀，取上清备用。

（6）层析：可以按两种方式进行，即上行法和径向法。

（二）纸层析

1. 上行法纸层析

（1）将一条 2～2.5 cm×15 cm 层析滤纸置于一张干净的纸上，在纸条的一端，距纸端 2 cm 处用铅笔轻轻画一条横线，再于横线上画两个相距 1 cm，直径约为 2 mm 的小圆圈，标上 1、2 号。并剪去滤纸两角，如图 4-1。

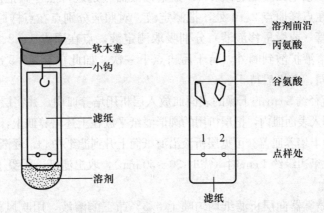

图 4-1　上行法纸层析（左侧为层析装置，右侧为层析结果模式图）

（2）取两支毛细玻璃管分别蘸取两支试管中的反应滤液，分别点在滤纸的 1、2 号小圆圈内。点样时手要稳、轻，勿使溶液扩散到圈外，待干后再点下一次，如此重复 4～5 次。注意两圆圈内的点样量尽量相同，点后待干。

（3）取大试管一支，加入 2 ml 水饱和的酚溶液（加时注意勿使溶剂与试管壁接触），将试管置于管架上并垂直桌面。将滤纸小心地垂直悬挂于管中，滤纸下端浸入溶剂约 3 mm 注意勿使点有样品的小圈浸入溶剂，并使滤纸条勿与管壁接触，最后塞上木塞。

（4）观察溶剂在滤纸上移动，当溶剂移动到距纸上端 1.5～2.0 cm 时（需 1～1.5 h），小心地将滤纸条取出，用竹夹夹住在电炉上慢慢烘干（或用吹风机吹干），然后均匀地喷上一薄层 0.1% 茚三酮溶液。再用电炉烘干（或吹干），即可看到纸上显现出三个色斑，每一色斑代表一种氨基酸。

（5）用尺分别测量小圆圈（点样原点）中心至各色斑中心间的距离，再测量小圆圈中心至溶剂前沿的距离，分别计算出每一种氨基酸的 R_f 值。

2. 径向法纸层析

（1）层析用滤纸的准备：取圆形滤纸一张（直径 10 cm）放在白纸上，以圆点为中心，约 1 cm 为半径，用铅笔划一圆环作为基线，在环上四等分处标出四点并编号，作为点样原点，在滤纸圆心处，用打孔器打一铅笔芯粗细的孔备用（图 4-2）。

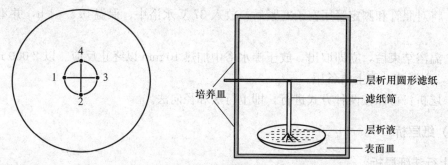

图 4-2 径向法纸层析

（2）滤纸筒制备：取约 1 cm×2.5 cm 的条形滤纸，并将其下端剪成刷状，卷成"灯芯"样纸筒，待点样结束后，把纸筒上端插入滤纸中心孔中（图 4-2）。

（3）点样：用 4 根毛细玻璃管或 10 μl 微量移液器分别进行点样。把丙氨酸标准液、谷氨酸标准液分别点在点样原点 2、4 处，把测定液、对照液分别点在点样原点 1、3 处。具体方法是用毛细玻璃管（或微量移液器）分别吸取测定液，点在原点 1、2、3、4 处，点样时手要稳、轻，勿使溶液扩散到圈外，待干后再点下一次，如此重复 4～5 次。注意 4 个样品的点样量尽可能相同，点样后待干。

（4）层析：把直径约 5 cm 的干燥的表面皿放入层析用培养皿中，并将层析溶剂（酚：水＝4：1溶液）数毫升倒入表面皿内，把层析用的圆形滤纸平放在上述培养皿上，使滤纸筒刷状下端浸入层析溶剂中，盖上培养皿盖。可见层析液沿滤纸筒上升到滤纸中心，逐渐向四周扩散。当层析液前缘扩散到离滤纸边缘约 1 cm 时（需时 30～50 min），取出滤纸，用镊子小心取下滤纸芯，并用吹风机吹干滤纸。

（5）显色：用喷雾器向层析滤纸均匀喷上 0.5％茚三酮溶液，用吹风机热风吹干，可见出现同心弧状色斑，用铅笔圈下各色斑。比较各色斑的位置及颜色深浅，并计算各色斑的 R_f 值，以此判定结果。

【注意事项】

（1）点样时，要待前次点样干燥后方可再次点样。点样要均匀，样品点不宜过大，直径小于 0.4 cm 为好。

（2）使用层析剂、显色剂时，勿用手直接操作，可戴上塑料手套。苯酚对皮肤腐蚀性很强，若浅到皮肤上应及时用 75％乙醇溶液擦洗。

（3）手要洗净并尽量不要直接接触滤纸，以免沾染手上的游离氨基酸。滤纸应放在干净纸或玻璃板上。点样处最好用玻棒架空。

（4）染色前，滤纸一定要先吹干，避免湿润的层析溶剂影响染色效果。出现的色谱中，因组织匀浆中含有少量的游离氨基酸，其中也有丙氨酸，所以对照液色谱上，除有谷氨酸色斑外，还呈现淡的丙氨酸斑点；在被检液色谱上除丙氨酸外也有淡的谷氨酸色斑。

（5）径向法比上行法展层快，但对滤纸的要求高，要求纸质均匀，向各个方面扩散的速度一致。

（6）纸芯与滤纸中心小孔四周要紧密贴合，否则会使溶剂向滤纸四周扩散的速度不一致。

【思考题】

（1）什么是转氨基作用？用本实验结果说明。

（2）根据层析结果，分析本实验可见多少个色斑？各是什么？为什么？

第 27 节

乳酪蛋白的制备及部分性质检测

乳是哺乳动物特有的提供给新生后代的营养源，其中含有丰富的蛋白质、乳脂、乳糖、矿物质等营养物质。牛乳中的蛋白质种类丰富，主要包括酪蛋白和乳清蛋白两大类，前者包括 α-酪蛋白、β-酪蛋白、κ-酪蛋白等；后者包括 α-乳清蛋白、β-乳球蛋白、血清白蛋白、免疫球蛋白、乳铁蛋白以及其他多种微量的蛋白质、酶等。乳蛋白的分离纯化是研究其组成、结构、性质和生物学功能的基础。

【实验内容】本实验主要是采用等电点沉淀、低速离心等方法从牛乳中制备酪蛋白粗品，并对酪蛋白、乳清蛋白的部分性质进行检测。

【实验目的】

（1）通过实验观察，认识蛋白质等电点沉淀的现象及原理。

（2）学会牛乳蛋白粗分离及部分性质鉴定的基本方法。

【实验原理】牛乳中的主要蛋白质为酪蛋白，约占蛋白质总量的 80%，其等电点（pI）约为 4.6。由于蛋白质在等电点时，所带净电荷为零，蛋白质分子之间容易结合并产生沉淀，因此，本实验先通过离心去除牛乳中的乳脂，获得脱脂乳，再用酸调节 pH 至 4.6，即可把酪蛋白从牛乳中沉淀分离出来。分离后的蛋白质需采用各种方法进行鉴定，如利用电泳法分析纯度等。本实验主要通过酪蛋白的溶解度、与醋酸铅的颜色反应（含硫氨基酸与醋酸铅溶液加热后产生黑色）以及乳清蛋白的热变性凝聚进行鉴定。

【材料、试剂与器材】新鲜牛乳；0.2 mol/L 乙酸钠缓冲液（pH 4.6），0.1 mol/L 氢氧化钠，2 mol/L 尿素，0.2% 盐酸，5% 醋酸铅；电炉或酒精灯。

【实验步骤】

1. 酪蛋白和乳清的制备 取 5 ml 新鲜牛乳，以 3 000 r/min 于 4 ℃ 离心 10 min，取下层脱脂乳，加入等体积的 0.2 mol/L 乙酸钠缓冲液（pH 4.6），室温放置 10 min，然后同上离心。将乳清（上清液）转移到另一试管中，用于鉴定；沉淀的酪蛋白用蒸馏水洗涤 1～3 次，同上离心 5 min，沉淀即为酪蛋白粗品。

2. 酪蛋白的性质鉴定 分别取酪蛋白粗品少许（0.1～0.2 g）于 4 支试管中，再分别加入蒸馏水、0.2% 盐酸、0.1 mol/L 氢氧化钠、2 mol/L 尿素溶液各 1 ml，摇荡，观察并记录酪蛋白的溶解情况。

取少量酪蛋白于试管中，加入 0.1 mol/L 氢氧化钠溶液使之溶解，再加入 1～3 滴 5% 醋酸铅溶液，加热煮沸，观察溶液颜色变化。

3. 乳清中可凝固性蛋白质的鉴定 将实验制备的乳清放在烧杯中，徐徐加热，观察溶液中出现的蛋白质沉淀。

【注意事项】

（1）使用离心机时应该严格遵守操作规程，务必平衡离心管并对称放置于离心机转子中。

（2）在加热溶液时需小心，防止烫伤。

【思考题】

（1）等电点沉淀蛋白质的原理是什么？

（2）用本实验方法获得的蛋白质是否具有生物活性？

（3）查阅资料，了解如何从乳清中分离纯化蛋白质。

第 28 节

超滤法制备新生小牛胸腺肽

胸腺肽是从冷冻的新生小牛胸腺中，经提取、部分热变性、超滤等工艺流程制备出的一种具有高活力的混合肽类药物制剂，具有调节胸腺免疫功能、抗衰老和抗病毒作用，适用于原发和继发性免疫缺陷病以及因免疫功能失调所引起的疾病，对治疗肿瘤有很好的辅助效果，也用于治疗再生障碍性贫血、急慢性病毒性肝炎等，无过敏反应和不良的副作用。

【实验内容】 以冷冻的新生小牛胸腺为材料，利用超滤技术制备分子质量小于 10 000 u 的混合肽——胸腺肽。

【实验目的】 掌握超滤技术的原理和操作要领，了解其在人和动物生物制品生产过程中的应用。

【实验原理】 胸腺是哺乳动物的重要细胞免疫器官，其中含有大量的免疫活性成分。利用超滤技术（其原理详见第 2 章第 10 节）可制备胸腺肽。

据 SDS-聚丙烯酰胺凝胶电泳分析表明，胸腺肽中主要包括分子质量是 9 600 u 和 7 000 u 左右的两类蛋白质，氨基酸组成达 15 种，必需氨基酸含量较高。该产品对热较稳定，加热至 80 ℃生物活性不降低，被水解成氨基酸后，生物活性消失。

【材料、试剂与器材】

1. 材料 －20 ℃保存的新生小牛胸腺。

2. 试剂 重蒸馏水。

3. 器材 超滤器，截留分子质量为 10 000 u 的超滤膜包；绞肉机，高速组织捣碎机；大容量低温离心机，－20 ℃冰柜等。

【实验步骤】

（1）原料处理：取－20 ℃冷藏的小牛胸腺，用无菌剪刀减去脂肪、筋膜等非胸腺组织，再用冷无菌蒸馏水冲洗，置于灭菌绞肉机中绞碎。

（2）制匀浆、提取：将绞碎的胸腺与冷重蒸馏水按 $1:1(m:V)$ 的比例混合，置于 10 000 r/min 的高速组织捣碎机中捣碎 1 min，制成胸腺匀浆，浸渍提取，温度应在 10 ℃以下，并置于－20 ℃冰冻贮藏 48 h。

（3）部分热变性、离心、过滤：将冻结的胸腺匀浆融化后，置水浴上在搅拌下加温至 80 ℃，保持 5 min，迅速降温，放置－20 ℃以下冷藏 2～3 d。然后取出融化，以 5 000 r/min 离心 40 min，温度 2 ℃，收集上清液，除去沉渣，用滤纸或微孔滤膜（孔径 0.22 μm）减压抽滤，得澄清滤液。

（4）超滤、提纯、分装、冻干：将滤液用截流分子质量为 10 000 u 以下的超滤膜（美国 Millipore 超滤器）进行超滤，收取分子质量 10 000 u 以下的活性多肽，获得精制液，置－20 ℃冷藏。

（5）利用 SDS-PAGE（5％浓缩胶和 12％的分离胶）进行分析鉴定，主带应为 9 600 u 和 7 000 u。

经其他项目（如无菌检验和热原内毒素及蛋白质含量测定等）检验合格后，加入 3％甘露醇做赋形剂，用微孔滤膜除菌过滤、分装、冷冻干燥，即得注射用胸腺肽。

【注意事项】

（1）原料应采自健康的小牛，每头可得胸腺约 100 g。采摘的胸腺用无菌操作放入无菌容器内，立即于-20 ℃下冷藏。操作过程和所用器具应洗净、无菌、无热原。

（2）据国外文献报道，提取可用生理盐水或 pH 为 2 的蒸馏水。我国采用重蒸馏水低渗提取、冻融处理胸腺匀浆，这样可使活性多肽充分溶于水中，提高效率。

（3）应用超滤设备进行纯化，操作简便，分离完整，可 1 次性除去分子质量 10 000 u 以上的大分子蛋白质，是较好的提纯方法。据资料记载，1 kg 胸腺可制胸腺肽 3 g 左右。

（4）对胸腺的研究已有 150 多年的历史。自 1965 年由 Goldstein 等从小牛胸腺的无细胞浸出液中，经初步纯化得到有效成分——胸腺素以来，已有十几个国家用胸腺作为原料，制备出多种生化药物制剂，并取得良好的临床效果。近年来，我国已大量生产注射用胸腺肽作为新药供应临床需要。

【思考题】

（1）超滤技术在生物制药生产中还有哪些用途？

（2）与其他纯化技术相比，超滤技术有哪些优缺点？

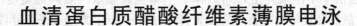

第 29 节

血清蛋白质醋酸纤维素薄膜电泳

采用醋酸纤维素薄膜作为电泳支持物的电泳方法称为醋酸纤维素薄膜电泳（cellulose acetate electrophoresis）。它具有微量、快速、简便、分辨率高，对样品无拖尾和无吸附现象等优点，目前广泛用于血清蛋白、脂蛋白、血红蛋白、糖蛋白、酶的分离和免疫电泳等方面，已成为医学和兽医学临床检验的常规技术。

【实验内容】本实验以醋酸纤维素薄膜作为电泳支持物，通过电泳将血清中的各种蛋白质分离开来，对待测血清中清蛋白、各种球蛋白进行定性和定量分析。

【实验目的】

（1）了解电泳的一般原理，掌握醋酸纤维素薄膜电泳操作技术。

（2）测定血清中各种蛋白质的相对含量。

【实验原理】蛋白质是两性电解质，在 pH 小于等电点的溶液中，蛋白质为正离子，在电场中向阴极移动；在 pH 大于其等电点的溶液中，蛋白质为负离子，在电场中向阳极移动。血清中含有数种蛋白质，它们所具有的可解离基团不同，在同一 pH 的溶液中，所带净电荷不同，因此在电场中移动速度不同，故可利用电泳法将它们分离。本实验以醋酸纤维薄膜作为电泳支持物，对血清中各种蛋白质进行分离分析。

本实验选用 pH 8.6 的巴比妥-巴比妥钠作为电泳缓冲液，使分离血清中的蛋白质在此环境下均带负电荷，在电场中均向阳极移动，根据其所带电荷不同，移动速度不同，即可将不同的血清蛋白分离开。

【材料、试剂与器材】

1. 材料　市售醋酸纤维薄膜成品（8 cm×2.0 cm，厚 120 μm）；无溶血现象的新鲜血清。

2. 试剂

（1）巴比妥-巴比妥钠缓冲液（pH 8.6，0.07 mol/L，离子强度 0.06）：称取巴比妥 1.6 g 和巴比妥钠 12.76 g，溶于少量蒸馏水后定容至 1 000 ml。

（2）染色液：称取氨基黑 10B 0.5 g，加入蒸馏水 40 ml、甲醇 50 ml 和冰醋酸 11 ml，混匀，置于试剂瓶保存。

（3）漂洗液：取 95％乙醇 45 ml、冰醋酸 5 ml 和蒸馏水 50 ml，混匀，置于试剂瓶中保存。

（4）透明液：临用前配制。

甲液：冰醋酸 15 ml 和无水乙醇 85 ml，混匀，置于试剂瓶中保存。

乙液：冰醋酸 25 ml 和无水乙醇 75 ml，混匀，置于试剂瓶中保存。

（5）液体石蜡（保存液）。

（6）0.4 mol/L 氢氧化钠溶液。

3. 器材　电泳仪、水平板电泳槽、剪刀、镊子、尺子、铅笔、载玻片与盖玻片、滤纸、试管及试管架、分光光度计等。

【实验步骤】

1. 准备和点样　将醋酸纤维薄膜条浸入巴比妥缓冲液中，完全浸透后，用镊子轻轻取出，放在干净滤纸上，再盖上一张滤纸吸去两面多余的缓冲液，使薄膜无光泽面向上。

滴 1～2 滴血清于干净玻片上，用点样器一端截面蘸取（点样器宽度应小于薄膜，为 1.2～1.5 cm），然后轻轻与距薄膜一端 1.5 cm 处接触，样品即呈一条带状涂于纤维薄膜上。待血清透入膜内，移去点样器。将薄膜无光泽面向下贴于电泳槽上浸透了缓冲液的滤纸桥上，注意点样端为阴极。

2. 电泳　电泳前平衡 10 min 左右，然后通电，调节每厘米薄膜宽的电流强度为 0.3 mA，通电 10～15 min，再把电流强度提高到每厘米薄膜宽为 0.4～0.6 mA，通电时间 50～70 min。

3. 染色　电泳完毕后，立即取出薄膜，直接浸入染色液中，染色 5 min。然后，用漂洗液浸洗，每隔 10 min 左右换 1 次，连续 3 次，至背景颜色脱去为止。用滤纸吸去多余的溶液，用电吹风冷风吹干。

4. 结果判断　一般在染色的薄膜上可显现清楚的 5 条区带。从正极起依次为清蛋白、α_1 球蛋白、α_2 球蛋白、β 球蛋白和 γ 球蛋白。（注意：不同的动物不完全一样。）

5. 薄膜的透明处理　将吹干的薄膜浸入透明液甲中 2 min 后立即取出浸入透明液乙中 1 min（要准确），然后迅速取出薄膜，紧贴于干净玻璃板上，不要存留气泡。2～3 min 后薄膜完全透明。放置 15 min 后，用吹风机热风吹干。

在水龙头下将玻璃板上的透明薄膜润湿后，用单面刀片从膜的一角撬起，轻轻撕下薄膜。如欲获得色泽鲜艳、透明的电泳图谱，可再没入液体石蜡中，3 min 后取出，吸干、压平，可长期保存。

6. 定量分析　有以下两种方法。

（1）将上述漂净的薄膜用滤纸吸干后，不必透明，剪下各种蛋白质色带，分别浸于 4 mL 0.4 mol/L NaOH 溶液中（37 ℃）5～10 min，色泽浸出后，在 590 nm 处比色。部分的光密度分别为：$OD_清$、OD_{α_1}、OD_{α_2}、OD_β 和 OD_γ。

光密度值总和为：$OD_总 = OD_清 + OD_{\alpha_1} + OD_{\alpha_2} + OD_\beta + OD_\gamma$。

各种蛋白的百分含量为：清蛋白含量 $= OD_清 / OD_总 \times 100\%$，

α_1 球蛋白含量 $= OD_{\alpha_1} / OD_总 \times 100\%$，

α_2 球蛋白含量 $= OD_{\alpha_2} / OD_总 \times 100\%$，

β 球蛋白含量 $= OD_\beta / OD_总 \times 100\%$，

γ 球蛋白含量 $= OD_\gamma / OD_总 \times 100\%$。

（2）将漂净干燥的薄膜电泳图谱放入自动扫描光密度仪（或色谱扫描仪）内，通过反射（未透明的膜）或透射（已透明的膜）方式进行扫描，在记录仪上自动绘出血清蛋白质各组分曲线图。然后用求积仪测出各峰的面积，计算每个峰的面积与它们总面积的百分比，就代表血清中各种蛋白组分的百分含量。

【注意事项】

（1）点样前应将醋酸纤维素薄膜用电泳缓冲液浸润 30 min。

（2）加样量要合适，不能太多也不能太少。点样时动作要轻、稳，用力不能太重。

【思考题】

（1）什么是电泳？

（2）简述醋酸纤维素薄膜电泳的原理及优点。

第 30 节

等电聚焦电泳法测定蛋白质的等电点

蛋白质是两性电解质，不同的蛋白质具有不同的等电点（pI），在等电点处，该蛋白质的荷电数为"零"。等电聚焦电泳技术就是根据这一特点建立起来的一种分离、制备及鉴定蛋白质、多肽的技术，在蛋白质研究领域具有广泛的应用价值。

【实验内容】 本实验以柱状凝胶等电聚焦电泳法测定牛血清白蛋白的等电点。

【实验目的】 掌握等电聚焦电泳法的原理、一般操作步骤和注意事项。

【实验原理】 具有不同等电点的各种蛋白质，在一个从阳极到阴极、pH 由低到高（即环境由酸变碱）连续而稳定变化的电泳系统中，根据所处环境的 pH 与其自身等电点的差别，分别带上正电荷或负电荷，并向与它们各自的等电点相当的 pH 环境位置处移动，当到达该位置时即停止移动，分别形成一条集中的蛋白质区带，即称为聚焦。这种根据蛋白质等电点的不同而将它们分离开的电泳方法称为等电聚焦电泳。电泳后测定各种蛋白质"聚焦"部位的 pH，即可得知它们的等电点。有关等电聚焦电泳的详细原理等内容请参阅第 2 章第 8 节。

【材料、试剂与器材】

1. 材料 两性电解质 Ampholine（浓度 40%，pH 为 3~10）（瑞典 Pharmacia 公司新产品）、TEMED、过硫酸铵、丙烯酰胺（Acr）、甲叉双丙烯酰胺（Bis）、三氯乙酸、甲醇、冰醋酸、考马斯亮蓝 R-250、牛血清白蛋白、硫酸或磷酸、乙二胺等。

2. 试剂

（1）30%丙烯酰胺溶液：称取丙烯酰胺（Acr）29 g，甲叉双丙烯酰胺（Bis）1.0 g，用蒸馏水溶解后定容至 100 ml，过滤，4 ℃储存。

（2）1%过硫酸铵溶液：临用时配制。

（3）正极缓冲液：0.2%（V/V）硫酸或磷酸。

（4）负极缓冲液：0.5%（V/V）乙二胺水溶液。

（5）固定液：10%（m/V）三氯乙酸。

（6）染色液：考马斯亮蓝 R-250 2.0 g 以 50%甲醇 1 000 ml 溶解。使用时取得 93 ml，加入 7.0 ml 冰醋酸，摇匀即可。

（7）脱色液：按 5 份甲醇、5 份水和 1 份冰醋酸混合即可。

（8）牛血清白蛋白（生化试剂）：配成 10 mg/ml 的水溶液。

3. 器材 电泳仪：100 mA、600 V，圆盘电泳槽，玻璃管：内径 5 cm、长 80~100 cm，微量进样器（100 μl），7 号（长 10 cm）针头和注射器。

【实验步骤】

1. 7.5%凝胶制备 吸取 30%丙烯酰胺溶液 2.0 ml、1%过硫酸铵 0.4 ml 和水 5.1 ml 于 50 ml 的小烧杯内混匀，在真空干燥器中抽气 10 min（本实验将此步省略，并不影响实验结果）。然后加入 0.3 ml Ampholine、0.1 ml 牛血清白蛋白待测样品和 0.1 ml TEMED 溶液，混匀后立即注入已准备好的凝胶管中。胶液加至离管顶部 5 mm 处，在胶面上再覆盖 3 mm 厚的水层，应注意不要让水破坏胶的表面。室温下放置 20～30 min 即可聚合。

凝胶一般选用 3%～7.5% 的浓度。7.5% 浓度的凝胶具有较好的机械强度，又允许相对分子质量 15 万以下的球蛋白分子有足够的迁移率，应用较广。若使用较低浓度的凝胶时，可在胶中加入 0.5% 的琼脂糖，以增加凝胶的机械强度。

2. 点样 根据等电聚焦的特点，对样品的体积和加样的位置不需严格要求。本实验采用将样品直接混入凝胶的加样方法，其优点是操作简单（具体操作见凝胶制备）。样品的体积可以很大，如每管可加样 0.5 ml 以上。比较稀的样品可以不需浓缩，直接加样。

等电聚焦的点样量范围比较大。柱状电泳点样量一般在 5～100 μg，都能得到满意的结果。要提高点样量应该考虑到两性电解质载体的缓冲能力，随着点样量的增加，应该适当提高两性电解质的含量。

若采用专用等电聚焦电泳槽水平板方法电泳（水平板凝胶做法与板状聚丙烯酰胺凝胶做法一样，做好的凝胶板水平放在特制电泳槽中进行电泳），样品可以点在滤纸片上，把滤纸片放在凝胶表面离阴极端 1/3 处。

为观察聚焦状况，可在样品中加入聚焦指示剂，如带红颜色的肌红蛋白（pI=6.7）、细胞色素 C(pI=10.25) 或甲基红染料（pI=3.75），以指示聚焦的进展情况。

3. 电泳 吸去凝胶柱表面上的水层，将凝胶管垂直固定于圆盘电泳槽中。于电泳槽下槽加入 0.2% 的硫酸（或磷酸），作为正极；上槽加入 0.5% 的乙醇胺（或乙二胺），作为负极。打开电源，将电压恒定为 160 V。因为聚焦过程是电阻不断加大的过程，故聚焦电泳过程中，电流将不断下降，降至稳定时，即表明聚焦已完成，继续电泳约 30 min 后，停止电泳，全程需 3～4 h。

4. 剥胶 电泳结束后，取下凝胶管，用水洗去胶管两端的电极液，按照柱状电泳剥胶的方法取出胶条，以胶条的正极为"头"，负极为"尾"，若胶条的正、负端不易分清，可用广泛 pH 试纸测定，正极端呈酸性，负极端呈碱性。剥离后，量出并记录凝胶的长度。

5. 固定、染色和脱色 取凝胶条 3 根，放在固定液中固定 3 h（或过夜），然后转移到脱色液中浸泡，换 3 次溶液；每次 10 min，浸泡过程中不断摇动，以除去 Ampholine。量取并记录漂洗后的胶条长度。此时应注意不要把胶条折断或正、负端弄混。然后把胶条放到染色液中，室温下染色 45 min。取出胶条，用水冲去表面附着的染料，放在脱色液中脱色，不断摇动，并更换 3～5 次脱色液。待本底颜色脱去，蛋白质区带清晰时，量取并记录凝胶长度以及蛋白质区带中心至正极端的距离。

6. pH 梯度的测量 常用测定 pH 梯度的方法有三种。

（1）切段法：将未经固定的胶条两根，按照从正极端（酸性端）到负极端（碱性端）的顺序切成 0.5 cm 长的区段，仍次放入有标号的、装有 1 ml 蒸馏水的试管中，浸泡过夜。然后用精密 pH 试纸测出每管浸泡液的 pH 并记录。有条件的，最好用精密 pH 计测定，可提高测定的精确度。本实验采用切段法测定 pH 梯度。

（2）标准蛋白法：即选择一系列已知等电点的蛋白质进行聚焦电泳，经固定、染色、脱色后，测定各条区带到阳极端的距离，各种蛋白质所在位置的 pH，就是它们各自的等电点。以此为标准，测知待测样品的等电点。

（3）表面微电极法：即用表面微电极在胶表面上定点测定 pH。

7. 结果测定

（1）pH 梯度曲线的制作：以胶条长度（mm）为横坐标，各区段对应的 pH 的平均值为纵坐标，在坐标纸上作图，可得到一条近似直线的 pH 梯度曲线。由于测得的每一管的 pH 是 5 mm 长一段凝胶各点 pH 的平均值，因此作图时可把此 pH 视为 5 mm 小段中心区的 pH，于是第一小段的 pH 所对应的凝胶条长度应为 2.5 mm；第二小段的 pH 所对应的凝教条长度应为 $(5×2-2.5)$mm；由此类推，第 n 小段的 pH 所对应的凝胶条长度应为 $(5n-2.5)$mm。

（2）待测蛋白质样品等电点的计算：

① 按下列公式计算蛋白质聚焦部位距凝胶柱正极端的实际长度（L_P）：

$$L_P = l_P × \frac{l_1}{l_2}$$

式中，l_P 为染色后蛋白质区带中心至凝胶柱正极端的长度；l_1 为凝胶条固定前的长度；l_2 为凝胶条染色后的长度；

② 根据上式计算待测蛋白质的 L_P，在标准曲线上查出所对应的 pH，即为该蛋白质的等电点。

【注意事项】

（1）pH 梯度范围与实验测定的精确度有关，一般应先用宽 pH 范围（pH 3.5～10 或 pH 2.5～11）载体进行实验，再用窄 pH 范围载体进行分析或制备，这样既可以提高分辨率，又可以增加样品负载量。

（2）温度、电渗、环境中的二氧化碳及两性载体的稳定性等因素可影响测定结果。

【思考题】

（1）等电聚焦电泳法的原理是什么？

（2）在利用等电聚焦电泳技术测定蛋白质等电点时有哪些注意事项？

（3）如果两种蛋白质的等电点非常接近，但分子质量大小不同，可否用等电聚焦电泳技术分离它们？

第 31 节

卵清蛋白的分离提纯

鸡卵清蛋白（也称卵黏蛋白、卵类黏蛋白）存在于鸡蛋清中，对胰蛋白酶有强烈的抑制作用，高纯度的鸡卵清蛋白抑制胰蛋白酶的摩尔比为 1∶1，因此可以用鸡卵清蛋白制成亲和层析的配基，用来分离、纯化胰蛋白酶。

【实验内容】 本实验主要参照 Kassell 的方法，先由鸡蛋清经三氯乙酸（TCA）-丙酮溶液处理，除去沉淀物，然后经丙酮分级沉淀得粗品，再经 DEAE-纤维素柱层析纯化而得合格产品。

【实验目的】

（1）掌握鸡卵清蛋白的分离和提纯技术。

（2）了解鸡卵清蛋白分离提纯的原理。

【实验原理】 鸡卵清蛋白在中性或酸性溶液中对热和高浓度的脲都是相当稳定的，而在碱性溶液中较不稳定，尤其当温度较高时易迅速失活。

离子交换层析的原理及柱层析的一般操作步骤请参阅第 2 章第 7 节。本实验用 DEAE-纤维素（DE-32）为离子交换剂，以 0.3 mol/L 氯化钠-0.02 mol/L(pH 6.5) 磷酸盐缓冲液为洗脱液，进行离子交换层析，纯化卵清蛋白。

【材料、试剂与器材】

1. 材料与试剂 新鲜鸡蛋 2 只，DEAE-纤维素（DE-32），冷丙酮，10％TCA（用固体氢氧化钠调 pH 至 1.15），0.5 mol/L 盐酸溶液，0.2 mol/L(pH 6.5) 磷酸盐缓冲液，0.02 mol/L(pH 6.5) 磷酸盐缓冲液，0.3 mol/L 氯化钠-0.02 mol/L pH 6.5 磷酸盐缓冲液，0.5 mol/L 氢氧化钠-0.5 mol/L 氯化钠溶液，1％硝酸银溶液。

2. 器材 抽滤瓶（500～1 000 ml），布氏漏斗，离心机，移液器，恒流泵，自动部分收集器，核酸蛋白检测仪，记录仪，真空干燥器，pH 计，层析柱，磁力搅拌器等。

【实验步骤】

1. 卵清蛋白的提取

（1）取 50 ml 鸡蛋清，加入等体积 10％、pH 1.15 的三氯乙酸溶液，边加边搅拌，这时会出现大量白色絮状沉淀。用酸度计检查 pH，此时提取液的最终 pH 大约是 3.5，若该溶液的 pH 偏离 3.5±0.2，则要用 5 mol/L 氢氧化钠或 5 mol/L 盐酸将 pH 调回到 pH 3.5±0.2 的范围以内。

（2）稳定后，在室温下静置 4 h 以上。用布氏漏斗抽滤，得黄绿色清液。

（3）边搅拌边加入 4 ℃ 预冷的丙酮 200 ml，在 4 ℃ 放置 2 h 之后，将上清液小心倒入瓶中回收，下部沉淀部分于 4 000 r/min 离心 5 min，收集沉淀。

（4）将沉淀溶于 10 ml 去离子水中，在去离子水（50 倍）透析 4 h，换水两次。再在碳酸钠缓冲液中透析过夜，4 000 r/min 离心 10 min，除去不溶物，留取上清液。

2. DEAE-纤维素（DE-32）离子交换层析纯化

（1）DEAE-纤维素粉（DE-32）的处理：称取 10 g DEAE-纤维素粉（DE-32），用蒸馏水浸泡，以浮选法去除 1～2 min 不下沉的漂浮物及杂质后，转移至布氏漏斗内（内垫 200 目的尼龙网）抽滤，以 150 ml 0.5 mol/L 氢氧化钠-0.5 mol/L 氯化钠溶液浸泡 20 min，再转移至布氏漏斗内抽滤。用蒸馏水洗至 pH 8.0 左右，抽干。然后移至一个 500 ml 的烧杯内，用 150 ml 0.5 mol/L 盐酸溶液浸泡 20 min，再转移至布氏漏斗内抽滤，用蒸馏水洗至 pH 6.0 左右，最后转移到烧杯内，用 150 ml 0.2 mol/L、pH 6.5 磷酸盐缓冲液浸泡约 15 min，经真空干燥器脱气后装柱。

（2）装柱与平衡：取一支层析柱（35 mm×200 mm）垂直固定好，装入约 1/4 体积的 0.02 mol/L、pH 6.5 磷酸盐缓冲液，除去层析柱内气泡后关闭底部开关，将处理过的 DEAE-纤维素以适量 0.2 mol/L、pH 6.5 磷酸盐缓冲液搅匀，缓缓地装入柱内，然后打开层析柱底部开关，边排水边继续加 DEAE-纤维素（注意切勿使层析床面暴露于空气中），直至床高度达层析柱的 4/5 左右。要求柱内均匀无气泡，无明显界面，床面平整。柱子装好后以同一缓冲液平衡 10 min，然后逐一安装好恒流泵、核酸蛋白检测仪、记录仪、自动部分收集器等仪器，恒流泵流速为 10～15 滴/min（以下均同），流出液在核酸蛋白检测仪上绘出稳定的基线或经紫外分光光度计测定光密度，待 $OD_{280 nm}$ 值小于 0.02 时即可。

（3）上样与洗脱：先关闭恒流泵，打开层析柱底部开关，使柱内溶液流至床表面时关闭，用滴管吸取脱盐后的样品溶液 0.5 ml 在距床表面上 1 mm 处沿管内壁轻轻转动加进样品。加完后，再打开底部开关使样品流至床表面，用少量洗脱液同样小心清洗表面 1～2 次，使洗脱液流至床表面。然后将洗脱液在柱内加至 4 cm 高，打开恒流泵以 0.02 mol/L、pH 6.5 的磷酸盐缓冲液洗脱，待流出液在核酸蛋白检测仪上绘出稳定的基线后，改用 0.3 mol/L 氯化钠-0.02 mol/L、pH 6.5 的磷酸盐缓冲液洗脱，收集第二洗脱峰。

（4）透析：经 DEAE-纤维素离子柱层析制得鸡卵清蛋白溶液装入透析袋内，用蒸馏水进行透析，间隔一段时间更换一次蒸馏水，直至经 1% 硝酸银溶液检验无氯离子时为止。

（5）将透析后的样品真空冷冻干燥。

【注意事项】 加入三氯乙酸的时候速度一定要慢，防止局部过酸而出现块状物。

【思考题】

（1）鸡卵清蛋白的主要作用是什么？

（2）简述鸡卵清蛋白分离提纯的原理。

（3）实验中三氯乙酸的作用是什么？

第 32 节

细胞色素 C 的制备及含量测定

细胞色素 C(cytochrome C) 是线粒体内呼吸链的成分之一，是含有铁卟啉基团的色蛋白，分子质量为 12 000~13 000 u，等电点为 10.7，含铁量为 0.38%~0.43%。

细胞色素 C 是唯一一种易从线粒体中分离出来的细胞色素成分，是一种稳定的可溶性蛋白。动物组织，如猪心脏经破碎后，用水或酸性溶液即可从细胞中将其浸提出来。从浸提溶液中粗分离出细胞色素 C 的方法很多，本实验采用吸附分离法进行粗提，再用离子交换层析技术进行精制，获得纯度较高的纯品。最后根据其氧化还原性质，测定所获得的细胞色素 C 含量。

【实验内容】本实验以细胞色素 C 为例介绍了在生化实验中动物组织的处理方法，采用吸附法对蛋白质粗分离，用离子交换层析技术法进行进一步纯化以及分光光度法进行含量测定等多种生化技术。

【实验目的】
(1) 掌握蛋白质的粗分离、纯化及含量测定的一般原理和方法。
(2) 掌握吸附法粗分离蛋白质的原理。
(3) 掌握离子交换层析纯化蛋白质的原理。
(4) 了解动物组织的处理方法。
(5) 熟悉分光光度计的使用方法。

【实验原理】本实验的原理包括以下几个方面。

1. 吸附法的原理　吸附法是最早用于粗分离蛋白质的方法。此法利用某些无机硅铝复盐大分子具有选择性吸附某些蛋白质分子的特点，达到从蛋白质混合物中分离某些蛋白质的目的。目前应用最广的吸附剂是固体人造沸石（$Na_2O \cdot Al_2O_3 \cdot xSiO_2 \cdot yH_2O$）和无机凝胶如氢氧化铝、磷酸钙、羟基磷灰石 $[Ca_{10}(PO_4)_6(OH)_2]$ 等。

使用吸附剂粗分离蛋白质，可视条件而定。在蛋白质较易吸附时，可选择适当条件吸附蛋白质而分离杂质；在蛋白质难以吸附时，可选择条件吸附杂质使之与蛋白质分离。两种方法均能达到粗分离的目的，有时两种方法可以交替使用，达到较高程度纯化的目的。

吸附剂通常在微酸性（pH 5~6）或低盐溶液中吸附蛋白质。吸附于吸附剂上的蛋白质在微碱性或较高盐浓度条件下可洗脱下来。

本实验用人造沸石从浸提液中吸附细胞色素 C，除去杂蛋白，再以高盐溶液从人造沸石上将细胞色素 C 洗脱下来。制得的粗制细胞色素 C 再经透析除去盐分子。最后用离子交换层析纯化，获得较纯的细胞色素 C。

2. 透析原理　详见第四章第 20 节。

3. 离子交换层析原理　关于离子交换层析的原理请参考第二章第 7 节的有关内容。由于细胞色素 C 分子质量较小，选用树脂离子交换剂如 Amberlite IRC-50(H) 纯化。这种离子交换剂是以树脂为母体，引入羧基形成的弱酸型阳离子交换剂。引入的羧基主要分散于树脂的表面，离子交换反应仅发生在交换剂的表面。所以这类树脂交换剂的颗粒比一般树脂交换剂大，具有一定的表面以利于蛋白质交换。

本实验中使用的 Amberlite‐IRC50(H) 经转型为 Amberlite IRC(NH$_4^+$) 与粗提物中细胞色素 C 交换吸附，洗去不交换吸附的杂蛋白，然后增加洗脱液的离子强度，使细胞色素 C 再解吸洗脱下来，获得纯化产品。

4. 细胞色素 C 含量测定的原理 细胞色素 C 分为氧化型和还原型。在水溶液中，氧化型呈深红色，最大吸收峰为 408 nm、530 nm 和 550 nm，550 nm 处的摩尔消光系数（ε）为 $0.9 \times 10^4 (mol \cdot cm)^{-1}$；还原型的水溶液呈桃红色，最大吸收峰为 415 nm、520 nm 和 550 nm，550 nm 处的摩尔消光系数（ε）为 $2.77 \times 10^4 (mol \cdot cm)^{-1}$。其还原型最稳定，实验中所获得的细胞色素 C 产品是氧化型和还原型的混合物，经氧化剂或还原剂处理，可变为单一型。测定其中一种型的光吸收，根据摩尔消光系数，即可计算出细胞色素 C 的含量。

细胞色素 C 在动物心肌和酵母中含量丰富，常作为实验材料。本实验以新鲜猪心脏为材料。

【材料、试剂与器材】

1. 材料 新鲜猪心脏；1 mol/L 氢氧化铵溶液，40%(m/V) 三氯乙酸溶液，25%(m/V) 硫酸铵溶液，0.2%(m/V)NaCl 溶液等，0.1 mol/L 铁氰化钾溶液，连二亚硫酸钠（固体）。

2. 试剂

(1) 0.145 mol/L 三氯乙酸溶液：称取三氯乙酸 23.6 g，溶于蒸馏水，最后定容至 1 000 ml。

(2) 0.06 mol/L Na$_2$HPO$_4$‐0.4 mol/L NaCl 溶液：称取 21.5 g Na$_2$HPO$_4$·12H$_2$O 和 23.4 g NaCl，加蒸馏水使之溶解，定容至 1 000 ml。

(3) 人造沸石（Na$_2$O·Al$_2$O$_3$·xSiO$_2$·yH$_2$O）：为白色颗粒，不溶于水，溶于浓酸。选用 60～80 目的颗粒，以水浸泡 0.5 h，除去 15s 不沉淀的细小颗粒，抽干备用。

3. 器材 层析柱（1 cm×20 cm），绞肉机，离心机，透析袋等。

【实验步骤】

1. 细胞色素 C 的制备

(1) 浸提：取新鲜或冰冻冷藏的猪心，除去脂肪和结缔组织。用蒸馏水洗净，切成小块，用绞肉机绞 1～2 次。

称取约 200 g 绞碎的心肌肉糜放入大烧杯中，加 250 ml 0.145 mol/L 三氯乙酸溶液，用玻璃棒搅匀，室温下放置，不时搅拌，浸提约 1.5 h。然后，用 4 层纱布压滤，收集滤液，用 1 mol/L NH$_4$OH 溶液调节滤液的 pH 至 6（用 pH 试纸检查，pH 过高或过低将影响以后的过滤速度！），再用滤纸过滤一次，收集滤液，此滤液应清亮。

(2) 吸附粗分离：将上述所得的清亮滤液，用 1 mol/L NH$_4$OH 溶液调 pH 至 7.2（用酸度计检测）。最后量取滤液体积，按 3 g/100 ml 滤液计算，称取沸石，在不断搅拌下加于滤液中，并持续搅拌 1 h 左右，使之充分吸附。在此过程中可见沸石由白色逐渐变为粉红色。

吸附完毕，倾倒去上层液体。余下的沸石先用约 100 ml 蒸馏水洗涤 3～4 次，再用 100 ml 0.2%NaCl 溶液分三次洗涤，最后用蒸馏水洗涤至上清液澄清为止，倾倒去上清液。

（3）洗脱：吸附在沸石上的细胞色素 C，可用 25% 的 $(NH_4)_2SO_4$ 溶液洗脱下来。洗脱时每次加 10 ml 25%$(NH_4)_2SO_4$ 溶液于沸石中反复搅拌，倒出洗脱液，再换新的 25% $(NH_4)_2SO_4$ 溶液，直到沸石变白为止。合并洗脱液，体积大约为 100 ml。硫酸铵洗脱后的沸石经再生后回收备用。

沸石的再生方法：使用过的沸石，先用自来水洗去硫酸铵，再用 0.2 mol/L NaOH 和 1 mol/L NaCl 的等体积混合溶液洗涤，重复几次，直至沸石变白为止。最后用蒸馏水洗涤至 pH 为 7～8，即可再次使用。

（4）盐析及浓缩：按每 100 ml 洗脱液加 25 g 固体硫酸铵计算，称取固体硫酸铵，在不断搅拌下逐渐加于洗脱液中，静置 30～45 min。以 3 000 r/min 离心 10 min，收集上清液并量取体积，转入另一离心管中。沉淀弃去。

在上清液中慢慢加入 40% 三氯乙酸溶液，边加边搅拌，直至产生褐色絮状沉淀为止。以 3 000 r/min 离心 10 min，弃上清液，将离心管倒置在滤纸上尽量吸去上清液，即得细胞色素 C 粗提物。

2. 透析脱盐 所得的细胞色素 C 粗提物中含有大量盐类，在进一步纯化之前应进行脱盐。本实验中用透析法脱盐。为此，在获得的粗提物中加入 2 ml 蒸馏水，使之溶解。取一段处理好的，大小合适的透析袋，用夹子或线将一端封紧，并用水检查是否漏水。若不漏水，倒出水后将溶解了的细胞色素 C 加入透析袋。加入的溶液体积一般为袋的 2/3 左右，过满在透析后容易胀破。装好后应挤压赶出袋中的空气，然后用夹子或线将口封紧，检查封口是否漏溶液，在表明透析袋两端不漏溶液后，即将透析袋放入装有蒸馏水大烧杯中，在电磁搅拌器搅拌下透析。透析是一个物理平衡过程，通常要 5～6 h 才能达到平衡。而且只用蒸馏水透析一次是不可能完成透析的，因此要更换几次蒸馏水，每次用奈氏试剂检查透析袋外的液体，直至无氨离子为止。透析时间较长，为防止蛋白质变性，透析应在低温（4 ℃）条件下进行。透析的产品为粗制细胞色素 C。继续用 DEAE 纤维素离子交换层析进行纯化。

新的透析袋在使用前应进行处理，具体方法请参阅本章第 20 节。

3. 离子交换层析纯化细胞色素 C

（1）Amberlite IRC-50（H）树脂处理：取一定量的 Amberlite IRC-50（H）（数量根据柱体积而定），用蒸馏水浸泡过夜，倾倒去水，加入 2 倍体积的 2 mol/L HCl 溶液，60 ℃ 恒温条件下搅拌约 1 h，倾倒去 HCl 溶液，用无离子水洗涤至中性；加入 2 倍体积的 2 mol/L NH_4OH 溶液，60 ℃ 恒定条件下搅拌 1 h 倾倒去 NH_4OH 溶液，再用无离子水洗至中性。新树脂需要如上法重复处理两次，若颗粒过大，最后一次在 2 mol/L NH_4OH 存在下，用研钵轻轻研磨（进口 Aimberlite 不用研磨），倾倒去不沉淀的颗粒，最终颗粒在 100～150 目为好，不能过细，最后用无离子水洗至中性备用。

（2）将处理好的 Amberlite IRC-50（NH^{4+}），装入 1 cm×20 cm 的层析柱中，使柱高至 18 cm 左右。洗脱瓶中装无离子水，冲洗装好的层析柱床，至流出的溶液 pH 达 7～8。

（3）关闭层析柱下口，吸去柱床表面上的水，将透析后的细胞色素 C 粗品加于柱床表面，打开层析柱下口，控制流速。使样品慢慢进入离子交换柱床，让样品尽可能吸附于柱床上部，越集中越好，洗脱时样品易于集中，减少洗脱体积。

（4）样品加完后，柱床表面加一层水，用无离子水继续冲洗 5～6 min，流速为 1 ml/min，除去不吸附的杂质。

（5）洗脱瓶中改为 0.06 mol/L Na₂HPO₄ - 0.4 mol/L NaCl 溶液，用此溶液流过层析柱，洗脱细胞色素 C，控制流速为 1 ml/min。用试管收集洗脱液，每管 10 滴，直至洗脱液无色为止。观察各管颜色深浅程度，合并各管，量取总体积，此即为较纯的细胞色素 C。

（6）所得溶液可进一步在 4 ℃条件下，用无离子水透析除盐，用硝酸银溶液检查透析袋外溶液，直至无氯离子为止。透析后若发生沉淀则离心除去。上清液即为纯化的细胞色素 C，可置冰箱保存，或在低温干燥成固体。

（7）树脂再生。用过的 Amberlite IRC - 50（H）先用无离子水洗，再改用 2 mol/L NH₄OH 洗涤，倾倒碱溶液，用无离子水洗至中性。加 2 mol/L HCL 溶液在 60 ℃条件下搅拌 20 min，倾倒去酸溶液，用无离子水洗至中性。再用 2 mol/L NH₄OH 溶液浸泡，然后用无离了水洗至中性即可使用。若长期不用，可用布氏漏斗抽干备用。

4. 细胞色素 C 的鉴定及含量测定

（1）分子质量测定：详见本章第 35 节。

（2）含量测定：制得的细胞色素 C 样品是氧化型分子与还原型分子的混合物。测定其含量时要先用氧化剂（铁氰化钾）将其全部转变为氧化型；或用还原剂（连二亚硫酸钠）将其全部转变为还原型。然后在 550 nm 波长处测得光密度值（OD），根据已知氧化型和还原型细胞色素 C 的摩尔消光系数（ε），即可计算出样品中细胞色素 C 的含量。按以下操作选择一种（氧化或还原）方法测定样品含量。

① 氧化型细胞色素 C 含量测定：用两支洁净的小试管按表 4 - 16 操作。

表 4 - 16　操作步骤

试剂（ml）	样品	空白
0.06 mol/L Na₂HPO₄ - 0.4 mol/L NaCl 缓冲液	1.4	2.9
适当稀释的细胞色素 C 溶液	1.5	0
0.01 mol/L 铁氰化钾溶液	0.1	0.1

混匀，以空白管调零，在 550 nm 波长测定光密度值（OD），按下列公式计算含量。

$$Y(\text{mg/ml})=\frac{OD}{\varepsilon}\times M_{\text{wt}}\times \frac{3}{1.5}\times V(\text{ml})\times 稀释倍数$$

式中，M_{wt} 为细胞色素 C 分子质量（12 400 u）；3 为比色时溶液的体积；1.5 为细胞色素 C 溶液的体积；ε 为细胞色素 C 氧化型或还原型的摩尔消光系数；V 为制备所得细胞色素 C 溶液体积。

② 还原型细胞色素 C 含量测定：用两支洁净的小试管按表 4 - 17 操作。

表 4 - 17　操作步骤

试剂	样品	空白
0.06 mol/L Na₂HPO₄ - 0.4 mol/L NaCl 缓冲液（ml）	1.4	2.9
适当稀释的细胞色素 C 溶液（ml）	1.5	0
连二亚硫酸钠（固体）	几粒（溶液变为桃红色为止）	几粒

混匀，以空白管调零，在 550 nm 波长处测定光密度值（OD），按上述公式计算其含量。

如果产品较纯，氧化型和还原型细胞色素 C 的含量应该相近。

【注意事项】

（1）纱布压滤，收集滤液，调节滤液的 pH 至 6，不能超过，否则 pH 过高或过低将影响以后的过滤速度！滤纸过滤后，滤液必须清亮透明。

（2）盐析时，如使用固体硫酸铵，一定在不断搅拌下逐渐加入洗脱液中，否则影响盐浓度和实验结果。

（3）用透析法脱盐，将细胞色素 C 加入透析袋，加入的溶液体积不可过满，否则在透析后容易胀破，装好后应挤压赶出袋中的空气，检查封口是否漏溶液。

（4）细胞色素 C 含量测定，加入的氧化剂（铁氰化钾）和还原剂（连二亚硫酸钠）一定要够量，使氧化还原反应完全，否则影响测定结果。

【思考题】

（1）什么是离子交换？常用的离子交换剂有哪些？各有何特点？

（2）比较透析法脱盐和凝胶过滤脱盐各有何优缺点。

（3）简述吸附法的原理。用吸附剂粗分离蛋白质，什么条件有利于吸附？

（4）为什么要控制加固体硫酸铵的速度？

第 33 节

血浆（清）IgG 的分离纯化

血浆（清）蛋白质多达 70 余种，免疫球蛋白（immunoglobulin，Ig）是血浆（清）球蛋白的一种，免疫球蛋白 G(IgG) 又是免疫球蛋白的主要成分之一。IgG 的相对分子质量为 15 万～16 万，沉降系数约为 7S。要从血浆（清）中分离出 IgG，首先要尽可能除去血浆（清）中的其他蛋白质成分，提高 IgG 在样品中的比例，即进行粗分离，然后再精制纯化而获得 IgG。IgG 作为被动免疫制剂，在兽医临床上具有广泛的应用价值。

【实验内容】采用硫酸铵盐析、凝胶过滤脱盐及 DEAE-纤维素离子交换层析等方法，从动物血浆（清）中分离纯化 IgG。

【实验目的】

（1）了解蛋白质分离纯化的一般方法。

（2）掌握硫酸铵盐析、葡聚糖凝胶过滤、DEAE-纤维素离子交换层析等技术的原理与方法。

【实验原理】

1. 用盐析法制备血清（浆）IgG 粗制品的原理 盐析法的原理已在第 2 章第 5 节中做了详细介绍。本实验中用 20％饱和度的硫酸铵盐析沉淀血浆中的纤维蛋白原，离心所得上清液中主要含有清蛋白和球蛋白；再把上清液中的硫酸铵饱和度调整到 50％，以使上清液中的球蛋白盐析沉淀，离心弃去上清液，留下沉淀部分；将所得沉淀溶解，再调整硫酸铵饱和度到 35％，IgG 被盐析沉淀出来，上清液中为 α 与 β 球蛋白，离心后，弃去上清液，收集沉淀，即获得 IgG 的粗制品。

上述盐析法所获得的 IgG 粗制品不仅含有大量的硫酸铵，而且仍然含有一些杂蛋白，需要脱盐和进一步纯化。

2. IgG 粗制品凝胶过滤法脱盐的原理 盐析所获得的 IgG 粗制品中的硫酸铵将影响后续的纯化，所以应先将其除去，此过程称为"脱盐"。脱盐常用的方法有透析法和凝胶过滤法，二者各有利弊。前者的优点是透析后样品的终体积较小，但所需时间较长，且盐不易除尽；后者能将盐除尽，所需时间也短，但凝胶过滤后样品终体积较大。所以，要根据具体情况选择使用。

交联度高的小号葡聚糖凝胶 Sephadex G-25（或 50）适用于脱盐。本实验中由于样品体积较小，凝胶过滤后样品体积也不会太增加，所以选用 Sephadex G-25（或 50）凝胶过滤法脱盐。凝胶过滤法的原理见第 2 章第 7 节。

3. DEAE-纤维素离子交换层析纯化 IgG 的原理 离子交换层析技术的原理请参阅第 2 章第 7 节。纤维素作为不溶于水的惰性高分子聚合物具有亲水性强、易溶胀、溶胀后具有舒展的长链且表面积大等特点，从而使蛋白质分子容易接触并被容纳。所以，以纤维素作为不溶性母体而形成的离子交换剂对蛋白质（酶）等大分子物质的交换容量大、分辨力强，可以获得较好的分离效果及较高的回收率。另外，纤维素离子交换剂对交换的离子吸附力较弱，用比较温和的条件即可洗脱下来，不影响蛋白质（酶）等生物大分子物质的活性。纤维素的这些特点使纤维素离子交换剂在蛋白质（酶）生物大分子的分离和纯化中得到广泛的使用。

DEAE-纤维素是在纤维素上引入二乙基氨基乙基（DEAE），它是弱碱型阴离子交换剂。吸附蛋白质的最适 pH 范围为 7～9，pH 超过 9.5，DEAE 基团则不解离。每克 DEAE-纤维素含 0.96～1.24 mmol/L 可解离基团，其交换容量可达每毫克 DEAE 0.75～1.22 mg 蛋白质。

本实验采用 DEAE-纤维素离子交换层析纯化 IgG。首先将 IgG 粗品溶于 pH 为 6.7 的缓冲液中，此时 IgG 不发生解离、不带电荷，而其他杂质蛋白均带上不同数量的负电荷。因此，当 IgG 粗品溶液流经 DEAE-纤维素柱时，IgG 不与 DEAE-纤维素发生交换吸附而直接流出；其他杂质蛋白因带上不同数量的负电荷，故与 DEAE-纤维素上的阴离子发生交换而吸附于柱上。根据这一原理，让 IgG 粗品溶于 pH 为 6.7 的缓冲液后，流过 DEAE-纤维素柱，即可直接收集到较纯的 IgG。

【材料、试剂与器材】

1. 材料 新鲜的家畜血浆；DEAE-32（或52），Sephadex G-25（或50）等。

2. 试剂

（1）饱和硫酸铵溶液：取分析纯（NH₄）₂SO₄ 800 g，加蒸馏水 1 000 ml，不断搅拌下加热至 50～60 ℃，并保持数分钟，趁热过滤，滤液在室温中过夜，有结晶析出，即达到 100% 饱和度，使用时用浓氨水调 pH 至 7.0。

（2）0.01 mol/L、pH 7.0 的磷酸盐缓冲溶液：取 0.2 mol/L Na₂HPO₄ 溶液 61.0 ml 和 0.2 mol/L NaH₂PO₄ 溶液 39.0 ml 相混合，用酸度计检查 pH 应为 7.0。取该混合液 50 ml，加入 7.5 g NaCl，用蒸馏水定容至 1 000 ml。

（3）0.017 5 mol/L、pH 6.7 的磷酸盐缓冲溶液：取 0.2 mol/L Na₂HPO₄ 溶液 43.5 ml 和 0.2 mol/L NaH₂PO₄ 溶液 56.5 ml 相混合，用酸度计检查 pH 应为 6.7。取该混合液 87.5 ml，用蒸馏水稀释至 1 000 ml。

（4）奈氏（Nessler）试剂：制备和使用方法见第 3 章第 13 节。

（5）20%（m/V）磺基水杨酸溶液。

3. 器材 天平，离心机，恒流泵，核酸蛋白检测仪，记录仪，部分收集器，离心管，1.5 cm×20 cm 层析柱，黑、白比色瓷盘等。

【实验步骤】

1. 用盐析法制备血浆 IgG 粗制品

（1）在 1 支离心管中加入 5 ml 血浆和 5 ml 0.01 mol/L、pH 7.0 的磷酸盐缓冲液，混匀。用胶头滴管吸取饱和硫酸铵溶液，边搅拌边滴加于血浆溶液中，使溶液中硫酸铵的最终饱和度为 20%。加完后，应在 4 ℃ 放置 15 min，使之充分盐析（蛋白质样品量大时，应放置过夜）。然后以 3 000 r/min 离心 10 min，弃去沉淀（沉淀为纤维蛋白原），清蛋白与球蛋白在上清液中。

（2）在量取上清液的体积后，置于另一离心管中，用滴管继续向上清液中滴加饱和硫酸铵溶液，使溶液的饱和度达到 50%。加完后，在 4 ℃ 放置 15 min，然后以 3 000 r/min 离心 10 min，清蛋白在上清液中，沉淀为球蛋白。弃去上清液，留下沉淀部分。

（3）将所得的沉淀再溶于 5 mL 0.01 mol/L、pH 7.0 的磷酸盐缓冲液中，滴加饱和硫酸铵溶液，使溶液的饱和度达 35%。加完后，4 ℃ 放置 20 min，以 3 000 r/min 离心 15 min，α 与 β 球蛋白在上清液中，沉淀主要为 IgG。弃去上清液，即获得粗制的 IgG 沉淀。

为了进一步纯化，该操作步骤可重复 1～2 次。将获得的粗品 IgG 沉淀溶解于 2 mL 0.017 5 mol/L、pH 6.7 的磷酸盐缓冲液中，备用。

2. IgG 粗制品凝胶过滤法脱盐

（1）Sephadex G-25（或 50）的溶胀（水化）：商品葡聚糖凝胶为干燥颗粒，使用前必须水化溶胀。凝胶溶胀有两种方法：一种是将所需葡聚糖凝胶浸入蒸馏水中于室温下溶胀，另一种是置于沸水浴中溶胀。后者不但节省时间，还可以杀灭凝胶中的细菌，并排出凝胶网眼中的气体。

一支层析柱中可装入的干胶量用下法推算：称取 1 g 所需型号的葡聚糖干胶，放在 5 ml 量筒中，用室温溶胀的方法充分溶胀，观察溶胀后凝胶的体积。然后在层析柱中加水到所需柱床高度，将水倒出，量取柱床体积。根据 1 g 干胶溶胀后的体积和所需柱床体积，即可推算出干胶的需要量。

称取所需质量的 Sephadex G-25（或 50），加足量蒸馏水充分溶胀（在室温下约需 6 h，而在沸水浴中需 2 h），然后用蒸馏水洗涤几次，每次应将沉降缓慢的细小颗粒随水倾倒出去，以免在装柱后产生堵塞现象，降低流速。洗好的凝胶浸泡在洗脱液中备用。

（2）取层析柱 1 支（1.5 cm×20 cm），垂直固定在支架上，关闭下端出口。将已经处理好的 Sephadex G-25（或 50）中的水倾倒出去，加入 2 倍体积的 0.017 5 mol/L、pH 6.7 的磷酸盐缓冲液，搅拌成悬浮液，然后灌注入柱。打开柱下端的出口，随着柱中液面的下降，不断加入搅匀的 Sephadex G-25（或 50），使凝胶自然沉降高度到 17 cm 左右，关闭柱下端的出口。待凝胶柱床高度不再变时，在洗脱瓶中加入 3 倍柱床体积的 0.017 5 mol/L、pH 6.7 的磷酸盐缓冲液，使之流过凝胶柱，以使凝胶柱平衡。

（3）凝胶平衡后，关闭柱下端的出口，用滴管小心吸去凝胶柱床面上的溶液，再将盐析所得 IgG 样品轻轻加到凝胶柱床面上（注意不要破坏柱床面）。打开柱下端出口，控制流速，让 IgG 样品溶液慢慢浸入凝胶。待样品刚好全部浸入柱床面时，立刻关闭柱下端出口，在凝胶柱床面上小心加约 2 cm 高 0.017 5 mol/L、pH 6.7 的磷酸盐缓冲液，再将装有 0.017 5 mol/L、pH 6.7 的磷酸盐缓冲液的洗脱瓶与层析柱上口连接好。打开柱下端出口，开始洗脱，控制流速为 0.5 ml/min，用试管收集洗脱液，每管 10 滴。也可用核酸蛋白检测仪检测，同时用部分收集器收集洗脱液。

（4）在开始收集洗脱液的同时检查蛋白质是否已开始流出。为此，由每支收集管中取出 1 滴溶液置于黑色比色瓷盘中，加入 1 滴 20% 磺基水杨酸，若出现白色絮状沉淀，即证明已有蛋白质出现在此管。直到检查不出白色沉淀时，停止收集洗脱液（在检测时，用胶头滴管吸取收集管中溶液后应及时洗净，再吸取下一管，以免造成相互污染）。

（5）从含有蛋白质的每个收集管中，各取 1 滴溶液，分别滴在白色比色瓷盘上，各加入 1 滴奈氏试剂，混匀，若出现棕黄色沉淀说明该收集管中含有硫酸铵。合并不含硫酸铵但含有蛋白质的各收集管溶液，即为脱盐后的 IgG。若使用核酸蛋白检测仪检测，记录仪上蛋白峰与硫酸铵峰彻底分开、不重叠，则合并蛋白峰值相对应收集管中洗脱液，即为脱盐后的 IgG。

（6）收集 IgG 后，凝胶柱可用洗脱液继续洗脱，并用奈氏试剂检测，当无棕黄色沉淀出现时，证明硫酸铵已洗脱干净，这时 Sephadex G-25（或 50）柱即可重复使用或回收凝胶。

凝胶暂时不使用可浸泡在溶液里，存放在 4 ℃ 冰箱中。若在室温保存应加入 0.02% 叠氮钠（NaN₃）或 0.01% 乙酸汞等防腐剂，以防发霉；用时以水洗去防腐剂即可使用。凝胶长期不用，可先用水洗净，再分次加入百分浓度递增的乙醇溶液洗涤，每次停留一段时间，使之平衡，再换下一浓度的乙醇，让凝胶逐步脱水，再用乙醚除乙醇，抽干或将洗净的凝胶放在表面皿上，30 ℃烘干后保存。

3. DEAE-纤维素离子交换层析纯化 IgG

（1）DEAE-纤维素的活化：称取 1 g DEAE-32 或 52，放入 5 ml 量筒中，加蒸馏水浸泡过夜，观察溶胀后的体积。根据所用层析柱的柱床体积计算所需 DEAE-纤维素的质量。称取所需 DEAE-纤维素，用蒸馏水浸泡过夜（期间需换几次水，每次应除去细小颗粒。），抽干（可用布氏漏斗）。改用 0.5 mol/L NaOH 溶液浸泡 1 h，抽干，用无离子水漂洗，使 pH 至 8 左右（用 pH 试纸检测）。再改用 0.5 mol/L HCl 溶液浸泡 1 h，倾去酸溶液，用无离子水洗至 pH 6 左右。再改用 0.017 5 mol/L、pH 6.7 的磷酸盐缓冲液浸泡平衡。

（2）装柱：将 0.017 5 mol/L、pH 6.7 的磷酸盐缓冲溶液平衡好的 DEAE-纤维素轻轻搅匀，沿玻璃棒匀速灌入层析柱中，直至柱床高约 17 cm 左右为止。柱床形成后，在洗脱瓶中装入 0.017 5 mol/L、pH 6.7 的磷酸盐缓冲溶液，将洗脱瓶与层析柱上口连接好，打开柱下端出口，使磷酸盐缓冲溶液流过 DEAE-纤维素柱，直至流出液的 pH 与磷酸盐缓冲溶液的 pH 完全相同为止（用 pH 试纸不断检测）。

（3）上样：上述平衡过程完毕后，关闭柱下端出口。用滴管小心吸去纤维素柱床面上的溶液，再将脱盐后的 IgG 样品轻轻加在柱床面上（注意不要破坏柱床面）。打开柱下端出口，控制流速，使样品慢慢浸入柱床内，待样品刚好全部浸入柱床面时，立即关闭柱下端出口，在柱床面上小心加约 2 cm 高 0.017 5 mol/L、pH 6.7 的磷酸盐缓冲溶液，再将装有 0.017 5 mol/L、pH 6.7 的磷酸盐缓冲液的洗脱瓶与层析柱上口连接好，打开柱下端出口，开始洗脱。

（4）洗脱：控制流速为 0.5 ml/min，用试管收集洗脱液，每管 10 滴。从每管中取 1 滴收集液滴在黑色比色瓷盘上，然后再加 1 滴 20% 磺基水杨酸溶液，检查是否产生白色沉淀。在此条件下，在收集液中首先出现的蛋白质即为纯化的 IgG。因此，从洗脱开始就应收集洗脱液，直至收集液中无蛋白质（用磺基水杨酸检查不呈白色沉淀）为止，合并含有蛋白质的各管收集液即为纯化的 IgG 溶液。然后，可用 SDS-PAGE 检测其纯化效果，具体方法见本章第 35 节。

（5）柱内 DEAE-纤维素再生转型：让使用过的离子交换剂恢复原状的方法称为再生。再生并非每次用酸、碱反复处理，通常只要转型处理即可。所谓转型就是使交换剂带上所希望的某种离子，如希望阳离子交换剂带上 NH₄⁺，则可用氨水浸泡；如希望阴离子交换剂带上 Cl⁻，则用 NaCl 溶液处理。在本实验中，由于 DEAE-纤维素使用后带有大量的杂蛋白，所以再生时，先用 0.5 mol/L NaOH 溶液浸洗 1 h 以上，抽干（可用布氏漏斗）后，再用无离子水漂洗，使 pH 至 8 左右（用 pH 试纸检查），然后再用 0.017 5 mol/L、pH 6.7 的磷酸盐缓冲溶液浸泡（以 HPO₄²⁻ 取代 DEAE 中的 OH⁻）即可转型，转型后即可再次使用。

【注意事项】

（1）向蛋白质溶液中加饱和硫酸铵溶液进行盐析时，一定要边滴加边搅拌，这是为了防止饱和硫酸铵一次性加入或搅拌不均匀造成局部过饱和现象，影响盐析的效果。另外，搅拌时一定不要太急，以免产生过多泡沫，致使蛋白质变性失活。

（2）由于高浓度的盐溶液对蛋白质有一定的保护作用，所以盐析操作一般可在室温下进行，而对某些对热特别敏感的酶进行盐析时，则应在低温条件下进行。

（3）在盐析条件相同的情况下，蛋白质浓度越高越容易沉淀。但浓度过高容易引起其他杂蛋白的共沉作用。因此，盐析时必须选择适当的蛋白质浓度。

（4）柱层析时，装柱的质量是成功分离和纯化样品的关键。柱子装的要均匀，不能分层、不能有气泡。另外，在整个层析过程中千万不能干柱，否则样品分离纯化前功尽弃。如果出现上述情况，需要将柱中的填料洗出并处理，然后重新装柱。

【思考题】

（1）比较细胞色素 C 和 IgG 的粗分离方法有何不同？

（2）什么叫分段盐析？本实验中是如何采用分段盐析法获得 IgG 粗品的？

（3）如果本实验改用动物血清为实验材料，请问实验步骤该做如何改动？

（4）凝胶过滤法脱盐的原理是什么？

（5）DEAE-纤维素离子交换层析纯化 IgG 的原理是什么？

（6）本实验是一个综合性大实验，请谈谈你的实验体会。

第 34 节

聚丙烯酰胺凝胶柱状电泳分离血清蛋白质

聚丙烯酰胺凝胶柱状电泳是聚丙烯酰胺凝胶电泳的重要形式之一，因电泳过程在玻璃柱中进行而得名。又因为蛋白质样品在电泳后形成的区带形状像圆盘，故又称为圆盘电泳（disc-electrophoresis）。因其具有分辨率高、可重复性好等特点，在蛋白质、核酸的分离、鉴定和小量制备等方面的用途十分广泛。

【实验内容】 利用聚丙烯酰胺凝胶柱状电泳对血清蛋白进行分离。

【实验目的】 掌握聚丙烯酰胺凝胶柱状电泳的原理，熟悉其操作步骤，了解血清蛋白的主要成分。

【实验原理】 不连续系统聚丙烯酰胺凝胶柱状电泳，由于胶的浓度不同，制备凝胶的缓冲溶液成分及 pH 不同，电泳缓冲液的成分、pH 也不相同，蛋白质样品通过浓缩胶的浓缩并按分子大小排列成层，然后进入分离胶，随着电泳的不断进行，不同大小的蛋白质分子逐渐被分开。详细原理请参阅第 2 章第 8 节。

不连续聚丙烯酰胺凝胶电泳的分辨率很高，少量的蛋白质样品（1~100 µg）也能分离得很好，如血清蛋白质可获得近 20 个区带（醋酸纤维薄膜电泳只有 5~6 条带）。

柱状电泳在柱状电泳槽中进行（图 4-3）。

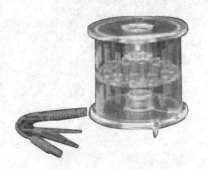

图 4-3 柱状电泳槽

【材料、试剂与器材】

1. 材料 动物血清。

2. 试剂

（1）分离胶和浓缩胶的储存液：按表 4-18 右侧栏配制。

（2）电极缓冲液（pH 8.3）：Tris 6.0 g，甘氨酸 28.8 g，加蒸馏水溶解，并定容至 1 000 ml，用时 10 倍稀释。

（3）染色液：0.25 考马斯亮蓝 R-250，加入 50％甲醇水溶液 454 ml 和冰醋酸 46 ml。

（4）脱色液：75 ml 冰醋酸、875 ml 蒸馏水与 50 ml 甲醇混合。

（5）凝胶电泳玻璃管：选内径 5~6 mm、外径 7~8 mm、长 80~100 mm 光滑均匀的玻璃管，两端用金刚砂纸磨平，洗液浸泡，洗净烘干。

（6）0.05％溴酚蓝。

3. 器材 5~10 ml 注射器，10 cm 长注射器针头（7 号），100 µl 微量进样器，圆盘电泳槽等。

【实验步骤】

1. 凝胶柱制备 将洗净烘干的凝胶电泳玻璃管一端插在疫苗瓶的橡皮帽中，或用其他材料将玻璃管一端封闭，将封闭的一端朝底垂直放于桌面支架上。取出预先配制的凝胶储存液按表4-18操作，用量根据玻璃管大小而定。

表4-18 操作步骤

100 ml溶液中的含量			溶液混合比例		
1号	1 mol/L HCl	48.0 ml	分离胶	1号	1份
	Tris	36.6 g		2号	2份
	TEMED	0.23 ml		H₂O	1份
	用浓HCl调pH至8.9			抽气	
2号	丙烯酰胺	29.0 g		3号	4份
	甲叉双丙烯酰胺	1.0 g			
3号	过硫酸铵	0.3 g		凝胶浓度7.5%，pH 8.9	
4号	1 mol/L HCl	约48 ml	浓缩胶	4号	1份
	Tris	5.98 g		2号	2份
	TEMED	0.46 ml		6号	1份
	用浓HCl调pH至6.7			H₂O	1份
5号	核黄素	4.0 mg		抽气	
6号	蔗糖	40.0 g		5号	1份
				凝胶浓度3.75%，pH 6.7	

按表4-18先配制分离胶，在抽气后加入新配制的过硫酸铵，用玻璃棒混匀，及时用皮头滴管吸取胶液灌入玻璃管内约6.5 cm高（可预先做记号）。然后立即顺管壁（不要滴加）加入3～5 mm高的水层，以隔离空气加速胶凝的过程。加水时一定要防止搅乱胶面，待30 min后即凝聚成胶，此时胶与水之间形成一条明显的界线。倒出胶面上的水，也可用滤纸吸干。

按表4-18配制浓缩胶，在抽气后加入核黄素，混匀。先用部分胶液冲洗上述制好的分离胶面，倒出，再立即灌入浓缩胶约1 cm高，然后按上述方法小心地加一层水。将胶管置于日光或日光灯下照射，进行光化反应，约30 min后聚合完全，此时可见浓缩胶呈一层明显的灰白色胶柱。除去水层，用电极缓冲液洗涤胶面，吸弃，再用电极缓冲液加满至管顶，即可上样电泳。

浓缩胶层应在临电泳前制备。

2. 加样 取新制血清（动物或人）10～15 μl，加等量40%蔗糖和5 μl溴酚蓝，放置在干净的白瓷板孔中，混匀。用微量进样器吸取样品，让针头穿过胶面上的缓冲液，慢慢推动进样器，使样品慢慢落在胶面上。推动进样器时不宜过猛，以免样品与缓冲液混合。

若有其他蛋白质样品，也按上述操作，加入另一凝胶管中同时电泳。

3. 电泳 将已加好样品的胶管，轻轻除去下端的皮塞或封闭物，将管插入圆盘电泳槽孔中（上1/3，下为2/3），记录各管所处编号位置。管要插得垂直。插好后，加入少量电极缓冲液于槽中，检查是否漏水，若不漏水即可加足电极缓冲液，至少要淹没过凝胶管顶部。电泳槽下槽中也加入电极缓冲液，至少要淹没电极。然后接通电源，负极在上，正极在下。电泳初期电压控制在70～80 V，待样品进入分离胶后，加大电压到100～120 V，继续电泳。

当溴酚蓝指示剂到达距胶管底部 0.5～1 cm 处时停止电泳，关闭电源。

倒出电泳槽中的电极缓冲液，取出凝胶玻璃管。用带长注射针头（10 cm）的注射器吸满水，针头插入玻璃管壁与凝胶之间，边插入边推水，并使针头沿管壁转动，直到针头插到头，这样胶柱即可脱离玻璃管滑出。若仍未自动滑出，可用洗耳球轻轻把凝胶柱吹出，但不能用力过大，以免凝胶滑出过猛而断裂。

4. 染色 将取出的凝胶柱放入大试管或平皿中，加入染色液，染色 20～30 min。倒出染色液并回收，换成脱色液漂洗，多次更换脱色液或放在 37 ℃处加热促进脱色，直至无蛋白质区带处背景的颜色褪净，可见清晰的血清蛋白质电泳图谱为止。

电泳结果可用扫描仪扫描记录或拍照。凝胶柱在 7‰醋酸溶液中可长期保存。

【注意事项】

（1）丙烯酰胺及甲叉双丙烯酰胺均为很强的神经毒剂并容易吸附于皮肤，对皮肤有刺激作用，操作时应带一次性塑料手套。

（2）丙烯酰胺和甲叉双丙烯酰胺在储存过程中缓慢转变为丙烯酸和双丙烯酸，这一脱氨基反应是光催化或碱催化的，故溶液的 pH 应不超过 7.0。这一溶液置棕色瓶中室温下储存，每隔几个月须重新配制。

（3）抽气的目的是除去胶液中的空气，防止形成凝胶后空气形成的气泡影响电泳，同时也减少凝胶中的氧气，有利于自由基 O^- 发挥作用，促进胶的聚合速度。此步一般用胶可以省略，但在做 DNA 测序时，一定要抽气。

（4）制胶和电泳时，玻璃管一定要保持垂直，否则带形会不整齐，降低分辨率。

（5）整个取胶过程要求动作慢，细心，不得破坏胶的完整性，以保证获得理想的实验结果。

【思考题】

（1）聚丙烯酰胺凝胶柱状电泳的原理是什么？

（2）聚丙烯酰胺凝胶柱状电泳有哪些用途？

（3）在进行聚丙烯酰胺凝胶柱状电泳时应注意哪些事项？

（4）聚丙烯酰胺凝胶柱状电泳和聚丙烯酰胺凝胶平板电泳相比有什么优点？

第 35 节

SDS –聚丙烯酰胺凝胶电泳法测定蛋白质的分子质量

SDS–聚丙烯酰胺凝胶电泳（SDS–PAGE）是在聚丙烯酰胺凝胶电泳体系中加入了十二烷基硫酸钠（sodium dodecyl sulfate，SDS）所形成的一种用于测定蛋白质分子质量的电泳方法。实验证明，分子质量在 12 000～200 000 u 之间的蛋白质，用此法测得的分子质量，与其他方法测得的相比，误差一般在 ±10% 以内，重复性高。此方法还具有设备简单、样品用量甚微、操作方便等优点，现已成为测定大多数蛋白质分子质量的常用方法，还可用于蛋白质纯度的检测。

【实验内容】本实验采用不连续垂直板 SDS–PAGE 电泳测定给定蛋白质的分子质量。

【实验目的】

（1）学习和理解 SDS–PAGE 测定蛋白质分子质量的基本原理及方法。

（2）熟悉 SDS–PAGE 技术的操作方法和注意事项。

【实验原理】十二烷基硫酸钠（SDS）是一种阴离子去污剂，由于 SDS 分子本身带有负电荷，能够与蛋白质的疏水区相结合，使蛋白质伸展和解聚，从而使蛋白质呈一致的强负电荷。当采用加有 SDS 的聚丙烯酰胺凝胶进行电泳时，利用聚丙烯酰胺凝胶的分子筛效应，可以进行蛋白质分子质量的测定。

在用该方法进行分子质量的测定中，利用某些已知分子质量的指示蛋白与经 SDS 处理后解离成肽链的蛋白质样品进行电泳比较，根据蛋白质的电泳迁移率，在一定的分子质量范围内与分子质量的对数所呈的线性关系，就可以测定出肽链的分子质量。当同时有还原剂存在时，多肽链内部的二硫键则被断开，形成巯基。因此用该方法测得的是蛋白质亚基的分子质量。

SDS–聚丙烯酰胺凝胶电泳可以采用圆盘电泳的形式，也可以采用垂直板状电泳的形式，其操作步骤大致相同。另外，SDS–聚丙烯酰胺凝胶电泳亦分为连续体系和不连续体系。

【试剂与仪器】

1. 试剂

（1）低分子质量或中分子质量标准，参照附录。

（2）蛋白样品：由实验室临时给定。

蛋白样品应预先测定浓度，电泳样品的准备方法如下：蛋白质样品 X 份，H_2O Y 份，溴酚蓝指示剂 1 份，上样缓冲液（含或不含 β–巯基乙醇）1 份，使电泳样品中的蛋白质浓度达到 1 mg/ml 为宜。电泳前，将样品煮沸 3～5 min，立即置冰水浴中，备用。

样品缓冲液的制备：4× 浓缩胶缓冲液 30 ml，β–巯基乙醇 12 ml（或用等体积的水），7.2 g SDS，加水至 50 ml。

（3）染色液：250 mg 考马斯亮蓝 R–250 溶于含有 9% 冰醋酸、45.5% 甲醇和 45.5% 水的 100 ml 混合液中。

（4）洗脱液：冰醋酸：甲醇：水 = 7.5：5.0：87.5(V/V)。

（5）电泳缓冲液（pH 8.3）：Tris 3.03 g，甘氨酸 14.41 g，加水溶解后，加入 10％SDS 10 ml，再加水定容至 1 000 ml。

（6）30％ Acr - Bis：丙烯酰胺（Acr）73.0 g、甲叉双丙烯酰胺（Bis）2.0 g，用水充分溶解后，再定容至 250 ml。

（7）浓缩胶缓冲液：Tris 6.055 g，10％SDS 4.0 ml，加水溶解后，用 HCl 调 pH＝6.8，再加水定容至 100 ml。

（8）分离胶缓冲液：Tris 18.165 g，10％SDS 4.0 ml，加水溶解后，用 HCl 调 pH＝8.8，再加水定容至 100 ml。

（9）10％过硫酸铵（当天配制）。

（10）TEMED(N，N，N′，N′-四甲基乙二胺)。

2. 仪器　垂直板电泳槽（图 4 - 4），电泳仪，微量加样器，注射器等。

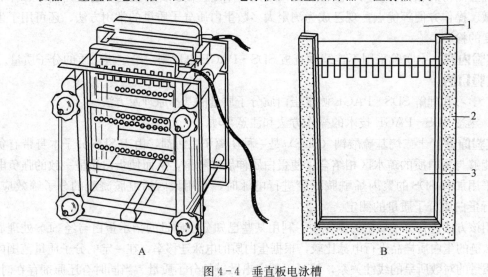

图 4 - 4　垂直板电泳槽

A. 垂直板电泳装置　B. 凝胶模：1. 样口模　2. 硅橡胶带　3. 玻璃片

【实验步骤】

1. 封槽　垂直板电泳槽、玻片等器材用 95％的乙醇清洁。将清洁好的两块高度相同电泳用玻璃板（一块平整，一块有凹陷）之间夹入 1 mm 厚的夹条，使玻璃板之间形成槽，然后将形成槽的玻璃板-夹条-玻璃板一并用夹子与电泳槽夹紧，垂直放在实验台上，用充分熔融后的 1％琼脂糖（1％琼脂糖溶液用对半稀释的电泳缓冲液配制）封闭槽的左右及底部，使其不漏液。

注意，有些电泳槽可以不封槽，如美国 BioRad 公司的垂直电泳槽就无需这一步操作。

2. 制胶　凝胶浓度应根据未知样品的估计分子质量进行选择，特别是分离胶的浓度。

1）10％分离胶的制备：按下列配方配制 12.5 ml 凝胶液用于制胶。

30％Acr - Bis	4.16 ml
分离胶缓冲液	3.12 ml
H_2O	5.00 ml
10％过硫酸铵	190 μl
TEMED	10 μl

混匀后迅速将胶液灌入电泳槽中，使凝胶面与上槽边缘距离 2.5～3.5 cm，立即用少许水封闭胶面以隔绝空气。待完全聚合后，倾去胶面液体，用滤纸吸干表面。

2）5%浓缩胶的制备：按下列配方配制 5 ml 凝胶液用于制胶。

30%Acr - Bis	0.834 ml
浓缩胶缓冲液	1.25 ml
H_2O	2.811 ml
10%过硫酸铵	100 μl
TEMED	5.0 μl

混匀后将胶液灌在分离胶的上面，迅速插入模梳（亦可先插入模梳再注入胶液）。待完全聚合后，慢慢拔出模梳，用上槽电极缓冲液冲洗加样孔，待加样。

3. 加样 上下槽中注入适量电泳缓冲液。每个加样孔中加样 5～10 μl。在 100 ℃加热 3 min 以使蛋白质变性。另用已知分子质量的标准系列蛋白质 20 μl 作为对照。

4. 电泳 上槽接负极，下槽接正极，电压 200 V，电泳终点由溴酚蓝染料指示前沿决定。

5. 染色与脱色 终止电泳，取出凝胶，标记溴酚蓝前沿。用考马斯亮蓝染色 2～6 h（最长可过夜），在脱色液中浸洗 12 h，至背景无色为好。

脱色后，可将凝胶浸于水中，长期封装在塑料袋内而不降低染色强度。为永久性记录，可对凝胶进行拍照，或将凝胶干燥成胶片。

6. 分子质量的测定 将脱色的凝胶，从正极端起量取每条电泳带的迁移距离（或算出迁移率），即 Rf 值。以标准分子质量指示蛋白的分子质量对数为纵坐标，以相应的迁移距离为横坐标制作标准曲线，从曲线中查出待测样品的分子质量。

【注意事项】

（1）在 SDS - PAGE 中，需要高纯度的 SDS，市售化学纯 SDS 需结晶一到两次方可使用。

（2）SDS 与蛋白的结合量：当 SDS 单体浓度在 1 mmol/L 时，1 g 蛋白质可与 1.4 g SDS 结合才能生成 SDS-蛋白复合物。巯基乙醇可使蛋白质间的二硫键还原，使 SDS 易与蛋白质结合。样品溶液中，SDS 的浓度至少比蛋白质的量高 3 倍，否则可能影响样品的迁移率。

（3）样品溶液应采用低离子强度，最高不超过 0.26，以保证在样品溶液中有较多的 SDS 单体。加样时，应保持凹形加样槽胶面平直。在处理蛋白质样品时，每次都应在沸水浴中保温 3～5 min，以免亚稳聚合物存在。

（4）由于凝胶中含 SDS，直接制备干板会产生龟裂现象，常采用照相法保存结果。

【思考题】

（1）简述 SDS - PAGE 测定蛋白质分子质量的原理。做好本实验的关键是什么？

（2）聚丙烯酰胺凝胶电泳时，样品中加入少量溴酚蓝和 40%蔗糖溶液的作用是什么？

（3）SDS - PAGE 电泳之前，蛋白质分子质量标准如何选择？

（4）如何通过 SDS - PAGE 电泳来确定未知蛋白质的分子质量？

5 第5章

核酸技术

第 36 节

动物组织中染色体 DNA 的制备与成分鉴定

DNA 是除 RNA 病毒以外的所有生物体的基本组成物质和遗传物质。真核生物 DNA 主要存在于细胞核中，并且一般都和蛋白质结合在一起，以核蛋白的形式存在。无论是对 DNA 的结构与功能进行研究，还是大量制备 DNA 药物，都需要从生物材料中提取 DNA。但不同的实验目的常采用不同的提取方法。本实验所介绍的方法适于 DNA 的大量制备。同时，还介绍了 DNA 成分的鉴定方法。

【实验内容】 本实验以动物肝脏为材料，提取动物组织染色体 DNA，并应用化学法鉴定其不同成分。

【实验目的】

（1）掌握动物组织中染色体 DNA 制备基本原理，熟悉其技术方法和注意事项。

（2）掌握 DNA 成分鉴定的基本方法，了解 DNA 的组成成分。

（3）对遗传物质 DNA 有一个基本的感性认识。

【实验原理】 真核生物的 DNA 主要以染色质的形式存在于细胞核内，而 RNA 则主要存在于细胞质中。它们分别与蛋白质相结合，形成脱氧核糖核蛋白（DNP）及核糖核蛋白（RNP）。在细胞破碎后，这两种核蛋白将混杂在一起。因此，要制备 DNA 首先要将这两种核蛋白分开。

已知这两种核蛋白在不同浓度的盐溶液中具有不同的溶解度，如在 0.15 mol/L NaCl 的稀盐溶液中，核糖核蛋白的溶解度最大，脱氧核糖核蛋白的溶解度则最小（仅约为在纯水中的 1%）；而在 1 mol/L NaCl 的浓盐溶液中，脱氧核糖核蛋白的溶解度增大，至少是在纯水中的 2 倍，核糖核蛋白的溶解度则明显降低。根据这种特性，调整盐浓度即可把这两种核蛋白分开。因此，在细胞破碎后，用稀盐溶液反复清洗，所得沉淀即为脱氧核糖核蛋白成分。

分离得到的脱氧核糖核蛋白，用十二烷基硫酸钠（SDS）使蛋白质成分变性，让 DNA 游离出来，再用含有异戊醇的氯仿除去变性蛋白质。最后根据核酸只溶于水而不溶于有机溶剂的特点，加入 95% 的乙醇即可从除去蛋白质的溶液中把 DNA 沉淀出来，获得 DNA 产品。

对获得的 DNA 可进行以下两个方面的分析鉴定。

（1）将获得的 DNA 在酸性条件下水解后，可分别对脱氧核糖、嘌呤碱及磷酸成分进行鉴定，具体原理如下：

脱氧核糖的鉴定：脱氧核糖在酸性溶液中生成 β，ω-羟基-γ-酮基戊醛，后者与二苯胺作用生成蓝色化合物。

磷酸的鉴定：在酸性条件下，磷酸与钼酸铵作用，可产生黄色的磷钼酸铵沉淀，磷钼酸铵在抗坏血酸存在下，可被还原成蓝色的钼蓝。

嘌呤碱基的鉴定：在碱性环境中，硝酸银与之反应，可生成灰褐色的絮状嘌呤银化合物。

(2) DNA 含量和纯度测定：按 200 $\mu g/ml$ 的浓度称取一定量 DNA，溶于 0.01 mol/L NaOH 溶液或 pH 8.0 TE 缓冲液中（干燥 DNA 不易溶解，应在测定前几天预先溶解）。其含量及纯度的测定可用紫外吸收法、定磷法及化学法等方法。

【试剂及器材】

1. 材料 大鼠或兔子等动物的新鲜肝脏。

2. 试剂

(1) 0.15 mol/L NaCl - 0.015 mol/L 柠檬酸钠溶液（pH 7.0）：称取 8.77 g NaCl，4.41 g 柠檬酸三钠（$Na_3C_6H_5O_7 \cdot 2H_2O$），用约 800 ml 蒸馏水溶解后，用 NaOH 调节 pH 至 7.0，最后定容至 1 000 ml。

(2) 0.15 mol/L NaCl - 0.1 mol/L $EDTANa_2$ 溶液（pH 8.0）：称取 8.77 g NaCl，37.2 g $EDTANa_2$ 溶于约 800 ml 蒸馏水中，以 NaOH 调 pH 至 8.0，最后定容至 1 000 ml。

(3) 5%（m/V）十二烷基硫酸钠（SDS）溶液：称取 5 g SDS 溶于 100 ml 45%（V/V）的乙醇中。

(4) 氯仿-异戊醇溶液：按氯仿：异戊醇＝24：1（V/V）配制。

(5) pH 8.0 TE 缓冲液：10 mol/L Tris - HCl，1 mmol/L $EDTANa_2$。

(6) 0.01 mol/L NaOH：取 NaOH 0.4 g 加蒸馏水至 1 000 ml。

(7) 钼酸铵试剂：钼酸铵 2 g，溶于 100 ml 10% HNO_3 溶液中，最后加入 0.53 g 还原型抗坏血酸，并储存与棕色瓶中（现用现配）。

(8) 二苯胺试剂：二苯胺 1 g，加 100 ml 冰醋酸，混匀。再加入 2.75 ml 浓 H_2SO_4，混匀即得（该试剂需使用的当日配制）。

(9) 其他常用试剂：95%（V/V）乙醇 1 000 ml，75%（V/V）乙醇 1 000 ml，5% H_2SO_4，2.5 mol/L NaOH，0.1 mol/L $AgNO_3$，冰、粗盐等。

3. 器材 组织捣碎机、玻璃匀浆器、冷冻离心机等。

【实验步骤】

1. DNA 的提取制备

(1) 在烧杯（500 ml）中放 1/3 体积的冰，加入少量水及约 20 g 食盐，制成冰盐水。

(2) 将经过饥饿的大鼠或兔颈部放血处死，迅速开腹取出肝脏，称取约 10 g 浸入预先在冰盐水中冷却的 0.15 mol/L NaCl - 0.015 mol/L 柠檬酸钠溶液中。除去脂肪、血块等杂物；再用少量溶液反复洗涤几次，直至组织块无血为止。

(3) 将洗净的组织剪成碎块。先加入 20 ml 0.15 mol/L NaCl - 0.015 mol/L 柠檬酸钠溶液，放在组织捣碎机中迅速捣成匀浆，再放入玻璃匀浆器中匀浆 2～3 次，使细胞充分破碎。最后加入 0.15 mol/L NaCl - 0.015 mol/L 柠檬酸钠溶液至 50 ml。

(4) 匀浆液在 4 ℃ 6 000 r/min 离心 10 min，弃上清。在沉淀中加入 4 倍体积冷的 0.15 mol/L NaCl - 0.015 mol/L 柠檬酸钠溶液，搅匀，按上述条件，离心弃上清。如此重复操作 2～3 次，尽量洗去可溶的部分（目的是什么？）。最后弃去上清，留沉淀。

(5) 将沉淀物（约 5 ml）悬浮于 5 倍体积的 pH 8.0、0.15 mol/L NaCl - 0.1 mol/L $EDTANa_2$ 溶液中，搅匀，然后边搅拌边慢慢滴加 5% SDS 溶液，直至 SDS 的最终浓度达

1％为止（应加多少毫升?），此时溶液变得十分黏稠，若不黏稠应重做。然后，加入固体 NaCl 使最终浓度达 1 mol/L。继续搅拌 30～45 min，以确保 NaCl 全部溶解，此时可见溶液由黏稠变稀薄。

（6）将上述混合溶液倒于一个 300 ml 的带塞三角瓶中，加入等体积的氯仿-异戊醇，振荡 10 min。在室温 3 000 r/min 离心 10 min（为什么可以在室温操作?），此时可见离心液分为 3 层：上层为水溶液，中层为变性蛋白块，下层为氯仿－异戊醇。小心吸取上层水相，记录体积，放入三角瓶中，向水相中再加入等体积氯仿－异戊醇，振荡，离心，如此重复抽提 2～3 次，除净蛋白质。

（7）最后一次离心后，小心吸取上层溶液（不要吸取下层氯仿），记录体积，放入干燥小烧杯中，用滴管加入 2 倍体积预冷的 95％乙醇。边加边用玻璃棒慢慢顺一个方向在烧杯内转动，随着乙醇的不断加入，可见溶液中有透明的黏稠丝状物析出，并能缠绕于玻璃棒上，此时随着玻璃棒的持续搅动，黏稠丝状物都将缠绕到玻璃棒上，直至溶液中再无黏稠丝状物出现为止。

（8）将黏稠丝状物从玻璃棒上取下，用 75％乙醇洗 2 次，置于干燥器中抽干，得到纤维状固体物质，即为 DNA 粗品。称取重量，计算产率。

2. DNA 成分鉴定

（1）DNA 的水解：取少量获得的 DNA 置于试管中，加入 5 ml 5％H_2SO_4，搅匀，然后用带有长玻璃管的软木塞塞紧管口，于沸水浴中煮沸 20 min，即为 DNA 水解液，冷却后进行以下鉴定。

（2）磷酸成分的鉴定：取两支试管，按表 5-1 操作。

表 5-1 磷酸成分鉴定操作

试剂	对照管	测定管
水解液（ml）	—	1
5％H_2SO_4(ml)	1	—
钼酸铵试剂（ml）	2	2

将两支试管于沸水浴煮沸 5 min，观察两管内颜色有何不同。

（3）脱氧核糖成分的鉴定：取两支试管，按表 5-2 操作。

表 5-2 脱氧核糖成分鉴定操作

试剂	对照管	测定管
水解液（ml）	—	1
5％H_2SO_4(ml)	1	—
二苯胺试剂（ml）	5	5

将两支试管同时放入沸水浴，10 min 后观察比较两支试管内溶液颜色变化。

（4）嘌呤碱成分的鉴定：取两支试管，按表 5-3 操作。

表 5 - 3　嘌呤碱成分鉴定操作

试剂	对照管	测定管
水解液（ml）	—	0.5
5%H_2SO_4（ml）	0.5	—
100 g/L NaOH（ml）	0.5	0.5
0.1 mol/L $AgNO_3$（ml）	0.5	0.5

加入 $AgNO_3$ 后观察有何变化，静置 15 min，比较两试管内现象的变化。

3. DNA 含量和纯度测定　按 200 μg/ml 的浓度称取一定量 DNA，溶于 0.01 mol/L NaOH 溶液或 pH 8.0 TE 缓冲液中（干燥 DNA 不易溶解，应在测定前几天预先溶解）。

DNA 的含量及纯度可用紫外吸收法、定磷法及化学法等测定。具体操作步骤详见本章第 37 节。

【注意事项】

（1）本实验以新鲜大鼠或兔的肝脏（其他动物肝脏也可以）为材料。应当注意，实验前应将动物饥饿 24 h 以上，以避免肝糖原的干扰。

（2）需防止脱氧核糖核酸酶（DNase）的作用。当细胞破碎时，细胞内的脱氧核糖核酸酶立即开始降解 DNA，必须立即采取抑制酶活的措施。如在本实验中加入柠檬酸盐、EDTA 等螯合剂，以去掉 DNase 必需的 Mg^{2+} 离子，使 DNase 活性降低，并要求整个分离制备过程均在 4 ℃以下进行。最后加入 SDS 使所有的蛋白质（包括 DNase）变性。

（3）如果希望获得更大分子的 DNA 时，则在细胞破碎后，及时加入 SDS 使蛋白质（包括 DNase）变性，并加入蛋白酶 K，降解所有的蛋白质。

（4）DNA 分子很长，在水中呈黏稠状，可以用玻璃棒缠起来。DNA 链的双螺旋结构具有一定的刚性，小角度的折叠和挤压等剪切力，会使 DNA 断裂成小的片段。为保证获得大分子 DNA，操作时应避免剧烈振摇，或过大的离心力。转移吸取 DNA 时不可用过细的吸头，不可猛吸猛放，更不能用细的吸头反复吹吸。

（5）DNA 可在高盐浓度条件下以液体状态保存，但应防止 DNase 污染。干燥后的固体 DNA，性质稳定，可长期保存。

（6）生物体内各部位的 DNA 是相同的，但取材时以含量丰富的部位为主，如动物的肝脏、脾、肾、血液、精子等。所有材料，必须新鲜，及时使用，或放入－20 ℃冰箱或液氮冷冻保存。

（7）在每一步操作过程中，均注意混匀要充分，以保证 DNA 提取效果。

【思考题】

（1）如何才能获得尽可能完整的动物组织 DNA？

（2）提取的 DNA 干燥后会呈现不同的颜色，试分析其可能的原因。

（3）提取的动物 DNA 都有哪些用途？

（4）本实验中氯仿-异戊醇试剂的作用是什么？

（5）根据本实验 DNA 提取过程中的实验现象，结合实验原理进行分析。

第 37 节

核酸定量测定技术

天然核酸分为 DNA 和 RNA 两大类，它们在化学结构、分子组成、细胞内分布及生物学功能方面都有区别。DNA 主要分布于核内，而 RNA 在细胞质中含量丰富。DNA 和 RNA 的基本构成单位是核苷酸，由核糖或脱氧核糖、磷酸和含氮碱基（嘌呤碱或嘧啶碱）组成，测定三者中的任何一种成分，即可计算核酸的含量。

现有的核酸定量测定技术主要包括紫外吸收法、定磷法、定糖法三种。紫外吸收法是目前 DNA 和 RNA 浓度测定最常用的方法，仪器使用方便、准确、快捷，有微量紫外分光光度计可供使用。采用紫外吸收法还可以测定核酸的纯度。定磷法可测定磷酸从而计算核酸的含量；定糖法通过测定脱氧核糖或核糖可测出 DNA 或 RNA 的含量。

一、紫外吸收法

【实验内容】 利用紫外分光光度计在 260 nm 处测定核酸（DNA 或 RNA）的含量。

【实验目的】

(1) 掌握紫外吸收法测定核酸含量的原理。

(2) 掌握使用紫外分光光度计测定核酸含量的操作方法。

【实验原理】 紫外吸收是共轭双键系统所具有的性质。DNA 和 RNA 的嘌呤和嘧啶环中都含有共轭双键，能吸收紫外光，最大吸收峰在 260 nm 波长处。核酸和核苷酸的摩尔吸收系数用 $\varepsilon(P)$ 表示。$\varepsilon(P)$ 为每升溶液中含有 1 mol 核酸磷时的光密度。RNA 的 $\varepsilon(P)$ 为 $7\,700\sim7\,800$，RNA 中磷的质量分数约为 9.5%，因此每毫升溶液中含 1.0 μg RNA 的光密度为 $0.022\sim0.024$。不同形式 DNA 紫外光密度不同，因为 DNA 具有双螺旋结构，当过量的酸、碱或加热使 DNA 变性，则出现 $\varepsilon(P)260$ nm 值升高的增色效应现象。在核苷酸量相同的情况下，$\varepsilon(P)260$ nm 有以下关系：单核苷酸＞单链 DNA＞双链 DNA。DNA 变性后，双螺旋结构被破坏，碱基充分暴露，紫外光密度增加，还可根据 DNA 溶液在 260 nm 处光密度的变化监测 DNA 的变性情况。

蛋白质由于含有芳香族氨基酸，也能吸收紫外光，但它的吸收峰在 280 nm 波长处，在 260 nm 处的光密度仅为核酸的 1/10 或更低，因此核酸样品中蛋白质含量较低时对核酸的紫外测定影响不大。RNA 在 260 nm 与 280 nm 处的光密度的比值在 2.0 以上，DNA 在 260 nm 与 280 nm 处的光密度的比值为 1.9 左右，当样品中蛋白质含量较高时该比值会下降。紫外吸收法测定核酸含量简便快速，灵敏度高，一般可检测到 3 ng/L 的水平。

【材料、试剂与器材】

1. 材料 DNA 或 RNA 样品。

2. 试剂 钼酸铵-过氯酸沉淀剂（0.25%钼酸铵-2.5%过氯酸溶液）：将 3.6 ml 70%过

氯酸和 0.25 g 钼酸铵溶于 96.4 ml 蒸馏水中，配制成 100 ml 溶液。

3. 器材　紫外分光光度计、容量瓶（50 ml）、离心管、离心机等。

【实验步骤】

（1）取 DNA 或 RNA 样品作适当稀释，配制成 5～50 μg/ml 的溶液，用紫外分光光度计测定 260 nm 处的光密度值（OD 值），按下式计算核酸浓度。

$$RNA\ 的质量浓度（mg/L）=\frac{OD_{260\,nm}}{0.024 \times L} \times 稀释倍数$$

$$DNA\ 的质量浓度（mg/L）=\frac{OD_{260\,nm}}{0.020 \times L} \times 稀释倍数$$

式中，$OD_{260\,nm}$ 为 260 nm 波长处的光密度值；L 为比色杯的厚度（光径），一般为 1 cm 或 0.5 cm；0.024 为每毫升溶液内含 1.0 μg RNA 的光密度值；0.020 为每毫升溶液内含 1.0 μg DNA 钠盐的光密度值。

（2）如果待测的核酸样品中含有酸溶性核苷酸或可透析的低聚多核苷酸，则在测定时需加钼酸铵-过氯酸沉淀剂，沉淀除去大分子核酸，测定上清液在 260 nm 处的光密度作为对照。操作如下：

取两支小离心管，A 管加入 0.5 ml 样品和 0.5 ml 蒸馏水，B 管加入 0.5 ml 样品和 0.5 ml 钼酸铵-过氯酸沉淀剂，摇匀，在冰浴中放置 30 min，3 000 r/min 离心 10 min，从 A、B 两管中分别吸取 0.4 ml 上清液到两个 50 ml 容量瓶内，定容至刻度。紫外分光光度计测定 260 nm 处的光密度值。

$$DNA（或\ RNA）的质量浓度（mg/L）=\frac{\Delta OD_{260\,nm}}{0.024（或0.020）\times L} \times 稀释倍数$$

式中，$\Delta OD_{260\,nm}$ 为 A 管稀释液与 B 管稀释液在 260 nm 波长处的光密度之差。

$$核酸的质量分数=\frac{待测液中测得的核酸质量（μg）}{待测液中制品的质量（μg）} \times 100\%$$

【注意事项】

（1）蛋白质也能吸收紫外光，要尽量除去样品中的蛋白质。

（2）要注意正确使用比色杯。

（3）在核酸的分离、提取、纯化过程中要注意防止核酸变性降解。DNA 分子变性后会出现增色效应，在 260 nm 波长处的吸光值会增加，影响测定的准确性。

【思考题】

（1）测定核酸含量时，如果样品中混有大量的核苷酸或蛋白质等物质，是否需要处理？如何处理？

（2）使用紫外分光光度计时应该注意些什么问题？

（3）紫外吸收法为什么能测定核酸的含量和纯度？

二、定　磷　法

【实验内容】

通过测定样品中的磷酸含量，从而计算得出样品中的核酸含量。

【实验目的】

（1）了解定磷法测定核酸含量的原理。

（2）熟悉定磷法测定核酸含量的方法。

【实验原理】

核酸分子元素组成中含磷量较为恒定，RNA 含磷量为 $8.5\%\sim9.0\%$，DNA 含磷量约为 9.2%，因此测定样品中磷的含量即可求出核酸的量。测定样品核酸的总磷量，需先将样品用硫酸或过氯酸消化成无机磷再行测定。总磷量减去未消化样品中测得的无机磷量，即得核酸含磷量，由此可计算出核酸的具体含量。

在酸性环境中，钼酸铵以钼酸形式与样品中的磷酸反应生成磷钼酸，当有还原剂（如抗坏血酸）存在时，磷钼酸会立即转变成蓝色的还原产物——钼蓝。在一定范围内，蓝色的深浅与含磷量成正比，可用比色法测定。钼蓝的最大光吸收在 $650\sim660\ nm$ 波长处。当使用抗坏血酸为还原剂时，测定的最适范围为 $1\sim10\ \mu g$ 无机磷。

【材料、试剂与器材】

1. 材料 RNA 或 DNA 样品。

2. 试剂

（1）5 mol/L 硫酸溶液。

（2）30％过氧化氢溶液。

（3）标准磷溶液：将分析纯磷酸二氢钾（KH_2PO_4）预先置于 105 ℃ 烘箱中烘至恒重，然后放在干燥器内使温度降到室温，精确称取 0.219 5 g（含磷 50 mg），用水溶解，定容至 50 mL（其中磷的质量浓度为 1.0 g/L），作为存储液置于冰箱中待用。测定时取此溶液稀释 100 倍，使磷的质量浓度为 10 mg/L。

（4）定磷试剂：3 mol/L 硫酸∶水∶2.5％钼酸铵∶10％抗坏血酸＝1∶2∶1∶1 （V/V），配制时按上述顺序加试剂，当天配制的溶液当天使用。正常颜色呈浅黄绿色，如呈棕黄色或深绿色则不能使用。抗坏血酸溶液可在冰箱中放置 1 个月。

（5）沉淀剂：称取 1.0 g 钼酸铵溶于 14 ml 70％高氯酸中，加入 386 mL 重蒸水，混匀。

3. 器材 分光光度计、分析天平、容量瓶（50 ml、100 ml）、离心机、离心管、凯氏烧瓶（25 ml）、水浴锅、烘箱、硬质玻璃试管、吸量管等。

【实验步骤】

1. 标准曲线绘制 取 6 支干燥试管，编号，按表 5-4 加入试剂，平行做两组。

表 5-4 试剂加顺序及量

编　号	标准磷溶液（ml）	水（ml）	相当于无机磷的质量（μg）	定磷试剂（ml）
1	0	3.0	0	3
2	0.2	2.8	2	3
3	0.4	2.6	4	3
4	0.6	2.4	6	3
5	0.8	2.2	8	3
6	1.0	2.0	10	3

加样完毕，立即将试管内溶液摇匀，于 45 ℃恒温水浴内保温 25 min。取出冷却至室温，于 660 nm 处测定光密度。取两管平均值，以标准磷含量（μg）为横坐标，光密度为纵坐标，绘制标准曲线。

2. 测定总磷量

（1）取 4 个微量凯氏烧瓶编号，1、2 号瓶内各加 0.5 ml 蒸馏水作为对照，3、4 号瓶内各加 0.5 ml 制备的 RNA 溶液，然后各加 1.0～1.5 ml 5 mol/l 硫酸溶液。

（2）将凯氏烧瓶置于烘箱内于 140～160 ℃消化 2～4 h。待溶液呈黄褐色后，取出稍冷，加入 1～2 滴 30%过氧化氢溶液（勿滴于瓶壁），继续消化，直至溶液透明为止。

（3）取出，冷却后加 0.5 ml 蒸馏水，于沸水浴中加热 10 min，以分解消化过程中形成的焦磷酸。然后将凯氏烧瓶中的内容物用蒸馏水定量地转移到 50 ml 容量瓶内，定容至刻度。

（4）取 4 支硬质玻璃试管，分成两组，分别加入 1 ml 上述消化后定容的样品和空白溶液，如前法进行定磷比色测定。测得的样品光密度减去空白对照管光密度，并从标准曲线中求出磷的质量（μg），再乘以稀释倍数即得每毫升样品中的总磷量。

3. 测定无机磷含量

（1）取 4 支离心管，于 2 支中各加入 0.5 ml 蒸馏水作为对照，另 2 支中各加 0.5 ml 制备的 RNA 溶液。

（2）在 4 支离心管中各加 0.5 ml 沉淀剂，摇匀，3 500 r/min 离心 15 min。

（3）取 0.1 ml 上清液，加入 2.9 ml 水和 3 ml 定磷试剂，同上法比色，在标准曲线上求出无机磷的质量（μg），再乘以稀释倍数即得每毫升样品中的无机磷总量。

4. 核酸含量的计算

RNA 中磷的质量分数为 9.5%，可根据磷的质量分数计算出核酸的质量，即 1 μg RNA 中的磷相当于 10.5 μg RNA。将测得的总磷量减去无机磷量即为 RNA 的含磷量。如果样品中含有 DNA，核酸的含磷量要减去 DNA 的含磷量，才能得 RNA 的含磷量。DNA 中磷的质量分数平均为 9.9%(DNA 钠盐中磷的质量分数平均为 9.2%)。

$$RNA\ 的质量\ (μg) = (总磷量 - 无机磷量 - DNA\ 的质量 \times 9.9\%) \times 10.5$$

$$核酸的质量分数 = \frac{待测液中测得的\ RNA\ 质量\ (μg)}{待测液中制品的质量\ (μg)} \times 100\%$$

【注意事项】

（1）若样品中混有大量的核苷酸或蛋白质等物质时，应先除去，以减少测定误差。

（2）选择合适的显色剂，使显色反应灵敏度高、选择性好、显色产物稳定。

（3）通过条件试验，找出最佳的试剂加入量、酸度、温度和显色时间。

（4）为消除共存离子的干扰，可加入掩蔽剂和控制溶液的 pH。

（5）由于钼蓝反应极为灵敏，微量杂质的磷、硅酸盐、铁离子以及酸度偏高或偏低都影响测定结果，因此实验用的器皿需要特别整洁，试剂需用去离子水或重蒸水配制。

【思考题】

（1）在实验过程中，如何最大限度地减少仪器误差？

（2）在实验过程中，如何减少人为误差？

三、定 糖 法

（一）地衣酚显色法测定 RNA 含量

【实验内容】 采用地衣酚显色法测定核糖含量从而得出 RNA 的含量。

【实验目的】

（1）了解地衣酚显色法测定 RNA 含量的原理。

（2）熟悉地衣酚显色法测定 RNA 含量的方法。

【实验原理】 RNA 分子中含有核糖，在与浓盐酸共热时发生降解并转变为糖醛（2-呋喃甲醛）。在 $FeCl_3$ 或 $CuCl_2$ 催化下，糖醛与 3,5-二羟基甲苯（地衣酚、苔黑酚）反应形成绿色复合物，该产物在 670 nm 处有最大光吸收。当 RNA 浓度为 $20\sim250\ \mu g/ml$ 时，光密度与 RNA 浓度成正比。

【材料、试剂与器材】

1. 材料 RNA 样品。

2. 试剂

（1）RNA 标准液：称取 10 mg RNA，加少量水溶解（若不溶可用 2 mol/L NaOH 溶液调 pH 至 7.0），定容至 100 ml，终浓度为 $100\ \mu g/ml$。

（2）样品液：准确称取样品 RNA 10 mg，用蒸馏水溶解并定容至 200 ml，每 1 ml 溶液含 RNA 干品 $50\ \mu g$。

（3）地衣酚试剂：先配制 0.1% 三氯化铁的浓盐酸溶液，实验前用此溶液作溶剂配制 0.1% 的地衣酚溶液，储存于棕色试剂瓶中。

3. 器材 分光光度计、水浴锅、5 ml 吸量管等。

【方法与操作步骤】

1. RNA 标准曲线的绘制 取 6 支干燥试管，编号，按表 5-5 加入试剂。

表 5-5　试剂加入顺序及量

试剂（ml）	0	1	2	3	4	5
RNA 标准溶液	0	0.1	0.2	0.3	0.4	0.5
蒸馏水	1.0	0.9	0.8	0.7	0.6	0.5
地衣酚试剂	3.0	3.0	3.0	3.0	3.0	3.0

加完后混匀，于沸水浴中加热 20 min，取出流水冷却，以 0 号管调零点，测定 670 nm 处光密度值。以 RNA 浓度为横坐标，光密度为纵坐标，绘制标准曲线。

2. 样品测定 取 3 支试管，两支为样品管，一支为空白管。在样品管中加入 1.0 ml 样品液，空白管操作与标准曲线制作中 0 号管相同。样品管再加 3.0 ml 地衣酚试剂，混匀，置沸水浴中加热 20 min，取出流水冷却。以空白管调零点，测定 670 nm 处光密度值。根据测得的光密度值从标准曲线上求出相应的 RNA 含量。按下式计算出样品中 RNA 的百分含量。

$$RNA\ 的百分含量=\frac{待测液中测得的\ RNA\ 质量（\mu g）}{待测液中样品的质量（\mu g）}\times100\%$$

【注意事项】

（1）测定 RNA 浓度时，要确保比色杯无 RNase 污染。可用 0.1 mol/L NaOH - 1 mmol/L EDTA 液清洗比色杯，然后以无 RNase 的蒸馏水淋洗。

（2）如在 280 nm 有强吸收则 OD_{260}/OD_{280} 比值降低，表明有污染物（如蛋白质）的存在；在 270～275 nm 有强吸收，提示有酚污染。

（3）本法较灵敏，样品中蛋白质含量高时，应先用 5% 的三氯乙酸溶液将蛋白质沉淀后再测定，否则影响实验结果。如有较多的 DNA 存在时也会影响测定结果，可在试剂中加入适量的 $CuCl_2 \cdot H_2O$ 减少 DNA 的干扰。

（4）为判断核酸的纯度，可在低盐缓冲液中，测定 OD_{260}/OD_{280} 的比值。在缓冲溶液中，可获得比在水中更为正确、可靠的测定值，这是因为 OD_{260}/OD_{280} 比值受 pH 的影响很大，pH 较低时引起 OD_{260}/OD_{280} 值的降低，并且降低了仪器对蛋白污染的灵敏度。纯 DNA 在 pH 8.5、10 mmol/L Tris - HCl 中，其 OD_{260}/OD_{280} 比值为 1.8～2.0。纯 RNA 在 pH 7.5、10 mmol/L Tris - HCl 中，其 OD_{260}/OD_{280} 比值为 1.9～2.1。

【思考题】

（1）核酸样品不纯净时对实验结果是否有影响？

（2）如何排除样品中其他杂质的干扰？

（二）二苯胺法测定 DNA 含量

【实验内容】 采用二苯胺法测定 2-脱氧核糖含量从而得出 DNA 的含量。

【实验目的】

（1）了解二苯胺法测定 DNA 含量的原理。

（2）熟悉二苯胺法测定 DNA 含量的方法。

【实验原理】 在酸性条件下，DNA 分子中的 2-脱氧核糖残基加热降解会产生 2-脱氧核糖并形成 ω-羟基-γ-酮基戊醛，后者与二苯胺试剂反应生成蓝色化合物。

该蓝色化合物在 595 nm 处有最大吸收峰，且 DNA 在 40～400 μg 范围内时，光密度与 DNA 浓度呈正比。在反应液中加入少量乙醛，可以提高反应的灵敏度。

【材料、试剂与器材】

1. 材料 DNA 样品。

2. 试剂

（1）DNA 标准溶液：准确称取小牛胸腺 DNA 10 mg，以 0.1 mol/L NaOH 溶液溶解，转移至 50 ml 容量瓶中，用 0.1 mol/L NaOH 溶液稀释到刻度，终浓度为 200 μg/ml。

（2）样品液：准确称取 DNA 干燥制品 10 mg，用 0.1 mol/L NaOH 溶液溶解，转移到 100 ml 容量瓶中，稀释至刻度，终浓度为 100 μg/ml。

（3）二苯胺试剂：使用前称取 1 g 结晶二苯胺，溶于 100 ml 分析纯冰乙酸中，再加入 60% 过氯酸 10 ml（或 2.75 ml 浓硫酸），混匀置于棕色瓶中。如试剂呈结晶状态，则需加温后待其熔化再使用。临用前加入 1 ml 1.6% 乙醛溶液，混匀。所配试剂应为无色。

3. 器材 分光光度计、恒温水箱、试管、吸量管、容量瓶等。

【实验步骤】

1. 标准曲线的绘制　取6支干燥试管并编号，按表5-6加入试剂。

表5-6　试剂加入顺序及量

试剂（ml）	0	1	2	3	4	5
DNA 标准溶液	0	0.4	0.8	1.2	1.6	2.0
（DNA 含量，μg）	(0)	(80)	(160)	(240)	(320)	(400)
蒸馏水	2.0	1.6	1.2	0.8	0.4	0
二苯胺试剂	4.0	4.0	4.0	4.0	4.0	4.0

加完后混匀，于60 ℃恒温水浴中保温1 h，取出流水冷却，以0号管调零点，测定595 nm处光密度值。以DNA浓度为横坐标，光密度为纵坐标，绘制标准曲线。

2. 样品测定　取3支试管，两支为样品管，一支为空白管。空白管操作与标准曲线0号管相同。向每支样品管中加入样品液和水各1.0 ml及4.0 ml二苯胺试剂，60 ℃保温1 h，取出流水冷却，以0号管调零点，测定595 nm处光密度值。根据测得的光密度值从标准曲线上求出DNA含量，按下式计算出样品中DNA的百分含量。

$$DNA 的百分含量 = \frac{待测液中测得的 DNA 质量（\mu g）}{待测液中制品的质量（\mu g）} \times 100\%$$

【注意事项】

（1）待测核酸样品，必须是纯净的制品，即无显著的蛋白质、酚、琼脂糖或其他核酸、核苷酸等污染物。要使用与样品相同的溶剂调仪器的零点，样品读数应在0.1～1.0之间，以保证读数的可靠性。

（2）前述吸收系数是以水为溶剂的。以缓冲液为溶剂的吸收系数可能与以水为溶剂时略有不同。

（3）要注意二苯胺试剂的配制顺序。

（4）样品中除 ω-羟基-γ-酮基戊醛外的其他糖及糖的衍生物、芳香醛、羟基醛和蛋白质等，对此反应有干扰，测定前应尽量除去。

【思考题】采用什么颜色反应可以快速简便地区分出RNA和DNA？为什么？

第 38 节

大肠杆菌感受态细胞的制备及质粒的转化

转化（transformation）是将异源 DNA 分子引入另一细胞品系，使受体细胞获得新的遗传性状的一种手段，它是微生物遗传、分子遗传、基因工程等研究的基本实验技术。

转化过程所用的受体细胞一般是限制修饰系统缺陷的变异株，即不含限制性内切酶和甲基化酶的突变体（R^-，M^-），它可以容忍外源 DNA 分子进入体内并稳定地遗传给后代。受体细胞经过一些特殊方法的处理后，细胞膜的通透性发生了暂时性的改变，成为能允许外源 DNA 分子进入的感受态细胞（competent cells）。进入受体细胞的 DNA 分子通过复制，表达实现遗传信息的转移，使受体细胞出现新的遗传性状。将经过转化后的细胞在筛选培养基中培养，可筛选出转化体（transformant），即带有异源 DNA 分子的受体细胞。

【实验内容】本实验以氯化钙法制备大肠杆菌 DH5a 感受态细胞，转化 pBR322 质粒，并用含抗生素的平板培养基筛选转化体。

【实验目的】

（1）了解转化的概念及其在分子生物学研究中的意义。

（2）掌握氯化钙法制备大肠杆菌感受态细胞的方法。

（3）掌握将外源质粒 DNA 转入受体菌细胞并筛选转化体的方法。

【实验原理】目前常用的感受态细胞制备方法有氯化钙和氯化铷法，氯化铷法制备的感受态细胞转化率较高，但氯化钙法简便易行，且其转化率完全可以满足一般实验的要求，制备出的感受态细胞暂时不用时，可加入占总体积 15％的无菌甘油于 $-70\ ℃$ 保存（半年有效），因此氯化钙法使用更广泛。

本实验以大肠杆菌 DH5a 菌株为受体细胞，用氯化钙处理，使其处于感受态，然后与 pBR322 质粒共保温实现转化。由于 pBR322 质粒带有氨苄青霉素抗性基因（Amp^r）和抗四环素基因（Tet^r），当用 pBR322 转化某种不具备这两种抗性的受体细胞后，就实现了遗传信息的转移，转化体具有了抗氨苄青霉素和抗四环素的特性，这是在转化前所没有的。若将转化体细胞铺在含有氨苄青霉素和四环素的平板培养基上培养时，只有那些带有抗性标记的转化体才能生长成为菌落（克隆），其他非转化细菌则不能生长，此过程称为筛选，可以选出所需的转化体。转化体经进一步纯化扩增后，可将转化的质粒提取出来，进行重复转化、电泳、酶切等进一步鉴定。

【材料、试剂与器材】

1. 材料　质粒 pBR322：购买或实验室自制；大肠杆菌 DH5a 受体菌（R^-，M^-，Amp^r，Tet^r）。

2. 试剂

（1）LB 液体培养基：称取蛋白胨 10 g，酵母提取物 5 g，氯化钠 10 g，溶于 800 ml 去离子水中，用氢氧化钠调节 pH 至 7.5，加去离子水定容至 1 L，高压灭菌 20 min。

（2）LB 平板培养基：在 LB 液体培养基中按 1.2％的浓度加入琼脂，加热溶解，进行高压灭菌。取出后趁热在无菌条件下，倒入无菌的平皿内，每套平皿中加入12～15 ml，凝固后倒置，冰箱（4℃）保存备用。

（3）含抗生素的LB平板培养基：将配好的LB平板培养基高压灭菌后，冷却至60℃左右，加入氨苄青霉素和四环素储存液，使终浓度分别为50 μg/ml和12.5 μg/ml，摇匀后铺板。

（4）0.1 mol/L氯化钙溶液：称取1.1 g无水氯化钙，用双蒸水溶解，定容至100 ml，高压灭菌20 min。

3. 设备 恒温摇床、电热恒温培养箱、冷冻离心机、台式高速离心机、超净工作台、分光光度计、恒温水浴锅、旋涡混合器、高压灭菌器、移液器、Eppendorf管等。

【实验步骤】

1. 大肠杆菌感受态细胞的制备

（1）从LB平板上挑取新活化的大肠杆菌DH5a单菌落，接种于3～5 ml LB液体培养基中，37℃振荡培养12 h左右，直至对数生长期。将该菌悬液以1∶100～1∶50的比例接种于100 ml LB液体培养基中，37℃振荡培养2～3 h至$OD_{600}=0.5$左右。

（2）培养液在冰上冷却10 min，转入离心管中，4℃下，4 000 r/min离心10 min。

（3）弃去上清液，用预冷的0.1 mol/L的氯化钙溶液轻轻悬浮细胞，冰上放置15～30 min。

（4）4℃下离心，4 000 r/min，10 min。

（5）弃去上清液，加入300 μl预冷的0.1 mol/L的氯化钙溶液，轻轻悬浮细胞，冰上放置几分钟，即制成感受态细胞悬液。

（6）以上制备好的细胞悬浮液可在冰上放置，24 h内用于转化实验，或添加冷冻保护剂（15％～20％甘油）后超低温（−70℃）冷冻储存备用。

2. 转化

（1）取200 μl感受态细胞悬液（若是冷冻保存液，冰水浴中使其解冻，解冻后立即进行下面的操作），加入pBR322质粒溶液（含量不超过50 ng，体积不超过2 μl），此管为转化实验组。同时做两个对照管。具体做法如表5-7。

表5-7 操作步骤

编号	组别	质粒DNA（μl）	感受态细（μl）	无菌双蒸水（μl）	0.1 mol/L氯化钙（μl）
1	转化实验组	2	100		
2	受体菌对照组	—	100	2	
3	质粒对照组	2			100

（2）将以上各管轻轻摇匀，冰上放置30 min后，42℃水浴中热冲击2 min，然后迅速置于冰上冷却3～5 min。

（3）向各管中加入100 μl LB液体培养基，使总体积约为0.2 ml，该溶液称为转化反应原液，混匀后37℃温浴15 min以上（欲获得更高的转化率，则此步可采用振荡培养），使细菌恢复正常生长状态，并使转化体产生抗药性（Amp^r，Tet^r）。

（4）将上述培养的转化反应原液摇匀后进行梯度稀释，取适当稀释度的各样品培养液0.1～0.2 ml涂布于含抗生素和不含抗生素的LB平板培养基上，正面向上放置30 min，待菌液完全被培养基吸收后倒置培养皿，37℃培养24 h左右。当菌落生长良好，而相邻菌落尚未相互重叠时，即停止培养。若发现菌落数太多或太少时，应改变转化反应液的用量，重新涂布培养。

3. 检出转化体及计算转化率 统计每个培养皿中的菌落数，各实验组培养皿中菌落生长情况如表5-8所示。

表5-8 菌落生长情况

组别	不含抗生素培养基	含抗生素培养基	结果分析
转化实验组	有大量菌落生长	有菌落生长	质粒进入受体细胞产生抗药性
受体菌对照组	有大量菌落生长	无菌落生长	本实验未产生抗药性突变株
质粒对照组	无菌落生长	无菌落生长	质粒DNA不含杂菌

转化后在含抗生素的平板上长出的菌落即为转化体，根据此皿中的菌落数可计算出转化体总数和转化率，公式如下：

$$转化体总数＝菌落数×稀释倍数×转化反应原液总体积/涂板菌液体积$$
$$转化率＝转化体总数/加入质粒DNA质量$$
$$感受态细胞总数＝受菌体对照组菌落数×稀释倍数×菌液总体积/涂板菌液体积$$
$$感受态细胞转化率＝转化体总数/感受态细胞总数$$

【注意事项】

(1) 本实验方法也适用于其他大肠杆菌受体菌株的不同质粒DNA的转化。但它们的转化效率并不一定一样。有的转化效率高，需将转化液进行多梯度稀释涂板才能得到单菌落平板，而有的转化效率低，涂板时必须将菌液浓缩（如离心），才能较准确的计算转化率。

(2) 为了提高转化效率，实验中要考虑以下几个重要因素。

① 细胞生长状态和密度：不要用经过多次转接或储存于4℃的培养菌，最好从−70℃或−20℃甘油保存的菌种中直接转接用于制备感受态细胞的菌液。细胞生长密度以刚进入对数生长期时为好，可通过监测培养液的OD_{600}来控制。DH5a菌株的OD_{600}为0.5时，细胞密度在$5×10^7$个/ml左右（不同的菌株情况有所不同），这时比较合适。密度过高或不足均会影响转化效率。

② 质粒的质量和浓度：用于转化的质粒DNA应主要是共价闭环DNA(cccDNA，超螺旋DNA)。转化效率与外源DNA的浓度在一定范围内成正比，但当加入的外源DNA的量过多或体积过大时，转化效率就会降低。

③ 试剂的质量：所用的试剂，如氯化钙等，均需是高纯度，并保存于干燥的冷暗处。

④ 防止杂菌和杂DNA的污染：整个操作过程均应在无菌条件下进行，所用器皿，如离心管、tip头及试剂等最好是新的，并经高压灭菌处理，否则会影响转化效率或被污染，为以后的筛选、鉴定带来不必要的麻烦。

(3) 在对照组不该长出菌落的平皿中长出了菌落，首先应确定抗生素是否失效，若排除了这一因素，则说明实验有污染。应注意避免这种情况出现。

【思考题】

(1) 制备感受态细胞的原理是什么？

(2) 转化反应实验中，为什么要设立两个对照组？

(3) 如果实验中对照组本不该长出菌落的平板上长出了一些菌落，你将如何解释这种现象？

(4) 如果一次实验的转化率偏低，应从哪些方面去分析原因？并请你设计实验以找出真正的原因。

第 39 节

质粒的提取及琼脂糖凝胶电泳鉴定

质粒（plasmid）是一种独立存在于染色体外的稳定遗传因子，为环状双链 DNA 分子。质粒具有自主复制和转录能力，使其在子代细胞中也能保持恒定的拷贝数，并表达所携带的遗传信息。质粒可独立游离于细胞质内，也可整合到细菌染色体中，如离开宿主细胞则不能存活。质粒能赋予宿主细胞某些表型特征，如产生抗药性等。

把一个有用的外源基因通过基因工程手段，送进受体细胞中去进行增殖和表达的工具称为载体。细菌质粒是 DNA 重组技术中常用的载体。将某种目标基因片段重组到质粒中，构成重组基因或重组体。然后将这种重组体经微生物学的转化技术，转入受体细胞（如大肠杆菌）中，使重组体中的目标基因在受体菌中得以繁殖或表达，从而改变寄主细胞原有的性状或产生新的物质。

【实验内容】 采用碱裂解法从大肠杆菌细胞中分离、提取质粒 DNA，并用琼脂糖凝胶电泳进行鉴定。

【实验目的】

(1) 了解质粒的特性及其在分子生物学研究中的作用。

(2) 掌握碱裂解法提取质粒的方法，学会用琼脂糖凝胶电泳鉴定质粒。

【实验原理】 质粒在细菌内的复制类型可分为两类：严紧控制（stringent control）型和松弛控制（relaxed control）型。严紧控制复制型质粒的复制酶系与染色体 DNA 复制共用，所以它只能在细胞周期的一定阶段进行复制，当细胞染色体停止复制时，质粒也就不再复制。所以，往往在一个细胞中只有一个或几个质粒分子。松弛控制复制型的质粒的复制酶系不受染色体 DNA 复制酶系的影响，所以在整个细胞生长周期中随时都可以复制，在染色体复制已经停止时质粒仍能继续复制。这类质粒在细胞内可复制多达 20 个以上的拷贝，如 ColE1 质粒就含有 20 个拷贝。而且当加入蛋白质合成抑制剂——氯霉素，细胞染色体 DNA 复制受到抑制的情况下，这类质粒仍可继续复制 12~16 h。可使细胞中的质粒积累至 1 000~3 000 个拷贝以上。此时，质粒 DNA 的含量可达细胞 DNA 总量的 $40\%\sim50\%$，这是作为载体质粒的理想类型。

目前使用的质粒多按人们的需要经过人工构建而成的，它们都带有一定的抗药性标记，并具有一种或几种单切口的限制性内切酶的切点，以利于插入目标基因片段。质粒 pBR322 是最早人工构建的，并且使用最广泛的质粒，它基本上是以 pSC101 和 ColE1 为基础，又插入了一些具有特点的基因片段，如插入具有抗氨苄青霉素的基因构建而成。pBR322 和其他人工构建的载体质粒一样，具有如下一些理想的特点：

(1) 体积较小，分子质量为 2.8×10^6 u。而天然的 pSC101 为 5.8×10^6 u，pCR1 为 8.7×10^6 u。

(2) 属松弛控制复制型，可用氯霉素扩增，为多拷贝质粒。

(3) 具有 *Pst*I、*Eco*RI、*Hind*III、*Bam*HI 和 *Sal*I 等多种限制性内切酶的单酶切点。

(4) 带有两个可供选择的标记：抗氨苄青霉素（*Amp*r）和抗四环素（*Tet*r）。当在

PstⅠ酶切位点插入外源基因时，Amp^r 基因被破坏，而 Tet^r 仍可作为标记，供检测用；当在 HindⅢ，BamHⅠ或 SaⅡ酶切位点插入外源基因时，Tet^r 基因被破坏，而 Amp^r 仍保持完整，供检测。这样十分有利于重组体的筛选。

以上这些特点使 pBR322 质粒具有广泛使用的价值。

所有分离质粒 DNA 的方法都包括 3 个基本步骤：培养细菌使质粒扩增；收集和裂解细菌；分离提取质粒 DNA（有时根据实验需要，还要求纯化质粒 DNA）。

分离质粒 DNA 的方法众多，其分离的依据可根据分子大小不同、碱基组成的差异以及质粒 DNA 的超螺旋共价闭合环状结构的特点进行。目前常用的有碱裂解法（又称碱变性抽提法）、煮沸裂解法、羟基磷灰石柱层析法、质粒 DNA 释放法、酸酚法、两相法以及溴化乙锭-氯化铯密度梯度离心法等。以上方法各有利弊，但总结多数实验室的实践经验，认为碱裂解法效果良好，经济且收率较高，是一种使用最广泛的制备质粒 DNA 的方法，也是当今分子生物学研究中的常规方法。本实验着重介绍碱裂解法制备质粒 DNA。

碱裂解法分离质粒 DNA 是基于染色体 DNA 与质粒 DNA 的变性与复性的差异而达到分离的目的。DNA 是具有一定结构的物质，一些特殊的环境会导致 DNA 的变性，如加热、极端 pH、有机溶剂、尿素、酰胺试剂等，而适宜的环境又可以使 DNA 复性。SDS 是一种阴离子表面活性剂，它既能使细菌细胞裂解，又能使一些蛋白质变性，所以 SDS 处理细菌细胞后，会导致细菌细胞壁的破裂，从而使质粒 DNA 以及基因组 DNA 从细胞中同时释放出来，释放出来的 DNA 遇到强碱性（NaOH）环境就会变性。然后，用酸性乙酸钾来中和溶液，使溶液处于中性，质粒 DNA 将迅速复性，而基因组 DNA，由于分子巨大，难以复性。离心后，基因组 DNA 则与细胞碎片一起沉淀到离心管的底部，而变性的质粒 DNA 又恢复到原来的构型留在上清中，再经酚/氯仿抽提，乙醇沉淀等步骤获得质粒 DNA。

在制备过程中，同一质粒 DNA 的分子可能呈现出 3 种构型：

（1）共价闭环 DNA(covalently closed circular DNA，cccDNA)，常以超螺旋形式存在。

（2）开环 DNA(open circular DNA，ocDNA)，此种质粒 DNA 两条链中有一条发生一处或多处断裂。

（3）线性 DNA(linear DNA)，因质粒 DNA 的两条链在同一处断裂而造成。

同一质粒 DNA 的 3 种形式泳动速度：超螺旋＞开环＞线性。根据这些特点，利用琼脂糖凝胶电泳，能把三种不同构型的质粒 DNA 鉴别开来。cccDNA 的含量越高，表示所制备的质粒 DNA 质量越好。

【材料、试剂与器材】

1. 材料 携带 pBR322 质粒的大肠杆菌。

2. 试剂

（1）LB 液体培养基：称取蛋白胨 10 g，酵母提取物 5 g，氯化钠 10 g，溶于 800 ml 去离子水中，用 NaOH 调节 pH 至 7.5，加去离子水定容至 1 L，高压灭菌 20 min。

（2）溶液Ⅰ：50 mmol/L 葡萄糖，10 mmol/L EDTANa$_2$，25 mmol/L Tris – HCl(pH 8.0)，高压灭菌 15 min，4 ℃储存。

（3）溶液Ⅱ：0.2 mol/L NaOH，1% SDS（现用现配）。

（4）溶液Ⅲ(pH 4.8)：5 mol/L 乙酸钾溶液 60 ml，冰乙酸 11.5 ml，蒸馏水 28.5 ml，高压灭菌，4 ℃储存。

（5）酚/氯仿溶液，酚：氯仿＝1∶1(V/V)。

酚的处理：将商品苯酚置 65 ℃水浴上缓缓加热融化，取 200 ml 融化酚加入等体积的 1 mol/L Tris‐HCl(pH 8.0) 缓冲液和 0.2 g(0.1％) 的 8‐羟基喹啉，于分液漏斗内剧烈振荡，避光静置使其分相。弃去上层水相，再用 0.1 mol/L Tris‐HCl 缓冲液（pH 8.0）与有机相等体积混匀，充分振荡，静置分相，留取有机相。重复抽提过程，直到酚相的 pH 达 7.8 以上。

氯仿/异戊醇混合液：氯仿：异戊醇＝24∶1(V/V)，混合均匀。

等体积的酚和氯仿/异戊醇溶液混合。放置后，上层若出现水相，可吸出弃去。有机相置棕色瓶内低温保存。

（6）TE 缓冲液：10 mmol/L Tris‐HCl(pH 8.0)，1 mmol/L EDTA(pH 8.0)。高压灭菌，4 ℃储存，临用前加入核糖核酸酶（RNase）。

（7）无水乙醇和 70％乙醇。

（8）氨苄青霉素：配成 50 mg/ml 的水溶液，溶液经滤器灭菌（或用无菌水配制），分装后−20 ℃保存。

（9）琼脂糖。

（10）6×上样缓冲液：称取 0.25 g 溴酚蓝和 40 g 蔗糖，溶入 80 ml 去离子水中，定容至 100 ml。使用时，按 1∶5 与 DNA 样品混匀后，即可上样，进行电泳。

（11）5×TBE 缓冲液：称取 54 g Tris，27.5 g 硼酸，溶于 500 ml 蒸馏水中，加入 20 ml 的 0.5 mol/L EDTA(pH 8.0) 混匀，补加蒸馏水至 1 000 ml，4 ℃储存。

（12）0.5×TBE 工作液：取 5×TBE 缓冲液 10 倍稀释。

（13）溴化乙锭（EB）溶液：将 EB 配制成 10 mg/ml，用铝箔或黑纸包裹容器，室温放置即可。

3. 器材 恒温摇床、电热恒温培养箱、冷冻离心机、台式高速离心机、超净工作台、电泳仪、电泳槽、旋涡混合器、高压灭菌锅、移液枪、Eppendorf 管等。

【实验步骤】

1. 培养细菌扩增质粒 将携带 pBR322 质粒的大肠杆菌按 1％接种于 2～5 ml LB 液体培养基（含 50 μg/ml 氨苄青霉素）中，37 ℃振荡（200～250 r/min）培养 12～16 h 至对数生长期。

2. 质粒 DNA 提取

（1）取 1.5 ml 培养液置 Eppendorf 管内，5 000～6 000 r/min 离心 5 min，弃去上清，保留菌体沉淀。如菌量不足可再加入培养液，重复离心，收集菌体。

（2）将细菌沉淀悬浮于 100 μl 预冷的溶液Ⅰ中，剧烈振荡、混匀，室温放置 5～10 min。

（3）加入 200 μl 溶液Ⅱ（新鲜配制），盖紧管口，颠倒数次轻轻混匀，置于冰上 5 min。

（4）加入 150 μl 预冷的溶液Ⅲ，盖紧管口，快速颠倒数次混匀，置于冰上 5～10 min。

（5）4 ℃下 12 000 r/min 离心 5～10 min。上清液转移至另一干净的 Eppendorf 管内。

（6）加入等体积的酚/氯仿饱和溶液，振荡混匀，4 ℃下 12 000 r/min 离心 5 min。小心吸取上层水相溶液，转移到另一个 Eppendorf 管中。

（7）加入等体积的氯仿，振荡混匀，4 ℃下 12 000 r/min 离心 5 min。小心吸取上层水相溶液，转移到另一个 Eppendorf 管中。

（8）加入 2 倍体积的预冷无水乙醇，振荡混匀，于冰上放置 15～30 min。4 ℃下 12 000 r/min 离心 10 min。弃去上清液，并将 Eppendorf 管倒置在干滤纸上，使所有的液体流出。

（9）加入 1 ml 70%冷乙醇，洗涤沉淀物，4 ℃下 12 000 r/min 离心 5～10 min。弃去上清液，尽可能除净管壁上的液珠，室温干燥或真空干燥，即得质粒 DNA 制品。

（10）将 DNA 沉淀溶于 50 μl TE 缓冲液（pH 8.0，含 20 μg/ml RNase A），置−20 ℃保存，备用。

3. 鉴定

（1）琼脂糖凝胶的制备：称取 0.5 g 琼脂糖，置于三角瓶中，加入 50 ml TBE 工作液，将该三角瓶置于微波炉加热至琼脂糖溶解。

（2）胶板的制备：取有机玻璃内槽，洗净、晾干；取纸胶条（宽约 1 cm），将有机玻璃内槽置于一水平位置模具上，放好梳子。将冷却至 65 ℃左右的琼脂糖凝胶液，小心地倒入有机玻璃内槽，使胶液缓慢地展开，直到在整个有机玻璃板表面形成均匀的胶层。室温下静置 30 min 左右，待凝固完全后，轻轻拔出梳子，在胶板上即形成相互隔开的上样孔。制好胶后将铺胶的有机玻璃内槽放在含有 TBE 工作液的电泳槽中使用。

（3）加样：取一支灭菌的 Eppendorf 管或一块洁净的载玻片，将制备的质粒 DNA 20 μl 放入管内或放在载玻片上，加溴酚蓝-甘油 20 μl，混匀。用微量加样器将上述样品分别加入胶板的样品孔内。加样时应防止碰坏样品孔周围的凝胶面以及穿透凝胶底部，本实验样品孔容量为 15～20 μl。

（4）电泳：加完样后的凝胶板即可通电进行电泳。80～100 V 的电压下电泳，当溴酚蓝移动到距离胶板下沿约 1 cm 处停止电泳。将凝胶放入溴化乙锭（EB）工作液（0.5 μg/ml 左右）中染色约 20 min。

（5）鉴定：在紫外灯下观察染色后的凝胶。不同构型的 pBR322 DNA 出现在不同的位置。纯的质粒 DNA 只有超螺旋 DNA 一条带。结果可用照相机拍照保留。

（6）凝胶处理：鉴定后的凝胶应放在指定的地方，待干燥后烧毁，不能倒在垃圾中。接触凝胶的手应该洗净，以防溴化乙锭污染。

【注意事项】

（1）细菌培养过程要求无菌操作。细菌培养液、配试剂用的蒸馏水、试管和 Eppendorf 离心管等有关用具和某些试剂经高压灭菌处理。

（2）制备质粒的过程中，除加入溶液Ⅰ后应剧烈振荡外，其余操作步骤必须缓和，以避免机械剪切力对 DNA 的断裂作用。

（3）用酚/氯仿混合液除去蛋白质效果比单独使用更好。为充分除去残余的蛋白质，可以进行多次抽提，直至两相间无絮状蛋白质沉淀。

（4）溴化乙锭是诱变剂，配制和使用溴化乙锭染色液时，应带乳胶手套或一次性手套，并且不要将该染色液洒在桌面或地面上，凡是沾污溴化乙锭的器皿或物品，必须尽快清洗或弃去。

【思考题】

（1）请以 pBR322 为例，说明质粒载体所应当具备的基本特征。

（2）染色体 DNA 与质粒 DNA 分离的主要依据是什么？

（3）碱裂解法提取质粒的过程中，EDTA、NaOH、SDS、乙酸钾、酚/氯仿等试剂的作用是什么？

（4）质粒提取过程中，应注意哪些操作？为什么？

（5）质粒 DNA 的电泳图谱有时只有 1 条带谱，有时又有 2～3 条带谱，为什么？

第 40 节

利用凝胶层析技术纯化质粒 DNA

　　质粒是基因工程中携带外源 DNA 进入宿主的载体，应用十分广泛。质粒的纯化是基因工程操作的重要环节，在进行质粒的酶切和连接等操作之前，往往需要对质粒进行纯化，特别是基因疫苗、基因治疗等实验，对质粒的纯度要求特别高，必须去除质粒 DNA 样品中的 RNA 和其他一些热原物质。质粒的纯化方法很多，但是对大量质粒 DNA 的纯化往往采用柱层析法，包括离子交换层析、凝胶层析等。

　　【实验内容】本实验主要采用葡聚糖凝胶过滤法（又称分子筛层析）对大量质粒 DNA 进行纯化，去除质粒样品中的 RNA 等杂质。

　　【实验目的】学习用凝胶层析法纯化质粒 DNA 的原理和基本操作过程。

　　【实验原理】葡聚糖凝胶是一种多孔的不带电荷的颗粒物质。当含有多种组分的样品溶液通过凝胶时，分子质量大的物质不能进入凝胶的网孔内，而是很快地通过凝胶间隙被洗脱出来，而分子质量小的物质则进入凝胶网孔内"绕道"通过，后被洗脱出来，这就是所谓的分子筛原理，即大分子和小分子所经过的路径长短不同，先后流出凝胶柱，达到分离目的。质粒 DNA 与 RNA 等杂质分子的大小不同，因此可以用该方法进行纯化。

　　【材料与试剂】葡聚糖凝胶可选用 Sephadex G - 25 和 G - 50 等。层析柱大多 2～30 cm 长，内径 1～5 cm，长度与内径的比值一般在 7～10 之间。本实验采用 1 cm×10 cm 的玻璃层析柱。

　　洗脱液：含 0.1%SDS 的 TE 缓冲液（10 mmol/L Tris - HCl，1 mmol/L EDTA，pH 8.0）。

　　实验样品：碱裂解法大量制备的质粒溶液。

　　【实验步骤】

　　1. 凝胶柱的准备　凝胶型号选定后，将干胶颗粒悬浮于 5～10 倍体积的蒸馏水或洗脱液中充分溶胀，溶胀后将极细的小颗粒倾泻出去。自然溶胀费时较长，加热可使溶胀加速，即在沸水浴中将湿凝胶浆逐渐升温至接近沸腾，1～2 h 即可达到凝胶的充分溶胀。加热法既可节省时间又可起到对凝胶的消毒作用。

　　将层析柱与桌面垂直固定在铁架台上，下端流出口用夹子夹紧。将凝胶轻轻搅成较稀的悬浮溶液，一次性灌入层析柱内，自然沉降，凝胶床应均匀，无"裂纹"或气泡，然后在凝胶床表面放一滤纸片。用缓冲液平衡凝胶，流速应低于层析时所需的流速。注意凝胶表面应始终有一层缓冲液。

　　2. 细菌裂解物的制备　一般情况下用凝胶层析法纯化质粒 DNA，都需要大量的质粒溶液。质粒的制备方法可参考本章第 39 节。

　　3. 纯化步骤

　　（1）用至少两倍凝胶床体积的含 0.1%SDS 的 TE 缓冲液（pH 8.0）平衡凝胶柱，加样前在平衡好的凝胶表面仅保留很薄一层缓冲液，但不要让空气进入凝胶。

（2）将质粒 DNA 溶液轻轻加到凝胶表面，上样体积一般应小于凝胶床体积的 10%。在柱子的上部连接含 0.1% SDS 的 TE（pH 8.0）的储液瓶，进行洗脱，流速为 $0.5\sim1.0$ ml/min，连续收集洗脱液，每管 0.5 ml，共收集 15 管。

（3）将收集的洗脱液用 0.7% 琼脂糖凝胶电泳检测。

（4）将上述含有质粒 DNA 的洗脱液（电泳上显示一条大小为 2.7 kb 的条带，为 pUC18 质粒）的各管合并，用 2 倍体积的冷乙醇沉淀（4 ℃，30 min），然后 10 000 g 离心 15 min，回收沉淀的 DNA，即为纯化的质粒 DNA。

【注意事项】

（1）凝胶柱的制备需要小心，其质量将直接影响纯化的效果。另外，洗脱时的流速要适当，不能太快。

（2）收集洗脱液的管数与层析柱的长短、上样量等有关。层析柱越长所需的收集管数也越多。如果低压层析系统完成本实验，可实时监测 $OD_{260\,nm}$ 的值，根据洗脱峰判断质粒 DNA 的洗脱情况。

（3）凝胶柱如果长期不用，需要将凝胶取出保存，方法如下：

① 在溶液状态下保存最方便，即于凝胶悬液中加入防腐剂（如 0.02% 叠氮化钠）或高压灭菌后 4 ℃ 保存，也可保存于 20% 的乙醇溶液中。此法至少可以保存半年以上。

② 凝胶用完后以水冲洗，然后用 60%～70% 乙醇冲洗，凝胶在半收缩状态下保存。

③ 长期不用最好以干燥状态保存，即水洗净后，用含乙醇的水洗，逐渐增加乙醇的浓度，最后用 95% 的乙醇洗，抽滤，于 60～80 ℃ 干燥后室温保存。

【思考题】

（1）查阅资料，了解质粒纯化的其他方法。

（2）用凝胶层析法纯化质粒 DNA 的原理是什么？有什么优点？

第 41 节

聚合酶链式反应

聚合酶链式反应（polymerase chain reaction，PCR）技术是 20 世纪 80 年代创建的一种体外酶促扩增 DNA 技术。该技术可以在体外将目的 DNA 片段扩增上百万倍。PCR 技术以其操作简便、灵敏度好、特异性高、易于自动化等特点，已经迅速渗透到生命科学的各个领域，特别是在基因克隆、核酸测序、疾病诊断、基因表达调控研究等领域显示出强大的生命力。

【实验内容】 利用设计合成的引物和已知的 DNA 扩增模板，在 PCR 专用试管中加入反应所需成分，放入 PCR 仪进行扩增反应。反应结束后进行琼脂糖凝胶电泳，观察 DNA 条段的大小和有无。

【实验目的】

（1）掌握 PCR 的基本原理和操作步骤。

（2）掌握 PCR 引物设计的基本原则。

（3）了解影响 PCR 扩增效果的因素。

【实验原理】 PCR 技术的基本原理类似于细胞内 DNA 的复制过程，其特异性依赖于与靶序列两端互补的寡核苷酸引物。PCR 反应由变性、退火和延伸三个基本步骤构成。

（一）PCR 的基本过程

1. 模板 DNA 的变性 模板 DNA 加热至 94 ℃左右经一定时间后，DNA 双链或经 PCR 扩增形成的双链 DNA 解离为单链 DNA。单链 DNA 模板在较低温度下可与引物特异性结合。

2. 模板 DNA 与引物的退火（复性） 模板 DNA 经加热变性成单链后，温度降至 55 ℃左右，引物与模板 DNA 单链的互补序列配对结合。

3. 引物的延伸 待 DNA 模板-引物复合物形成后，将温度改变至 72 ℃左右，在 Taq DNA 聚合酶的作用下，以 dNTP 为反应原料，靶序列为模板，按碱基配对与半保留复制原则，合成一条新的与模板 DNA 链互补的子链。

重复循环变性、退火、延伸三过程，就可获得更多的"半保留复制链"，而且这种新链又可成为下次循环的模板。每完成一个循环需 2～4 min，2～3 h 就能将目的 DNA 片段扩增放大几百万倍。

（二）PCR 反应体系的组成

典型的 PCR 反应体组成如下：DNA 模板、反应缓冲液、四种单脱氧核苷酸混合物（dNTP）、寡聚核苷酸引物、Tap DNA 聚合酶。

1. DNA 模板 PCR 反应中的模板可以是来源于各种生物的双链或是单链 DNA，也可以是人工合成的 DNA 片段。一般情况下，PCR 可以用纳克（ng）级的 DNA 克隆模板或是微克（μg）级的基因组 DNA。用于 PCR 的模板 DNA，对于纯度要求不是很高。但需要满足以下条件：一是要含有至少一个包含有完整待扩增片段的 DNA 分子；二是样本中的其他物质不会影响 Taq 酶的活性。

2. PCR 反应缓冲液　用于 PCR 的标准缓冲液含有：50 mmol/L KCl、10 mmol/L Tris - HCl(pH 8.3 室温下) 和 1.5 mmol/L $MgCl_2$。反应液中二价阳离子的存在至关重要，其中 Mg^{2+} 优于 Mn^{2+}，而 Ca^{2+} 则无效。Mg^{2+} 的浓度对反应的特异性和扩增效率影响较大，其最佳作用浓度为 1.5 mmol/L。因此，所制备的模板 DNA 中不应含有高浓度的螯合剂，如 EDTA；也不应有高浓度的负电荷离子基团，如磷酸根。制备的模板 DNA 应溶于 10 mmol/L Tris - HCl (pH 7.6)。尽管标准缓冲液适用于大多数 DNA 模板，但对于特定 PCR 的最佳缓冲条件还是随着模板、引物及反应液中其他成分的不同有所改变，无论是应用靶序列与引物的新组合，还是 dNTP 或引物浓度有所改变时，都必须对 Mg^{2+} 的浓度进行优化。dNTP 是反应中 PO_4^{3-} 的主要来源，其浓度的任何变化都将影响到 Mg^{2+} 的有效浓度，这一点应特别注意。

3. dNTP　dNTP 的质量和浓度与 PCR 扩增效率有密切关系。dNTP 粉呈颗粒状，如保存不当易变性失去生物学活性。dNTP 溶液呈酸性，使用时应配成高浓度后，以 1 mol/L NaOH 将其 pH 调节到 7.0，小量分装，－20 ℃冰冻保存。多次冻融会使 dNTP 降解。在 PCR 反应中，dNTP 的浓度应为 50～200 μmol/L，尤其是注意 4 种单脱氧核苷酸的浓度要相等（等摩尔配制），如其中任何一种浓度不同于其他几种时（偏高或偏低），就会引起错配。浓度过低又会降低 PCR 产物的产量。dNTP 能与 Mg^{2+} 结合，使游离的 Mg^{2+} 浓度降低。

4. 寡聚核苷酸引物　引物是 PCR 特异性反应的关键，PCR 产物的特异性取决于引物与模板 DNA 互补的程度。理论上，只要知道任何一段模板 DNA 序列，就能按其设计互补的寡核苷酸链作为引物，利用 PCR 就可将模板 DNA 在体外大量扩增。引物的使用浓度是关系到 PCR 特异扩增的一个重要条件，每条引物的浓度为 0.1～1 μmol 或 10～100 pmol，以最低引物浓度产生所需要的结果为好，引物浓度偏高会引起错配和非特异性扩增，且可增加引物之间形成二聚体的机会。

引物设计对于 PCR 反应成败非常关键。目前已有多种软件可以用于 PCR 引物设计。在设计当中应遵循以下原则：

（1）引物长度：15～30 bp，常用为 20 bp 左右。

（2）引物扩增跨度：以 200～500 bp 为宜，特定条件下可扩增长至 10 kb 的片段。

（3）引物碱基组成与分布：G+C 含量以 40%～60% 为宜，上下游引物的 G+C 含量应接近；ATGC 最好随机分布，避免 5 个以上的嘌呤或嘧啶核苷酸的成串排列；避免引物内部出现二级结构；避免两条引物间互补，特别是 3′端的互补，否则会形成引物二聚体，降低扩增效率；引物 3′端的碱基，特别是最末及倒数第二个碱基，应严格要求配对，否则会导致 PCR 失败；引物的 5′端可以有少量的碱基不配对，据此可以加上合适的酶切位点，这对分子克隆或重组子的酶切分析很有好处。

（4）引物的错配：引物不应与靶标序列以外的核酸序列存在明显的碱基配对，否则会出现扩增效率降低或非特异性扩增的情况。

5. Tap DNA 聚合酶及其浓度　目前有两种 Taq DNA 聚合酶供应，一种是从栖热水生杆菌中提纯的天然酶，另一种为大肠杆菌合成的基因工程酶。两种酶都有依赖于聚合作用的

$5'-3'$ 外切酶活性，但均缺乏 $3'-5'$ 外切酶活性。酶的使用量应根据所购买产品的说明确定。加酶过量有可能导致非靶序列的扩增。

（三）PCR 反应循环条件选择

1. 变性　第一轮循环前，在 94 ℃下变性 5～10 min 非常重要，它可使模板 DNA 完全解链，然后加入 Taq DNA 聚合酶，这样可减少聚合酶在低温下仍有活性从而延伸非特异性配对的引物与模板复合物所造成的错误。变性不完全，往往使 PCR 失败，因为未完全变性的 DNA 双链会很快复性，减少 DNA 产量。一般变性温度为 94 ℃，时间为 1 min。在变性温度下，双链 DNA 解链只需几秒钟即可完成，所耗时间主要是为使反应体系完全达到适当的温度。对于富含 GC 的序列，可适当提高变性温度。但变性温度过高或时间过长都会导致酶活性的损失。

2. 退火　引物退火的温度和所需时间的长短取决于引物的碱基组成、长度、与模板的配对程度以及浓度。实际使用的退火温度比扩增引物的 T_m 值约低 5 ℃。一般当引物中 G+C 含量高，长度长并与模板完全配对时，应提高退火温度。退火温度越高，所得产物的特异性越高。有些反应甚至可将退火与延伸两步合并，只用两种温度（例如用 60 ℃和 94 ℃）完成整个扩增循环，既省时间又提高了特异性。退火一般仅需数秒钟即可完成，反应中所需时间主要是为使整个反应体系达到合适的温度。通常退火温度和时间为 37～55 ℃，1～2 min。

3. 延伸　延伸反应通常为 72 ℃，接近于 Taq DNA 聚合酶的最适反应温度 75 ℃。实际上，引物延伸在退火时即已开始，因为 Taq DNA 聚合酶的作用温度范围可从 20～85 ℃。延伸反应时间的长短取决于目的序列的长度和浓度。在一般反应体系中，Taq DNA 聚合酶每分钟约可合成 2kb 长的 DNA。延伸时间过长会导致产物非特异性增加，但对很低浓度的目的序列，则可适当增加延伸反应的时间。一般在扩增反应完成后，都需要一步较长时间（10～30 min）的延伸反应，以获得尽可能完整的产物，这对以后进行克隆或测序反应尤为重要。

4. 循环次数　当其他参数确定之后，循环次数主要取决于 DNA 浓度。一般而言 25～30 轮循环已经足够。循环次数过多，会使 PCR 产物中非特异性产物大量增加。通常经 25～30 轮循环扩增后，反应中 Taq DNA 聚合酶已经不足，如果此时产物量仍不够，需要进一步扩增，可将扩增的 DNA 样品稀释 10^3～10^5 倍作为模板，重新加入各种反应底物进行扩增，这样经 60 轮循环后，扩增水平可达 10^9～10^{10}。

扩增产物的量还与扩增效率有关，扩增产物的量可用下列公式表示：$C=C_0(1+P)n$。其中，C 为扩增产物量，C_0 为起始 DNA 量，P 为增效率，n 为循环次数。

在扩增后期，由于产物积累，使原来呈指数扩增的反应变成平坦的曲线，产物不再随循环数而明显上升，这称为平台效应。平台期会使原先由于错配而产生的低浓度非特异性产物继续大量扩增，达到较高水平。因此，应适当调节循环次数，在平台期前结束反应，减少非特异性产物。

【材料、设备及试剂】
1. 材料　不同来源的模板 DNA。

2. 试剂

（1）PCR 扩增引物：根据模板序列和引物的设计要求，设计并合成特异性引物（由教师提前完成）。

（2）10×PCR 反应缓冲液、25 mmol/L $MgCl_2$、dNTP 混合物（每种 2.5 mmol/L）、Taq DNA 聚合酶（5 U/μl）、DNA Marker 等，均可由公司直接购买。

（3）1‰琼脂糖、5×TBE。

3. 设备　移液器及吸头、PCR 试管、DNA 扩增仪、琼脂糖凝胶电泳所需设备（电泳槽、电泳仪以及凝胶观察设备）、台式高速离心机。

【实验步骤】

1. PCR 反应

（1）取三个 PCR 小管，依次分别加入以下试剂：

双蒸水	35.0 μl
10×PCR 反应缓冲液	5.0 μl
25 mmol/L $MgCl_2$	4.0 μl
dNTP	4.0 μl
上游引物（引物 1）	0.5 μl
下游引物（引物 2）	0.5 μl
Taq DNA 聚合酶	0.5 μl
模板 DNA（约 1ng）	0.5 μl

离心 5 s 混匀。

在 PCR 反应操作过程中，必须同时设立阳性和阴性对照。三个小管中，第一管不加模板作为阴性对照，第二管加入待扩增模板，第三管应为阳性对照。

（2）将 PCR 小管放入 PCR 扩增仪中。先 94 ℃变性 5 min，再执行以下循环：94 ℃变性 1 min，55 ℃退火 1 min，72 ℃延伸 2 min，循环 30 轮。最后一轮循环结束后，于 72 ℃下保温 10 min，使反应产物扩增充分。反应结束后 4 ℃保存。

2. 电泳　按照琼脂糖凝胶电泳操作程序，取 5～10 μl 扩增产物用 1‰琼脂糖凝胶进行电泳分析，检查反应产物的量及大小。

【注意事项】　退火以及延伸的温度和时间应该根据不同的样品而设定。

【思考题】

（1）降低退火温度、延长变性时间对 PCR 各有什么影响？

（2）循环次数是否越多越好？为何？

（3）如果出现非特异性带，可能有哪些原因？

（4）如果模板 DNA 大于靶标序列的长度，PCR 产物大小完全相同吗？

（5）PCR 反应污染主要来自那里？应该怎样减少污染？

6

第6章

实验记录与数据处理

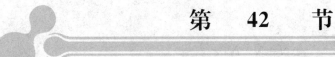

第 42 节

实验记录与数据处理

一、实验记录

详细、准确、如实地做好实验记录是极为重要的，记录如果有误，会使整个实验失败，这也是培养学生实验能力和严谨的科学作风的一个重要方面。

（1）每位同学必须准备一个实验记录本，实验前认真预习实验，看懂实验原理和操作方法，在记录本上写好实验预习报告，包括详细的实验操作步骤（可以用流程图表示）和数据记录表格等。

（2）记录本上要编好页数，不得撕缺和涂改，写错时可以划去重写。不得用铅笔记录，只能用钢笔和圆珠笔。记录本的左页作计算和草稿用，右页用作预习报告和实验记录。同组的两位同学合做同一实验时，两人必须都有相同、完整的记录。

（3）实验中应及时准确地记录所观察到的现象和测量的数据，条理清楚，字迹端正，切不可潦草以致日后无法辨认。实验记录必须公正客观，不可夹杂主观因素。

（4）实验中要记录的各种数据，都应事先在记录本上设计好各种记录格式和表格，以免实验中由于忙乱而遗漏测量和记录，造成不可挽回的损失。

（5）实验记录要注意有效数字，如光密度值应为"0.050"，而不能记成"0.05"。每个结果都要尽可能重复观测二次以上，即使观测的数据相同或偏差很大，也都应如实记录，不得涂改。

（6）实验中要详细记录实验条件，如使用的仪器型号、编号、生产厂等；生物材料的来源、形态特征、健康状况、选用的组织及其质量等；试剂的规格、化学式、分子质量、试剂的浓度等，都应记录清楚。二人一组的实验，必须每人都做记录。

二、数据处理

实验完毕后对实验数据的处理主要涉及误差分析和有效数字的取舍。

（一）误差分析

1. 实验误差 生化分析需要对组成生物机体的几类主要化学物质如糖、脂肪、蛋白质、核酸、维生素、酶等进行定量的测定。在进行定量分析测定的过程中，由于受分析方法、测量仪器、所用试剂和分析工作者等方面的限制，很难使测量值与客观存在的真实值完全一致，即分析过程中误差是客观存在的。因此不仅要测定试样中待测成分的含量，还应对测定结果做出评价，判断它的准确度和可靠性程度，找出产生误差的原因，并采取有效措施减少误差，使所得的结果尽可能准确地反映试样中待测组分的真实含量。

（1）准确度和误差：准确度表示试验分析测定值与真实值之间的相接近的程度。因测定值与真实值之间的差值为误差，所以误差越小，测定值愈准确。误差可用绝对误差或相对误差来表示。

绝对误差为测定值与真实值之差：

$$\Delta N = N - N'$$

相对误差表示绝对误差在真实值中所占的百分率：

$$相对误差（\%）= \Delta N/N' \times 100\%$$

式中，ΔN 为绝对误差；N 为测定值；N' 为真实值。

例如，用分析天平称得两种蛋白质物质的质量各为 2.175 0 g 和 0.217 5 g，假定两者的真实值各为 2.175 1 g 和 0.217 6 g，则称量的绝对误差应分别为：

$$2.175\,0 - 2.175\,1 = -0.000\,1(g)$$
$$0.217\,5 - 0.217\,6 = -0.000\,1(g)$$

它们的相对误差应分别为

$$-0.000\,1/2.175\,1 \times 100\% = -0.005\%$$
$$-0.000\,1/0.217\,6 \times 100\% = -0.05\%$$

由此可见，两种蛋白质称量的绝对误差虽然相等，但当用相对误差表示时，就可看出第一份称量的准确度比第二份的准确度大 10 倍。显然，当被称量物体的质量较大时，相对误差较小，称量的准确度越高。所以，应该用相对误差来表示分析结果的准确度。但因真实值是并不知道的，因此在实验中无法求出分析的准确度，只得用精确度来评价分析的结果。

（2）精确度和偏差：在分析测定中，常在相同的条件下，对同一试样进行多次重复测定（称为平行测定），所得结果不完全一致，每一个测定值与真实值都有差别，但若取它们的平均值，就有可能更接近真实值，如果多次重复的测定值比较接近，表示测定结果的精确度越高。

精确度表示在相同的条件小，进行多次实验的测定值的相近的程度。一般用偏差来衡量分析结果的精确度。偏差也有绝对偏差和相对偏差两种表示方法。

设一组测定数据为 x_1，$x_2 \cdots x_n$，其算术平均值为：

$$\bar{x} = \frac{x_1 + x_2 + \cdots + x_n}{n} = \frac{1}{n} \sum_{i=1}^{n} x_i$$

绝对偏差＝测定值－算术平均值（不计正负号），即

$$d_i = x_i - \bar{x}$$

相对偏差＝绝对偏差/算术平均数×100%＝$d_i/\sqrt{x} \times 100\%$。

当然，与误差的表示方法一样，用相对偏差来表示实验的精确度，比用绝对偏差更有意义。

此外，精确度也常用平均绝对偏差和平均相对偏差来表示，平均绝对偏差是个别测定值的绝对偏差的算术平均数。

在分析实验中，有时只做两次平行的测定，这时就应用下式表达结果的精确度：两次分析结果的差值/平均值×100%。

应该指出，准确度和精确度、误差、偏差具有不同的含义，不能混为一谈。准确度是表示测定值与真实值的相符合的程度，用误差来衡量，误差越小，测定的准确度越高。精确度则表示在相同的条件下多次重复测定值相符合程度，用偏差来衡量，偏差越小，测定的精确

度越好。误差以真实值为标准，而偏差以平均值为标准。由于物质的真实值一般是无法知道的，我们平时所说的真实值其实只是采用各种方法进行平行分析所得到相对正确的平均值。用这一平均值代替真实值来计算误差，得到的结果依然只是偏差。

还应指出，用精确度来评价分析的结果有一定的局限性。分析结果的精确度很高（即平均相对误差很小），并不一定说明实验的精确度也很高。因为如果分析过程中存在系统误差，可能并不影响每次测得数值之间的重合程度，即不影响精确度，但此分析结果却必然偏离真实值，也就是分析的准确度也不一定很高。当然，如果精确度也不高，则无准确度可言。所以精确度是保证准确度的先决条件。在实际分析中首先要求良好的精确度，测定的精确度越好，得到准确的结果的可能性就越大，通常进行分析时，对同一试样，必须用同样的方法，在同一条件下，由同一个人操作，做几个平行的测定，取其平均值，测定的次数越多，平均值就越接近真实值。

2. 误差来源　由于所有的测定都可能产生误差，故应了解这些误差的来源。一般根据误差的性质和来源，将误差分为系统误差（可测误差）和偶然误差（随机误差）两类。

（1）系统误差：它是由于测定过程中，某些经常发生的原因造成的，它对测定结果的影响比较稳定，在同一条件下重复出现，使测定结果不是偏高，就是偏低，而且大小有一定的规律，它的大小与正负往往可以测定出来，至少从理论上来说是可以测定的，故又称可测误差。系统误差的来源有以下 4 个方面。

① 方法误差：由于采用的分析方法本身造成的。如质量分析中沉淀物沉淀不完全或洗涤过程中少量的溶解，给分析结果带来负误差，或由于杂质共沉淀以及称量时沉淀吸水，引起正误差。又如滴定分析中，等摩尔反应终点和滴定的终点不完全符合等。

② 仪器误差：由于仪器本身不够精密所产生的误差。如天平、砝码和量器皿体积不够准确，或没有根据实验的要求选择一定精密度的仪器等。

③ 试剂误差：来源于试剂或蒸馏水含有的微量杂质。

④ 个人操作误差：由于每个分析工作者掌握操作规程、控制条件与使用仪器常有出入而造成的。如不同的操作者对滴定终点颜色变化的分辨判断能力的差异，个人视差也常引起不正确的读数等。

（2）偶然误差：它来源于某些难以预料的偶然因素，或是由于取样不随机，或是因为测定过程中某些不易控制的外界因素（如测定时环境、温度、湿度和气压的微小的波动）的影响。尤其在生物测定中，由于影响因素是多方面的，例如动物的健康状态、饲养条件、生物材料的新鲜程度、微生物的菌种和培养基的条件等，往往造成较大的偶然误差。这种误差是由某些偶然因素造成的，它的数值有时大，有时小，有时正，有时负，所以偶然误差又称不定误差。

偶然误差产生于一些难以确定的因素，似乎没有规律性，但如果在同一条件下进行多次重复测定，就会发现测定数据的分布符合一般的统计规律。粗略地说，偶然误差是随着不同的机会随机出现的，因此采用随机误差这个名称更为确切。为了减少偶然误差，一般采取以下措施。

① 平均取样：根据试验要求并考虑生物材料的特殊性，如动物的种属、年龄、性别、生长的状态及饲养条件，选取动、植物某一新鲜的组织制成匀浆后取样，细菌通常制成悬浮液，经玻璃珠打散摇匀后，再量取一定的体积的菌种样品。固体样品应于取样前先进行粉

碎、混匀。

② 多次取样：根据偶然误差出现的规律，进行多次平行的测定，并计算平均值，可以有效地减少偶然误差。

除去以上两类误差之外，还有因分析人员工作中的粗心大意、操作不正确引起的"过失误差"，如读错刻度读数，溶液溅出，加错试剂等，这时可能出现一个很大的"误差值"，在计算算术平均值时，应舍去此种数值。

（二）有效数字

在生化定量分析中，除了要求尽量准确外，应该在记录数据和进行运算时注意有效数字的取舍。

1. 有效数字的概念　有效数字是实际可能测量到的数字，它包括全部的确切数字加上第一位"欠准数字"（存疑数字）。应该选取几位有效数字，取决于实验方法与所用的仪器的精确程度。例如，读取 50 ml 滴定管的液面刻度为 16.25 ml，是四位有效数字，最后一位数字是估计的，称为"欠准数字"，也叫估计值，其他的数值均是准确的"确切数字"。

数字 1、2、3……9 都可作为有效数字，只有"0"特殊，它在数字中间或数字后面时，是有效数字；但在数字前面时，它只是定位数字，用来表示小数点的位置，而不是有效数字。

例：1.260 14　　　　6 位有效数字

12.001　　　　　　5 位有效数字

21.00　　　　　　4 位有效数字

0.021 2　　　　　3 位有效数字

0.001 0　　　　　2 位有效数字

200　　　　　　　有效数字不明确

在 200 中，后面的"0"可能是有效数字，也可能是定位数字。为了避免混乱，一般写成标准式：如 65 000±1 000 可写成 $(6.5\pm0.1)\times10^4$ 或 $(6.50\pm0.10)\times10^4$ 或 $(6.500\pm0.100)\times10^4$，它们的有效数字依次为二、三、四位。如果在实验中使用的仪器及采用的实验方法，误差比较大，但测得的数值位数比较多，就可以采用这种标准式来确切表达有效数字的位数。

2. 在运算中有效数字的确定

（1）加减法：根据有效数字的概念，在几个数值相加或相减时，其和或差只能保留一位"欠准数字"。在弃去过多的可疑数字时，按四舍五入的规则取舍（数字下面有"·"的为"欠准数字"）。

例如：

加法	减法
0.012 1̣	43.320 6̣
25.64̣	−36.25̣
+1.057 83̣	7.070 6̣
26.709 93̣	

因为 26.709 93 后面四位数及 7.070 6 后面三位数均是可疑数字，只要保留一位可疑数字，故其和为 26.71，其差为 7.07。

（2）乘除法：几个数值相乘或相除时，其积或商所保留的有效数字位数与各运算数字中有效数字位数最少的相同。

例如：

乘法　　　　　0.034 56×0.038

$$0.034\ 56 \quad \cdots\cdots\cdots\cdots\cdots\cdots\cdots\cdots\cdots\cdots\cdots\cdots\cdots\cdots\cdots\cdots\text{四位有效数字}$$
$$\times 0.038 \quad \cdots\cdots\cdots\cdots\cdots\cdots\cdots\cdots\cdots\cdots\cdots\cdots\cdots\cdots\cdots\cdots\text{两位有效数字}$$
$$276\ 48$$
$$103\ 6\ 8$$
$$0.001\ 313\ 28 \quad = 0.001\ 3 \quad \cdots\cdots\cdots\cdots\cdots\cdots\cdots\cdots\cdots\cdots\cdots\text{两位有效数字}$$

除法　　　　　1.4÷3.142

$$0.44\overset{.}{5} \quad = 0.45 \quad \cdots\cdots\cdots\cdots\cdots\cdots\cdots\cdots\cdots\cdots\cdots\cdots\cdots\text{两位有效数字}$$
$$3.142\ \overline{)\ 1.400\ 0} \quad \cdots\cdots\cdots\cdots\cdots\cdots\cdots\cdots\cdots\cdots\cdots\cdots\cdots\text{两位有效数字}$$
$$1.256\ 8$$
$$143\ 20$$
$$125\ 68$$
$$17\ 520$$
$$15\ 710$$

在运算中有效数字的确定，应该注意：

① 在运算中，有效数字位数最少的数值，首位如果是 8 或 9，而运算结果的首位数不是 8 或 9 时应多保留一位。例如：9.12×2.011＝18.24

② 有效数字是最后一位为"可疑数"，若一个数值没有可疑数，可视为无限有效数值。例如，将 42.0 mg 分为两份，每份质量是 42.0/2＝21.0 mg，式中的"2"不是测得的数值，可把它看作是无限的有效数字。其他如 π、e 等常数及 $\sqrt{2}$ 等有效数字的位数也可认为是无限的。

三、结果分析与结论

对实验中所得的一系列数值，经过误差分析和有效数字取舍之后，应根据实验目的，采取科学合理的方法进行整理、分析，求出数值间量的关系，确切而明显地表达出实验结果，并对结果进行分析。在生化实验中常用的结果分析方法有表格法、作图法和统计分析法等。

1. 表格　最好用图表的形式概括实验的结果。根据所记录数据的性质，确定用图还是用表。表格设计要求紧凑、简明并有编号和标题，有时还需要紧接在标题下面有一详细的说明。表格中的数据应有合适的位数，为此可适当调整数据的单位。例如浓度 0.007 2 mol/L 最好在浓度（mmol/L）的栏下表示为 7.2 或在 $10^{-4}×$ 浓度（mol/L）的栏下表示为 72。表格举例见表 6-1。

表 6-1　血清胆固醇测定

试剂（ml）	空白管	标准管	测 试 管	
			1	2
无水乙醇	1.0	—	—	—
胆固醇标准液	—	1.0	—	—
血清胆固醇提取液	—	—	1.0	1.0
磷硫铁试剂	1.0	1.0	1.0	1.0
摇匀，10 min 后，0.5 cm 光径，测 $OD_{560\,nm}$ 值				
$OD_{560\,nm}$ 值				
			均值：	

2. 图解　在描述实验结果时，用图线表示层析或电泳的结果，或用流程图表示纯化的步骤，比冗长的文字描述更清楚。绘制层析、电泳图谱时，除比例关系由实验者酌情安排外，层析斑点、电泳区带形状、位置、颜色及其深度、背景颜色等应力求与原物一致。

一般说来，当所观察记录的数据较多时，用图线比表格好。从图中吸取结果也比从表中来得容易。而且观察各点是否能画成一个光滑的曲线还能给出实验中偶然误差的某些概念。此外，图能清楚地指出测量的中断，而从数字表格中则不容易看出来。

3. 直线图　如 y 和 x 的关系与下列方程式类似：

$$y = mx + c$$

那么，以 y 对 x 作图就得到一条直线。直线的斜率是 m，它与 y 轴相交于 c。

在许多情况下，y 和 x 并不是线性关系，但对数据进行某种处理，仍可得到一条直线。如 Beer-Lambert 定律和酶动力学米氏方程。

在许多实验中，都有一个量，如浓度、pH 或温度，在系统地变化着，要测量的是此量对另一量的影响。已知量称为自变量，未知量或待测量称为应变量。画图时，习惯把自变量画在横轴（x 轴）上，而把应变量画在纵轴（y 轴）上。下面列举一些作图的提示：

（1）为了清楚起见，调整标度使斜度在 45°范围内。

（2）图应有明白简洁的标题。清楚地标明两个轴的计量单位。

（3）最好用简单数字标明轴上的标度（如使用 10 mmol/L 就比 0.01 mol/L 或 10 000 μmol/L 要好）。

（4）表示实验中所测定点的位置应用清楚设计的符号（○、●、□、■、△、▲），而不用×、＋或一个小点。

（5）尽可能使各点间的距离相等，不要使各点挤在一起或让它们之间的距离太大。

（6）根据不同的实验用光滑连续的曲线或直线连接各点。

（7）符号的大小应能指示各值的可能误差，而且，由于自变量常常知道得很准确，有时也可以把结果表示为垂直的线或棒，其长度依赖于应变量的差异。

4. 统计分析　为了科学地表达数量与数量之间的关系，数量与生理机能或生产性能之间的关系，常用生物统计的方法，如标准偏差、变异系数、检验、相关、回归等数理统计方法进行表达。关于这方面的具体含义及方法，请参阅有关的生物统计学书籍。

5. 分析与结论　在对实验结果进行准确描述的过程中，应对实验结果进行分析讨论。讨论不应是实验结果的重述，而是以结果为基础的逻辑推论。如对定性实验，在分析实验结果的基础上应有一简短而中肯的结论。讨论部分还可以包括关于实验方法（或操作技术）和有关实验的一些问题，如实验异常结果的分析，对于实验设计的认识、体会和建议，对实验课的改进意见等。在分析讨论的基础上对本次实验的结果下一个客观而真实的结论，结论是对整个实验结果高度概括的总结，要简明扼要，突出重点，而不是面面俱到。

第 43 节

实 验 报 告

　　实验报告是实验的总结和汇报，通过实验报告的写作可以分析总结实验的经验和问题，学会处理各种实验数据的方法，加深对有关生物化学与分子生物学原理和实验技术的理解和掌握，同时也是学习撰写科学研究论文的过程。实验报告的内容应包括：①实验目的；②实验原理；③仪器和试剂；④实验步骤；⑤数据处理；⑥结果讨论。

　　每个实验报告都要按照上述要求来写，实验报告的写作水平也是衡量实验课程学习效果的一个重要方面。

　　为了使实验结果能够重复，必须详细记录实验现象的所有细节。例如，若实验中生成沉淀，那么沉淀的真实颜色是什么，是白色、淡黄色或是其他。沉淀的量是多还是少，是胶状还是颗粒状。什么时候形成沉淀，立即生成还是缓慢生成，热时生成还是冷却时生成。在科学研究中，仔细地观察，特别注意那些未预想到的实验现象是十分重要的，这些观察常常引起意外的发现。报告并注意分析实验中的真实发现。是非常重要的科学研究训练。

　　实验报告使用的语言要简明清楚，抓住关键，各种实验数据都要尽可能整理成表格并作图表示之，以便比较，一目了然。实验作图尤其要严格要求，必须使用坐标纸，每个图都要有明显的标题，坐标轴的名称要清楚完整，要注明合适的单位，坐标轴的分度数字要与有效数字相符，并尽可能简明，若数字太大，可以化简，并在坐标轴的单位上乘以 10 的方次。实验点要使用专门设计的符号，如○、●、□、■、△、▲等，符号的大小要与实验数据的误差相符。不要用×、＋和·。有时也可用两端有小横线的垂直线段来表示实验点，其线段的长度与实验误差相符。通常横轴是自变量，往往知道的很准确，纵轴是应变量，是测量的数据。曲线要用曲线板或曲线尺画成光滑连续的曲线，各实验点均匀分布在曲线上和曲线两边，且曲线不可超越最后一个实验点。两条以上的曲线和符号应有说明。

　　实验结果的讨论要充分，尽可能多查阅一些有关的文献和教科书，充分运用已学过的知识和生物化学原理，进行深入的探讨，勇于提出自己独到的分析和见解，并欢迎对实验提出改进意见。

　　实验报告是做完每个实验后的总结。通过汇报本人的实验过程与结果，分析总结实验的经验和问题，加深对有关理论和技术的理解和掌握，同时也是学习撰写研究论文的过程。

　　书写实验报告要注意以下几点：

　　（1）实验报告必须独立完成，严禁抄袭。写实验报告要用实验报告专用纸按格式书写，以便教师批阅。为避免遗失，实验课全部结束后可装订成册以便保存。不要用练习本和其他单片页纸

　　（2）简明扼要地概括出实验的原理，涉及化学反应最好用化学反应式表示。

（3）应列出所用的试剂和主要仪器。特殊的仪器要画出简图并有合适的图解。说明化学试剂时要避免使用未被普遍接受的商品名或俗名。

（4）实验中所用实验动物必须描述准确、详细。如在实验报告中只写"处死大鼠并取肝"是十分不准确的，必须给出鼠的品种、性别、年龄和体重，鼠是饥饿的还是饱食的……是否用某种方式处理过，是如何处死的。在评价实验结果时，上述各种因素都十分重要，因此必须记录。

（5）实验方法步骤的描述要简洁，不要照抄实验指导书，但要描述准确，以便他人能够重复。

（6）为了能重复以前的某些实验结果，或此次的结果能在今后再现，应详细记录实际观察到的实验现象，而不是照抄实验指导书所列应观察到的实验结果。

实验报告的基本格式附后。

_____大学动物生物化学实验报告

专业：_____ 班级：_____ 姓名：_____ 学号：_____

实验名称：_____

实验编号：_____

一、实验目的
二、实验原理
三、试剂与器材
四、实验步骤
五、数据处理
六、结果讨论

任课教师：   实验日期：

附　录

一、常用缓冲溶液的配制方法

1. 甘氨酸-盐酸缓冲液（0.05 mol/L）

x ml 0.2 mol/L 甘氨酸＋y ml 0.2 mol/L HCl，再加水稀释至 200 ml。

pH	x	y	pH	x	y
2.2	50	44.0	3.0	50	11.4
2.4	50	32.4	3.2	50	8.2
2.6	50	24.2	3.4	50	6.4
2.8	50	16.8	3.6	50	5.0

甘氨酸相对分子质量＝75.07，0.2 mol/L 溶液含甘氨酸 15.01 g/L。

2. 邻苯二甲酸-盐酸缓冲液（0.05 mol/L）

x ml 0.2 mol/L 邻苯二甲酸氢钾＋y ml 0.2 mol/L HCl，再加水稀释到 20 ml。

pH(20 ℃)	x	y	pH(20 ℃)	x	y
2.2	5	4.070	3.2	5	1.470
2.4	5	3.960	3.4	5	0.990
2.6	5	3.295	3.6	5	0.597
2.8	5	2.642	3.8	5	0.263
3.0	5	2.022			

邻苯二甲酸氢钾相对分子质量＝204.23，0.2 mol/L 溶液含邻苯二甲酸氢钾 40.85 g/L。

3. 磷酸氢二钠-柠檬酸缓冲液

pH	0.2 mol/L Na_2HPO_4 (ml)	0.1 mol/L 柠檬酸 (ml)	pH	0.2 mol/L Na_2HPO_4 (ml)	0.1 mol/L 柠檬酸 (ml)
2.2	0.40	19.60	3.0	4.11	15.89
2.4	1.24	18.76	3.2	4.94	15.06
2.6	2.18	17.82	3.4	5.70	14.30
2.8	3.17	16.83	3.6	6.44	13.56

（续）

pH	0.2 mol/L Na$_2$HPO$_4$ (ml)	0.1 mol/L 柠檬酸 (ml)	pH	0.2 mol/L Na$_2$HPO$_4$ (ml)	0.1 mol/L 柠檬酸 (ml)
3.8	7.10	12.90	6.0	12.63	7.37
4.0	7.71	12.29	6.2	13.22	6.78
4.2	8.28	11.72	6.4	13.85	6.15
4.4	8.82	11.18	6.6	14.55	5.45
4.6	9.35	10.65	6.8	15.45	4.55
4.8	9.86	10.14	7.0	16.47	3.53
5.0	10.30	9.70	7.2	17.39	2.61
5.2	10.72	9.28	7.4	18.17	1.83
5.4	11.15	8.85	7.6	18.73	1.27
5.6	11.60	8.40	7.8	19.15	0.85
5.8	12.09	7.91	8.0	19.45	0.55

Na$_2$HPO$_4$ 相对分子质量＝141.96；0.2 mol/L 溶液含 Na$_2$HPO$_4$ 28.39 g/L。

Na$_2$HPO$_4$ · 2H$_2$O 相对分子质量＝177.99；0.2 mol/L 溶液含 Na$_2$HPO$_4$ · 2H$_2$O 35.60 g/L。

C$_6$H$_8$O$_7$ · H$_2$O 相对分子质量＝210.14；0.1 mol/L 溶液含 C$_6$H$_8$O$_7$ · H$_2$O 21.01 g/L。

4. 柠檬酸-氢氧化钠-盐酸缓冲液

pH	钠离子浓度 (mol/L)	柠檬酸 (g) C$_6$H$_8$O$_7$ · H$_2$O	氢氧化钠 (g) NaOH 97%	盐酸 (ml) HCl（浓）	最终体积 (L)
2.2	0.20	210	84	160	10
3.1	0.20	210	83	116	10
3.3	0.20	210	83	106	10
4.3	0.20	210	83	45	10
5.3	0.35	245	144	68	10
5.8	0.45	285	186	105	10
6.5	0.38	266	156	126	10

使用时可以每升中加入 1g 酚，若最后 pH 有变化，再用少量 50%氢氧化钠溶液或盐酸（浓）调节，冰箱保存。

5. 柠檬酸-柠檬酸钠缓冲液（0.1 mol/L）

pH	0.1 mol/L 柠檬酸（ml）	0.1 mol/L 柠檬酸钠（ml）	pH	0.1 mol/L 柠檬酸（ml）	0.1 mol/L 柠檬酸钠（ml）
3.0	18.6	1.4	5.0	8.2	11.8
3.2	17.2	2.8	5.2	7.3	12.7
3.4	16.0	4.0	5.4	6.4	13.6
3.6	14.9	5.1	5.6	5.5	14.5
3.8	14.0	6.0	5.8	4.7	15.3
4.0	13.1	6.9	6.0	3.8	16.2
4.2	12.3	7.7	6.2	2.8	17.2
4.4	11.4	8.6	6.4	2.0	18.0
4.6	10.3	9.7	6.6	1.4	18.6
4.8	9.2	10.8			

柠檬酸（$C_6H_8O_7 \cdot H_2O$）相对分子质量＝210.4；0.1 mol/L 溶液含柠檬酸 21.01 g/L。

柠檬酸钠（$Na_3C_6H_5O_7 \cdot 2H_2O$）相对分子质量＝294.12；0.1 mol/L 溶液含柠檬酸钠 29.41 g/L。

6. 乙酸-乙酸钠缓冲液（0.2 mol/L）

pH（18℃）	0.2 mol/L NaAc（ml）	0.2 mol/L HAc（ml）	pH（18℃）	0.2 mol/L NaAc（ml）	0.2 mol/L HAc（ml）
3.6	0.75	9.25	4.8	5.90	4.10
3.8	1.20	8.80	5.0	7.00	3.00
4.0	1.80	8.20	5.2	7.90	2.10
4.2	2.65	7.35	5.4	8.60	1.40
4.4	3.70	6.30	5.6	9.10	0.90
4.6	4.90	5.10	5.8	9.40	0.60

$NaAc \cdot 3H_2O$ 相对分子质量＝136.09；0.2 mol/L 溶液含 $NaAc \cdot 3H_2O$ 27.22 g/L。

7. 磷酸盐缓冲液

（1）磷酸氢二钠-磷酸二氢钠缓冲液（0.2 mol/L）

pH	0.2 mol/L Na_2HPO_4（ml）	0.2 mol/L NaH_2PO_4（ml）	pH	0.2 mol/L Na_2HPO_4（ml）	0.2 mol/L NaH_2PO_4（ml）
5.8	8.0	92.0	6.3	22.5	77.5
5.9	10.0	90.0	6.4	26.5	73.5
6.0	12.3	87.7	6.5	31.5	68.5
6.1	15.0	85.0	6.6	37.5	62.5
6.2	18.5	81.5	6.7	43.5	56.5

（续）

pH	0.2 mol/L Na$_2$HPO$_4$ (ml)	0.2 mol/L NaH$_2$PO$_4$ (ml)	pH	0.2 mol/L Na$_2$HPO$_4$ (ml)	0.2 mol/L NaH$_2$PO$_4$ (ml)
6.8	49.0	51.0	7.5	84.0	16.0
6.9	55.0	45.0	7.6	87.0	13.0
7.0	61.0	39.0	7.7	89.5	10.5
7.1	67.0	33.0	7.8	91.5	8.5
7.2	72.0	28.0	7.9	93.0	7.0
7.3	77.0	23.0	8.0	94.7	5.3
7.4	81.0	19.0			

Na$_2$HPO$_4$ · 2H$_2$O 相对分子质量＝178.05；0.2 mol/L 溶液含 Na$_2$HPO$_4$ · 2H$_2$O 35.61 g/L。

Na$_2$HPO$_4$ · 12H$_2$O 相对分子质量 ＝ 358.22；0.2 mol/L 溶液含 Na$_2$HPO$_4$ · 12H$_2$O 71.64 g/L。

NaH$_2$PO$_4$ · H$_2$O 相对分子质量＝138.01；0.2 mol/L 溶液含 NaH$_2$PO$_4$ · H$_2$O 27.6 g/L。

NaH$_2$PO$_4$ · 2H$_2$O 相对分子质量＝156.03；0.2 mol/L 溶液含 NaH$_2$PO$_4$ · 2H$_2$O 31.21 g/L。

（2）磷酸氢二钠-磷酸二氢钾缓冲液（1/15 mol/L）

pH	1/15 mol/L Na$_2$HPO$_4$ (ml)	1/15 mol/L KH$_2$PO$_4$ (ml)	pH	1/15 mol/L Na$_2$HPO$_4$ (ml)	1/15 mol/L KH$_2$PO$_4$ (ml)
4.92	0.10	9.90	7.17	7.00	3.00
5.29	0.50	9.50	7.38	8.00	2.00
5.91	1.00	9.00	7.73	9.00	1.00
6.24	2.00	8.00	8.04	9.50	0.50
6.47	3.00	7.00	8.34	9.75	0.25
6.64	4.00	6.00	8.67	9.90	0.10
6.81	5.00	5.00	8.18	10.00	0
6.98	6.00	4.00			

Na$_2$HPO$_4$ · 2H$_2$O 相对分子质量 ＝ 178.05；1/15 mol/L 溶液含 Na$_2$HPO$_4$ · 2H$_2$O 11.876 g/L。

KH$_2$PO$_4$ 相对分子质量＝136.09；1/15 mol/L 溶液含 KH$_2$PO$_4$ 9.073 g/L。

8. 巴比妥钠-盐酸缓冲液

pH (18 ℃)	0.04 mol/L 巴比妥钠溶液 (ml)	0.2 mol/L 盐酸 (ml)	pH (18 ℃)	0.04 mol/L 巴比妥钠溶液 (ml)	0.2 mol/L 盐酸 (ml)
6.8	100	18.4	8.4	100	5.21
7.0	100	17.8	8.6	100	3.82
7.2	100	16.7	8.8	100	2.52
7.4	100	15.3	9.0	100	1.65
7.6	100	13.4	9.2	100	1.13
7.8	100	11.47	9.4	100	0.70
8.0	100	9.39	9.6	100	0.35
8.2	100	7.21			

巴比妥钠盐相对分子质量=206.18；0.04 mol/L 溶液含巴比妥钠 8.25 g/L。

9. Tris-盐酸缓冲液 （0.05 mol/L）

50 ml 0.1 mol/L 三羟甲基氨基甲烷（Tris）溶液与 x ml 0.1 mol/L 盐酸混匀后，加水稀释至 100 ml。

pH (25 ℃)	x	pH (25 ℃)	x
7.10	45.7	8.10	26.2
7.20	44.7	8.20	22.9
7.30	43.4	8.30	19.9
7.40	42.0	8.40	17.2
7.50	40.3	8.50	14.7
7.60	38.5	8.60	12.4
7.70	36.6	8.70	10.3
7.80	34.5	8.80	8.5
7.90	32.0	8.90	7.0
8.00	29.2		

三羟甲基氨基甲烷（Tris）相对分子质量=121.14；0.1 mol/L 溶液含 Tris 12.114 g/L。
Tris 溶液可从空气中吸收二氧化碳，使用时注意将瓶盖严。

10. 甘氨酸-氢氧化钠缓冲液 （0.05 mol/L）

x ml 0.2 mol/L 甘氨酸＋y ml 0.2 mol/L NaOH，加水稀释至 200 ml。

pH	x	y	pH	x	y
8.6	50	4.0	9.6	50	22.4
8.8	50	6.0	9.8	50	27.2
9.0	50	8.8	10.0	50	32.0
9.2	50	12.0	10.4	50	38.6
9.4	50	16.8	10.6	50	45.5

甘氨酸相对分子质量＝75.07；0.2 mol/L 溶液含甘氨酸 15.01 g/L。

11. 碳酸-碳酸氢钠缓冲液（0.1 mol/L，Ca^{2+}、Mg^{2+} 存在时不得使用）

pH		0.1 mol/L Na_2CO_3	0.1 mol/L $NaHCO_3$
20 ℃	37 ℃	(ml)	(ml)
9.16	8.77	1	9
9.40	9.12	2	8
9.51	9.40	3	7
9.78	9.50	4	6
9.90	9.72	5	5
10.14	9.90	6	4
10.28	10.08	7	3
10.53	10.28	8	2
10.83	10.57	9	1

$Na_2CO_3 \cdot 10H_2O$ 相对分子质量＝286.2；0.1 mol/L 溶液含 $Na_2CO_3 \cdot 10H_2O$ 28.62 g/L。
$NaHCO_3$ 相对分子质量＝84.0；0.1 mol/L 溶液含 $NaHCO_3$ 8.40 g/L。

二、层析技术常用数据

（一）Sephadex 凝胶的技术数据

型 号	颗粒直径*	分离范围（相对分子质量）		得水值	床体积	最小溶胀时间 (h)		最大承受压力
	（μm）	肽和球蛋白	葡聚糖	（ml/g 干胶）	（ml/g 干胶）	室温	沸水浴	（cmH_2O）**
Sephadex G-10	40~120	<700	<700	1.0±0.1	2~3	3	1	>100
Sephadex G-15	40~120	<1 500	<1 500	1.5±0.2	2.5~3.5	3	1	>100
Sephadex G-25 粗颗粒	100~300	1 000~5 000	100~5 000	2.5±0.2	4~6	3	1	>100
Sephadex G-25 中颗粒	50~150							
Sephadex G-25 细颗粒	20~80							
Sephadex G-25 超细颗粒	10~40							
Sephadex G-50 粗	100~300	1 500~30 000	500~10 000	5.0±0.3	9~11	3	1	>100
Sephadex G-50 中	50~150							
Sephadex G-50 细	20~80							
Sephadex G-50 超细	10~40							
Sephadex G-75 细	40~120	3 000~70 000	1 000~50 000	7.5±0.5	12~15	24	3	50
Sephadex G-75 超细	10~40							

| 型　号 | 颗粒直径* | 分离范围（相对分子质量） | | 得水值 | 床体积 | 最小溶胀时间（h） | | 最大承受压力 |
	（μm）	肽和球蛋白	葡聚糖	（ml/g 干胶）	（ml/g 干胶）	室温	沸水浴	（cmH₂O）**
Sephadex G-100 细	40～120	4 000～150 000	1 000～100 000	10.0±1.0	15～20	72	5	35
Sephadex G-100 超细	10～40	5 000～150 000	1 000～100 000					
Sephadex G-150 细	40～120	5 000～400 000	1 000～150 000	15.0±1.5	20～30	72	5	15
Sephadex G-150 超细	10～40	5 000～150 000	1 000～150 000		18～22			
Sephadex G-200 细	40～120	5 000～8 000 000	1 000～200 000	20.0±2.0	30～40	72	5	10
Sephadex G-200 超细	10～40	5 000～8 000 000	1 000～200 000		20～25			

*：颗粒直径指干胶粒。

**：cmH₂O 为非法定计量单位，1 cmH₂O＝90.87 Pa。

（二）商品琼脂糖凝胶的技术数据

型　号	筛孔	颗粒直径*（μm）	分级范围（相对分子质量，×10⁶）	琼脂糖浓度（%）
Sepharose 2B		60～250	—40	2
Sepharose 4B		40～190	—20	4
Sepharose 6B		40～210	—4	6
Sepharose CL-2B		60～250	—40	2
Sepharose CL-4B		40～190	—20	4
Sepharose CL-6B		40～210	—4	6
Bio-Gel A-0.5m	50～100	150～300	0.010～0.5	
Bio-Gel A-0.5m	100～200	75～150		10
Bio-Gel A-0.5m	200～400	37～75		
Bio-Gel A-1.5m	50～100	150～300	0.010～1.5	
Bio-Gel A-1.5m	100～200	75～150		8
Bio-Gel A-1.5m	200～400	40～75		
Bio-Gel A-5m	50～100	150～300	0.010～5	
Bio-Gel A-5m	100～200	75～150		6
Bio-Gel A-5m	200～400	40～75		

（续）

型　号	筛　孔	颗粒直径（μm）	分级范围（相对分子质量，$\times 10^6$）	琼脂糖浓度（%）
Bio - Gel A - 15m	50～100	150～300	0.04～15	
Bio - Gel A - 15m	100～200	75～150		4
Bio - Gel A - 15m	200～400	40～75		
Bio - Bel A - 50m	50～100	150～300	0.10～50	
Bio - Gel A - 50m	100～200	75～150		2
Bio - Gel A - 150m	50～100	150～300	1～7 150	
Bio - Gel A - 150m	100～200	75～150		1

＊：颗粒直径指干胶粒。

（三）聚丙烯酰胺凝胶的技术数据

型　号	排阻的下限（相对分子质量）	分级分离的范围（相对分子质量）	膨胀后的床体积（ml/g 干凝胶）	膨胀所需最少时间（室温，h）
Bio - gel - P - 2	1 600	200～2 000	3.8	2～4
Bio - gel - P - 4	3 600	500～4 000	5.8	2～4
Bio - gel - P - 6	4 600	1 000～5 000	8.8	2～4
Bio - gel - P - 10	10 000	5 000～17 000	12.4	2～4
Bio - gel - P - 30	30 000	20 000～50 000	14.9	10～12
Bio - gel - P - 60	60 000	30 000～70 000	19.0	10～12
Bio - gel - P - 100	100 000	40 000～100 000	19.0	24
Bio - gel - P - 150	150 000	50 000～150 000	24.0	24
Bio - gel - P - 200	200 000	80 000～300 000	34.0	48
Bio - gel - P - 300	300 000	100 000～400 000	40.0	48

注：上述各种型号的凝胶都是亲水性的多孔颗粒，在水和缓冲溶液中很容易膨胀。生产厂家为 Bio - Rad Laboratories Richmond。

（四）各种凝胶所允许的最大操作压

凝　胶	建议的最大静水压（cmH_2O）（每厘米凝胶浓度）
Sephadex G - 10	100
Sephadex G - 15	100
Sephadex G - 25	100
Sephadex G - 50	100
Sephadex G - 75	50
Sephadex G - 100	35
Sephadex G - 150	15
Sephadex G - 200	10

凝　　胶	建议的最大静水压（cmH$_2$O）（每厘米凝胶浓度）
Bio - Gel P - 2	100
Bio - Gel P - 4	100
Bio - Gel P - 6	100
Bio - Gel P - 10	100
Bio - Gel P - 30	100
Bio - Gel P - 60	100
Bio - Gel P - 100	60
Bio - Gel P - 150	30
Bio - Gel P - 200	20
Bio - Gel P - 300	15
Bio - Gel A - 0. 5M	100
Bio - Gel A - 1. 5M	100
Bio - Gel A - 5M	100
Bio - Gel A - 15M	90
Bio - Gel A - 50M	50
Bio - Gel A - 150M	30

（五）离子交换纤维素的种类和特点

	解离基团	交换容量	pK	特　　点
阳离子				
CM—	羧甲基—O—CH$_2$—COO$^-$	0.5～1.0	3.6	应用广泛，在 pH 4 以上
P—	磷酸根—O—PO$_3$H$_2$	0.7～7.4	(pK_1)1～2 (pK_2)60～65	酸性较强，用于低 pH
SE—	磺乙基—O—CH$_2$—CH$_2$—SO$_3$H	0.2～0.3	2.2	强酸性，用于极低 pH
阴离子				
DEAE—	二乙氨乙基 —O—CH$_2$—CH$_2$—$\overset{+}{N}$H(C$_2$H$_5$)$_2$	0.1～1.1	9.1～9.5	应用最广泛，在 pH 8.6 以下
TEAE—	三乙氨乙基 —O—CH$_2$—CH$_2$—$\overset{+}{N}$(C$_2$H$_5$)$_3$	0.5～1.0	10	碱性稍强
GE—	胍乙基 　　　　　　　　NH 　　　　　　　　‖ —O—CH$_2$CH$_2$—NH—C—NH$_2$	0.2～0.5		碱性强，极高 pH 仍有效

（续）

	解离基团	交换容量	pK	特 点
PAB—	对氧苄基 —O—CH₂—〈 〉—NH₂	0.2～1.5		极弱碱性
ECTEOLA—	三乙醇氨＋环氧丙烷	0.1～0.5	7.4～7.6	弱碱性，适于分离核酸
DBD—	苯甲基化的 DEAE	0.8		适于分离核酸
BND—	苯甲基和萘甲酚化的 DEAE	0.8		适于分离核酸
PEL—	聚乙烯亚胺吸附于纤维素	0.1		适于分离核苷酸

（六）商品离子交换纤维素的特性

纤维素	形状	长度 (μm)	交换容量 (mmol/g)	蛋白吸附容量（ml/g）		床体积（ml/g）	
				胰岛素 (pH 8.5)	牛血清蛋白 (pH 8.5)	pH 6.0	pH 7.5
DEAE - 22	改良纤维素	12～400	1.0±0.1	750	450	7.7	7.7
DEAE - 23	同上（除细粒）	18～400	1.0±0.1	750	450	8.3	9.1
DEAE - 32	微粒性（干粉）	24～63	1.0±0.1	850	660	6.0	6.3
DEAE - 52	同上（溶胀）	24～63	1.0±0.1	850	660	6.0	6.3
CM - 22	改良纤维素	12～400	0.6±0.06	600	150	7.7	7.7
CM - 23	同上（除细粒）	18～400	0.6±0.06	600	150	9.1	9.1
CM - 32	微粒性（干粉）	24～63	1.0±0.1	1 260	400	6.8	6.7
CM - 52	同上（溶胀）	24～63	1.0±0.1	1 260	400	6.8	6.7

（七）Sephadex 和 Biogel 离子交换剂

名 称	官能团	颗粒大小（筛孔）	最大交换容量 (mmol/g)	血红蛋白质容量[b](g/g)	床体积 (ml/g 干胶)	
阳离子交换剂						
CM - Sephadex C - 25[a]	—O—CH₂—COOH	40	4.5±0.5	0.4(pH 6.5)		
CM - Sephadex C - 50[a]	—O—CH₂—COOH	40	4.5±0.5	7	15～20[c]	
SE - Sephadex C - 25	—O—C₂H₄—SO₃H	40	2.5±0.2	0.2(pH 6.5)		
SE - Sephadex C - 50	—O—C₂H₄—SO₃H	40	2.5±0.2	3.0(pH 6.5)	15～20[c]	
Bio - gel CM	—COOH	100～200	6.0±0.3	微量（pH 7）	5.6[d]	5.5[e]
Bio - Bel CM30(1)	—COOH	100～200	6.0±0.3	2.4(pH 7)	68[d]	35.5[e]
Bio - gel CM30(2)	—COOH	100～200	1.0±0.3	1.6(pH 7)	50[d]	40[e]
Bio - gel CM100	—COOH	100～200	6.0±0.3	4.0(pH 7)	124[d]	45[e]

名　称	官能团	颗粒大小（筛孔）	最大交换容量（mmol/g）	血红蛋白质容量[b]（g/g）	床体积（ml/g 干胶）
阴离子交换剂					
EAE - Sephadex A - 25	$-O-C_2H_4-N^+H(C_2H_5)_2$	40～120	3.5±0.5	0.5(pH 8.8)	
DEAE - Sephadex A - 25	结构同上	40～120	3.5±0.5	3.0(pH 8.8)	15～20[c]
QAE - Sephadex A - 25	$-O-C_2H_5\,N^+\,(C_2H_5)_2$ $CH-CH\begin{smallmatrix}OH\\\\CH_3\end{smallmatrix}$		3.0±0.4		5～8
QAE - Sephadex A - 50	结构同上		3.0±0.4		30～40
Bio - gel DE[2]	$-COO-C_2H_4N^+H(C_2H_5)_2$	100～200	2.0±0.5	3.0(pH 8.8)	15～20[c]
Bio - gel DM[2]	$-CONH-CH_2N^+H(C_2H_5)_2$	100～200	4.5±0.5	微量(pH 7)	7[f]
Bio - gel DM30（1）	结构同上	100～200	4.5±0.5	0.3(pH 7)	25～30[f]
Bio - gel DM30（2）	结构同上	100～200	1.5±0.3	0.1(pH 7)	20[f]
Bio - gel DM100	$-CONH-CH_2N^+H(C_2H_5)_2$	100～200	4.5±0.5	0.4(pH 7)	50

a. 葡聚糖凝胶离子交换剂是 G50 的衍生物，Biogel 交换剂是 Bio - gel 聚丙烯酰胺凝胶衍生物。

b. C - 25 和 A - 25 的最高吸收容量适用于相对分子质量在 10 000 左右的物质。C - 50 和 A - 50 适用于较大分子（葡聚糖凝胶的范围）。

c. 0.2 mol/L 磷酸 buffer，pH 7。

d. 0.01 mol/L 磷酸 buffer，pH 7。

e. 0.4 mol/L 磷酸 buffer，pH 7。

f. 0.01 mol/L Tris - HCl buffer，pH 8.8。

三、硫酸铵饱和度常用表

（一）调整硫酸铵溶液饱和度计算表（25 ℃）

		硫酸铵终浓度（饱和度）（%）															
		10	20	25	30	33	35	40	45	50	55	60	65	70	75	80	90	100
		每 1 L 溶液加固体硫酸铵的质量（g）*															
硫酸铵初浓度（饱和度）（%）	0	56	114	144	176	196	209	243	277	313	351	390	430	472	516	561	662	767
	10		57	86	118	137	150	183	216	251	288	326	365	406	449	494	592	694
	20			29	59	78	91	123	155	189	225	262	300	340	382	424	520	619
	25				30	49	61	93	125	158	193	230	267	307	348	390	485	583
	30					19	30	62	94	127	162	198	235	273	314	356	449	546
	33						12	43	74	107	142	177	214	252	292	333	426	522
	35							31	63	94	129	164	200	238	278	319	411	506
	40								31	63	97	132	168	205	245	285	375	469
	45									32	65	99	134	171	210	250	339	431
	50										33	66	101	137	176	214	302	392
	55											33	67	103	141	179	264	353
	60												34	69	105	143	227	314
	65													34	70	107	190	275
	70														35	72	153	237
	75															36	115	198
	80																77	157
	90																	79

*：在 25 ℃下，硫酸铵溶液由初浓度调到终浓度时，每升溶液所加固体硫酸铵的质量（g）。

（二）调整硫酸铵溶液饱和度计算表（0 ℃）

硫酸铵初浓度（饱和度）（%）	在 0 ℃硫酸铵终浓度（饱和度百分数）／每 100 ml 溶液加固体硫酸铵的质量（g）*																
	20	25	30	35	40	45	50	55	60	65	70	75	80	85	90	95	100
0	10.6	13.4	16.4	19.4	22.6	25.8	29.1	32.6	36.1	39.8	43.6	47.6	51.6	55.9	60.3	65.0	69.7
5	7.9	10.8	13.7	16.6	19.7	22.9	26.2	29.6	33.1	36.8	40.5	44.4	48.4	52.6	57.0	61.5	66.2
10	5.3	8.1	10.9	13.9	16.9	20.0	23.3	26.6	30.1	33.7	37.4	41.2	45.2	49.3	53.6	58.1	62.7
15	2.6	5.4	8.2	11.1	14.0	17.2	20.4	23.7	27.1	30.6	34.3	38.1	42.0	46.0	50.3	54.7	59.2
20	0	2.7	5.5	8.3	11.3	14.3	17.5	20.7	24.1	27.6	31.2	34.9	38.7	42.7	46.9	51.2	55.7
25		0	2.7	5.6	8.4	11.5	14.6	17.9	21.1	24.5	28.0	31.7	35.5	39.5	43.6	47.8	52.2
30			0	2.8	5.6	8.6	11.7	14.8	18.1	21.4	24.9	28.5	32.3	36.2	40.2	44.5	48.8
35				0	2.8	5.7	8.7	11.8	15.1	18.4	21.8	25.4	29.1	32.9	36.9	41.0	45.3
40					0	2.9	5.8	8.9	12.0	15.3	18.7	22.2	25.8	29.6	33.5	37.6	41.8
45						0	2.9	5.9	9.0	12.3	15.6	19.0	22.6	26.3	30.2	34.2	38.3
50							0	3.0	6.0	9.2	12.5	15.9	19.4	23.0	26.8	30.8	34.8
55								0	3.0	6.1	9.3	12.7	16.1	19.7	23.5	27.3	31.3
60									0	3.1	6.2	9.5	12.9	16.4	20.1	23.1	27.9
65										0	3.1	6.3	9.7	13.2	16.8	20.5	24.4
70											0	3.2	6.5	9.9	13.4	17.1	20.9
75												0	3.2	6.6	10.1	13.7	17.4
80													0	3.3	6.7	10.3	13.9
85														0	3.4	6.8	10.5
90															0	3.4	7.0
95																0	3.5
100																	0

*：在 0 ℃下，硫酸铵溶液由初浓度调到终浓度时，每 100 ml 溶液所加固体硫酸铵的质量（g）。

（三）不同温度下的饱和硫酸铵溶液

温　度（℃）	0	10	20	25	30
每 1 kg 水中含硫酸铵物质的量（mol）	5.35	5.53	5.73	5.82	5.91
质量分数（%）	41.42	42.22	43.09	43.47	43.85
每升水用硫酸铵饱和所需质量（g）	706.8	730.5	755.8	766.8	777.5
每升饱和溶液含硫酸铵的质量（g）	514.8	525.2	536.5	541.2	545.9
饱和溶液浓度（mol/L）	3.90	3.97	4.06	4.10	4.13

四、常用蛋白质和核酸分子质量标准

（一）常用蛋白质分子质量标准

常用蛋白质分子质量标准包括以下三种，图中右下角百分数为聚丙烯酰胺凝胶（分离胶）的浓度。

1. 低分子质量标准（u）　包括牛血清白蛋白（66 409），卵清蛋白（44 287），猪胃蛋白酶（35 000），磷酸丙糖异构酶（27 000），胰蛋白酶抑制剂（20 100），溶菌酶（14 300），甲状旁腺激素-1～84(9 500)，抑肽酶（6 500），甲状旁腺激素-1～34(4 100)9 种分子质量。

2. 中分子质量标准（u）　包括磷酸酶 b(97 200)，牛血清白蛋白（66 409），卵清蛋白（44 287），碳酸苷酶（29 000），胰蛋白酶抑制剂（20 100），溶菌酶（14 300)6 种分子质量。

3. 高分子质量标准（u）　包括肌球蛋白（200 000），半乳糖苷酶（116 000），磷酸酶 b(97 200)，牛血清白蛋白（66 409），卵清蛋白（44 287)5 种分子质量。

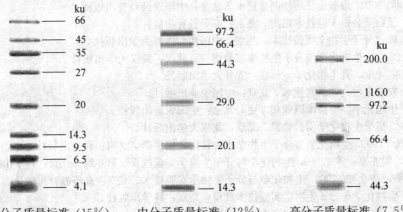

低分子质量标准（15%）　　中分子质量标准（12%）　　高分子质量标准（7.5%）

（二）常用核酸标准

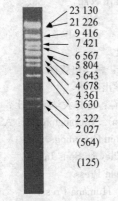

λ DNA HindⅢ＋EcoR I
双切 Marker（bp）
（琼脂糖凝胶浓度为 0.7%）

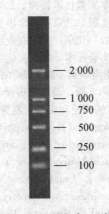

DL - 2000 Marker（bp）
（琼脂糖凝胶浓度为 2%）

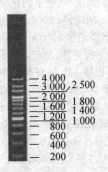

200bp Marker（bp）
（琼脂糖凝胶浓度为 1%）

主 要 参 考 文 献

蔡武城，李碧羽，李玉民．1983．生物化学实验技术教程．上海：复旦大学出版社．
郭尧君．1987．分光光度技术及其在生物化学中的应用．北京：科学出版社．
郭尧君．1999．蛋白质电泳实验技术．北京：科学出版社．
何凤田，连继勤．2012．生物化学与分子生物学实验教程．北京：科学出版社．
何忠效，张树政．1999．电泳．第 2 版．北京：科学出版社．
胡兰．2006．动物生物化学实验教程．北京：中国农业大学出版社．
李建武，萧能虑，余瑞元，等．1994．生物化学实验原理和方法．北京：北京大学出版社．
李良铸，李明晔．2001．最新生化药物制备技术．北京：中国医药科技出版社．
李玉花．2011．蛋白质分析实验技术指南．北京：高等教育出版社．
卢圣栋．1998．现代分子生物学实验技术．北京：中国协和医科大学出版社．
邵雪玲，毛歆．2003．生物化学与分子生物学实验指导．武汉：武汉大学出版社．
汪玉松，邹思湘．1995．乳生物化学．长春：吉林大学出版社．
王金胜．2001．农业生物化学研究技术．北京：中国农业出版社．
王先泽．2009．生物化学实验技术原理和方法．北京：中国农业出版社．
王重庆等．1994．高级生物化学实验教程．北京：北京大学出版社．
吴冠芸，潘华珍．1999．生物化学与分子生物学实验常用数据手册．北京：科学出版社．
吴士良，钱晖，周亚军，等．2009．生物化学与分子生物学实验教程．第 2 版．北京：科学出版社．
杨安刚，刘新平，药立波．2008．生物化学与分子生物学实验技术．北京：高等教育出版社．
杨建雄．2002．生物化学与分子生物学实验技术教程．北京：科学出版社．
余冰宾．2003．生物化学实验指导．北京：清华大学出版社．
张龙翔，张庭芳，李令媛．2003．生化实验方法和技术．北京：高等教育出版社．
赵亚华，高向阳．2005．生物化学与分子生物学实验技术教程．北京：高等教育出版社．
赵永芳．2002．生物化学技术原理及应用．第 3 版．北京：科学出版社．
周顺伍．2002．动物生物化学实验指导．第 2 版．北京：中国农业出版社．
周先碗，胡晓倩．2003．生物化学仪器分析与实验技术．北京：化学工业出版社．
F. M. 奥斯伯等．2005．精编分子生物学实验指南．第 4 版．马学军等译．北京：科学出版社．
J. 萨姆布鲁克等．2005．分子克隆实验指南．第 3 版．黄培堂等译．北京：科学出版社．
J. F. 洛比特，B. J. 怀特．1991．生物化学技术的理论和实践．罗贵民等译．长春：吉林大学出版社．
Arnold L D，Julian E D. 1999. Manual of Microbiology and Biotechnology(Second edition)．Washington D C：ASM.
Boyer R. 2000. Modern Experimental Biochemistry. 3rd ed. San Francisco：Benjamin Cummings.
Daniel M Bollag，Stuart J Edelstein. 1991. Protein Methods. New York：John Wiley & Sons Inc.
David J H，Hazel P. 1983. Analytical Biochemistry. London/New York：Longman Press.
John R C. 1996. Protein and Peptide Analysis by Mass Spectrometry. New York：Humana Press.
Robert L Dryer，Gene F Lata. 1989. Experimental Biochemistry. London：Oxford University Press.
Terrance G C. 1983. The Tools of Biochemistry. New York/London：Longman Press.
Waldmann H，Kappitz M. 2003. Small Molecules - Protein Interaction. New York/ Berlin：Speringer - Verlag Press.
Wilson K，Walker J. 2000. Principles and techniques of practical biochemistry. 5th edn. Cambridge：Cambridge University Press.

图书在版编目（CIP）数据

动物生物化学实验指导/刘维全主编 . — 4 版 . —
北京：中国农业出版社，2014.12（2023.6 重印）
普通高等教育农业部"十二五"规划教材　全国高等
农林院校"十二五"规划教材
ISBN 978 - 7 - 109 - 19697 - 1

Ⅰ.①动…　Ⅱ.①刘…　Ⅲ.①动物学-生物化学-实
验-高等学校-教材　Ⅳ.①Q5 - 33

中国版本图书馆 CIP 数据核字（2014）第 245109 号

中国农业出版社出版
（北京市朝阳区麦子店街 18 号楼）
（邮政编码 100125）
责任编辑　武旭峰　王晓荣
文字编辑　武旭峰
————————————
中农印务有限公司印刷　新华书店北京发行所发行
1986 年 6 月第 1 版　2014 年 12 月第 4 版
2023 年 6 月第 4 版北京第 8 次印刷
————————————
开本：787mm×1092mm　1/16　印张：13.75
字数：316 千字
定价：33.50 元
（凡本版图书出现印刷、装订错误，请向出版社发行部调换）